Reflexzonen-Therapie

Gerhard Leibold

Massagetechniken und Heilanzeigen

Reflexzonen-Therapie

BASSERMANN

ISBN 3 8094 0509 4

Umschlaggestaltung: Peter Udo Pinzer
Umschlagfotos: Photo-Design-Studio Gerhard Burock
Zeichnungen: Brigitte Braun-Dähler/Rolf Dähler (S. 8–55); Gisela Häring (S. 69–110)
Redaktion dieser Ausgabe: Andrea Schilling
Herstellung dieser Ausgabe: Norbert Happel

Gesamtkonzeption: Bassermann'sche Verlagsbuchhandlung, D-65527 Niedernhausen/Ts.

Inhalt

Vorwort

Die Behandlung von Krankheiten durch Massage gehört mit zu den ältesten Naturheilverfahren der Menschheit. Schon früh erkannte man dabei, daß sich die Wirkung der Massage nicht auf die direkt behandelte Körperregion beschränkt, sondern auch weit entfernte Körpergebiete und Organe indirekt beeinflußt. Auf dieser Beobachtung beruht die gesamte Reflexzonentherapie.

Die Massage von Körperreflexzonen kann teilweise auch selbst zur Vorbeugung und Therapie von Krankheiten genutzt werden. Noch besser als die Körpermassage eignet sich zur Selbsthilfe aber die Reflexzonenmassage am Fuß, die von der amerikanischen Masseurin Eunice Ingham entwickelt wurde. Sie kam auf den originellen Gedanken, die Füße als verkleinertes Abbild des gesamten Körpers zu betrachten. In ihrem 1938 erschienenen Buch »Geschichten, die die Füße erzählen können«, stellte sie ein auf dieser Überlegung basierendes neues Diagnose- und Therapiesystem vor: die Fußreflexzonenmassage.

Nach anfänglicher Skepsis, die wohl jeder neuen Behandlung zunächst entgegenschlägt, hat sich die Massage der Fußreflexzonen in der modernen Biomedizin inzwischen einen festen Platz erobert. Die guten Heilerfolge veranlassen immer mehr biologisch orientierte Ärzte, Heilpraktiker und Masseure, die Fußmassage als festen Bestandteil in ihr Therapiekonzept aufzunehmen. Natürlich darf die Reflexzonenmassage am Fuß nicht als Allheilmittel mißverstanden werden. Zwar kann man dadurch viele Organe und Körperfunktionen günstig beeinflussen und Krankheiten vorbeugen, allein genügt die Massage aber nicht immer zur Heilung. Gerade bei ernsteren Erkrankungen wäre es unverantwortlich, andere notwendige Heilverfahren zu vernachlässigen. In solchen Fällen kann die Reflexzonenmassage aber oft die übrigen Therapiemaßnahmen wirksam unterstützen, weil sie die Selbstheilungskräfte des Körpers anregt.

Seit einiger Zeit wird die Fußmassage zunehmend zur Selbsthilfe empfohlen, insbesondere zur regelmäßigen Gesundheitsvorsorge. Diese Anwendung, zu der auch dieses Buch anleitet, eignet sich gut, denn über die Reflexzonen der Füße werden Körper- und Organfunktionen harmonisiert und gestärkt, so daß sie Krankheitsfaktoren besser widerstehen können. Unerwünschte Nebenwirkungen sind bei richtiger Durchführung der Massage nicht zu befürchten.

Der Selbsthilfe durch Reflexzonenmassage bei bestehenden Krankheiten sind allerdings Grenzen gesetzt – Grenzen, die auch für jede andere Form der Selbstbehandlung von Krankheiten gelten. Gegen einfache Gesundheitsstörungen angewendet, ersetzt die Reflexzonenmassage die sonst vielleicht eingenommenen chemischen Arzneimittel, bei ernsteren Krankheiten droht aber eine Verschleierung und unnötige Verschleppung der Erkrankung. Zwar trägt die Reflexzonentherapie auch zur Heilung solcher Leiden bei, das setzt aber gründliche Untersuchung und genaue Anweisungen des Therapeuten voraus.

Ein Buch kann gerade bei der manuellen Therapie die praktische Erfahrung und Anleitung durch den Fachmann nur schwer vollwertig ersetzen. Wer sich ernsthaft für die Reflexzonentherapie interessiert und sie als festen Bestandteil in seine tägliche Gesundheitsvorsorge einbauen will, sollte sich deshalb bei Gelegenheit fachmännisch unterweisen lassen. Dieses Buch dient dann der Vertiefung des dabei erworbenen Wissens und beantwortet die Fragen, die in der täglichen Praxis auftreten.

Die Grundlagen der Reflexzonentherapie

Die Nervenverbindungen zwischen inneren Organen und Hautzonen konnten zum Teil sicher nachgewiesen werden. Deshalb gehört die Reflexzonentherapie am Körper heute teilweise auch schon zu den von der Schulmedizin anerkannten und praktizierten Heilverfahren.

Mit der Reflexzonenmassage an den Füßen dagegen tut sich die offizielle Medizin noch schwer. Die Verbindungen zwischen den inneren Organen und entsprechenden Zonen an den Füßen sind anatomisch nicht wie Nervenbahnen nachweisbar, und es gibt bislang auch noch keine wissenschaftlich exakte Vorstellung davon. Der Beweis für solche Verbindungen ergibt sich aus der praktischen Erfahrung. Die unbestreitbare Wirkung der Fußmassage auf Organe und Körperfunktionen kann aus heutiger Sicht nur erklärt werden, wenn man solche Verbindungen als gegeben voraussetzt.

Ähnliches gilt auch für die chinesische Akupunktur und Akupressur, deren Meridiane bislang ebenfalls nicht nachzuweisen, sondern nur an ihrer Wirkung zu erkennen sind.

Auch die Schulmedizin, die der Fußmassage aus diesen Gründen zurückhaltend bis ablehnend gegenübersteht, kennt übrigens solche Verbindungen: Zwischen der Durchblutung der Fußsohlen und der Nasenschleimhaut bestehen Zusammenhänge, die erklären, weshalb Schnupfen durch chronisch kalte Füße begünstigt wird – eine Beobachtung, die jeder praktische Arzt bestätigt.

Die Skepsis der Schulmedizin gegenüber der Fußreflexzonentherapie erklärt sich hauptsächlich aus Vorurteilen und einer einseitigen Denkweise, die Dinge nicht akzeptieren kann, die allein auf praktischer Erfahrung beruhen, sondern nur solche, die wissenschaftlich genau geklärt und nachgewiesen werden können.

Deshalb gehört die Fußreflexzonentherapie zu den Heilverfahren, die bisher vorwiegend von Ärzten der naturheilkundlichen Richtung und Heilpraktikern angewendet werden. Es bleibt zu hoffen, daß die Grundlagenforschung der Reflexzonentherapie am Fuß schließlich doch zur Anerkennung durch die offizielle Medizin verhelfen wird. Das liegt im Interesse der Patienten, die das ganze Gesundheitssystem durch ihre Krankenkassenbeiträge finanzieren.

Was heißt Reflexzonentherapie?

Die Behandlung über Reflexzonen ist keine Errungenschaft unseres Jahrhunderts. Schon früh ahnte die Medizin, daß die Mehrzahl der Körperfunktionen durch Reflexe gesteuert wird, die zum Teil angeboren sind, zum Teil erst in der Kindheit erlernt werden müssen. Erst diese automatische, ohne Zutun unseres Willens ablaufende Lenkung vieler Lebensfunktionen entlastet den Verstand vom ständigen Zwang, jede Reaktion und jede Bewegung zu durchdenken und willentlich zu veranlassen; er wird dadurch frei für andere (höhere) geistige Aufgaben.

Viele Reflexe veranlassen über das Nervensystem Muskelbewegungen, zum Beispiel den bekannten Kniesehnenreflex beim leichten Beklopfen des entsprechenden Punkts auf der Haut oder das Zurückzukken der Hand, wenn sie einen heißen Gegenstand berührt. Aber auch die kleinen Muskelanspannungen, die zur Aufrechterhaltung des Gleichgewichts und der aufrechten Körperhaltung im Raum erforderlich sind oder die Blutgefäße eng bzw. weit stellen, das Sträuben der Haare bei Kälte oder Schreck (Gänsehaut), Schwitzen, Spannungszustand, die Bewegungen der Verdauungsorgane und die Arbeit der Drüsen (zum Beispiel die Ausschüttung von Speichel und von anderen Verdauungssäften) erfolgen normalerweise reflektorisch.

Frühzeitig erkannte die Medizin aber auch, daß auf Grund der ursprünglich segmentalen Anlage des Menschen, die an der Wirbelsäule, den hier austretenden Nerven und an den Rippen zeitlebens erhalten bleibt, Verbindungen zwischen inneren Organen und Hautzonen bestehen. Sie führen dazu, daß Schmerzen von Organen reflektorisch über das Nervensystem in die zugehörigen Hautzonen ausstrahlen. Typisch ist zum Beispiel der in den linken Arm ausstrahlende Herzschmerz oder der in die rechte Schulter ausstrahlende Gallenblasenschmerz. Umgekehrt ist es aber auch möglich, reflektorisch von außen über die entsprechenden Hautzonen auf innere Organe einzuwirken. Der englische Nervenarzt Sir Henry Head (1861–1940) erforschte diese Zusammenhänge genauer und entwickelte eine Art »Landkarte« der Hautreflexzonen, die nach ihm als *Headsche Zonen* bezeichnet werden (Abb. 1a). Außerdem kennen wir die *Mackenzie-Zonen* der Muskulatur, die eine Einteilung der Muskulatur in Segmente ermöglichen, die die Schmerzen inne-

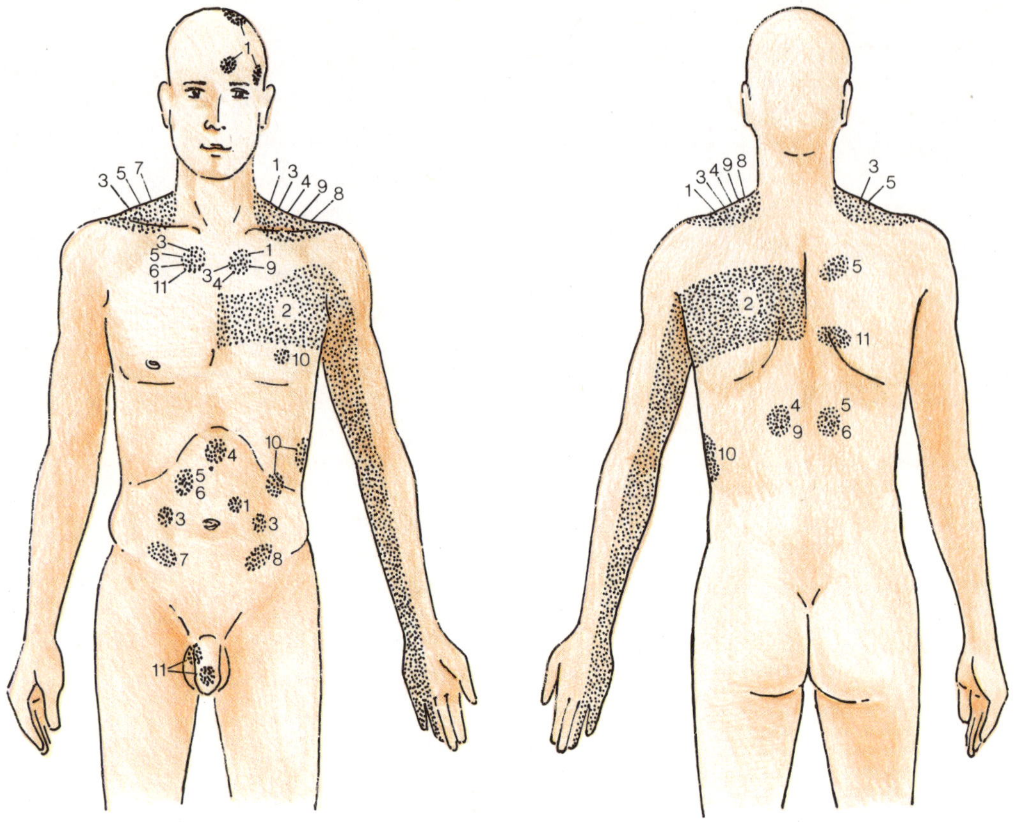

1 Herz
2 Herzkranzgefäße/Aorta
3 Lunge/Rippenfell
4 Magen
5 Leber/Galle
6 Zwölffingerdarm
7 Wurmfortsatz
8 S-förmiger Dickdarm
9 Bauchspeicheldrüse
10 Milz
11 Nieren-Harnleiter

Abb. 1a: Headsche Zonen

rer Organe ausstrahlen und über die innere Erkrankungen reflektorisch beeinflußt werden können.

Reflexzonentherapie ganz allgemein nutzt das Wissen um die Nervenverbindungen zwischen inneren Organen, Muskel- und Hautsegmenten, um Krankheiten reflektorisch von außen zu beeinflussen. Die Methoden, mit denen das möglich ist, lernen wir später noch kennen.

Die Fußreflexzonentherapie darf nicht mit dieser Art der Reflexzonenbehandlung gleichgesetzt werden. Ihr liegen keine Nervenverbindungen zugrunde, sondern noch nicht nachgewiesene Energieverbindungen zwischen den Füßen, die ein verkleinertes Abbild des Körpers darstellen, und den inneren Organen. Unmittelbar nachzuweisen sind diese Energieverbindungen – zumindest mit heutigen Mitteln – noch nicht. Energie kann häufig nur an ihren Wirkungen, nicht aber direkt dargestellt werden, eine Grundregel auch der modernen Physik. Nur Vorurteile verhindern, daß diese Regel auch der Fußreflexzonenmassage und der chinesischen Medizin zugute gehalten wird.

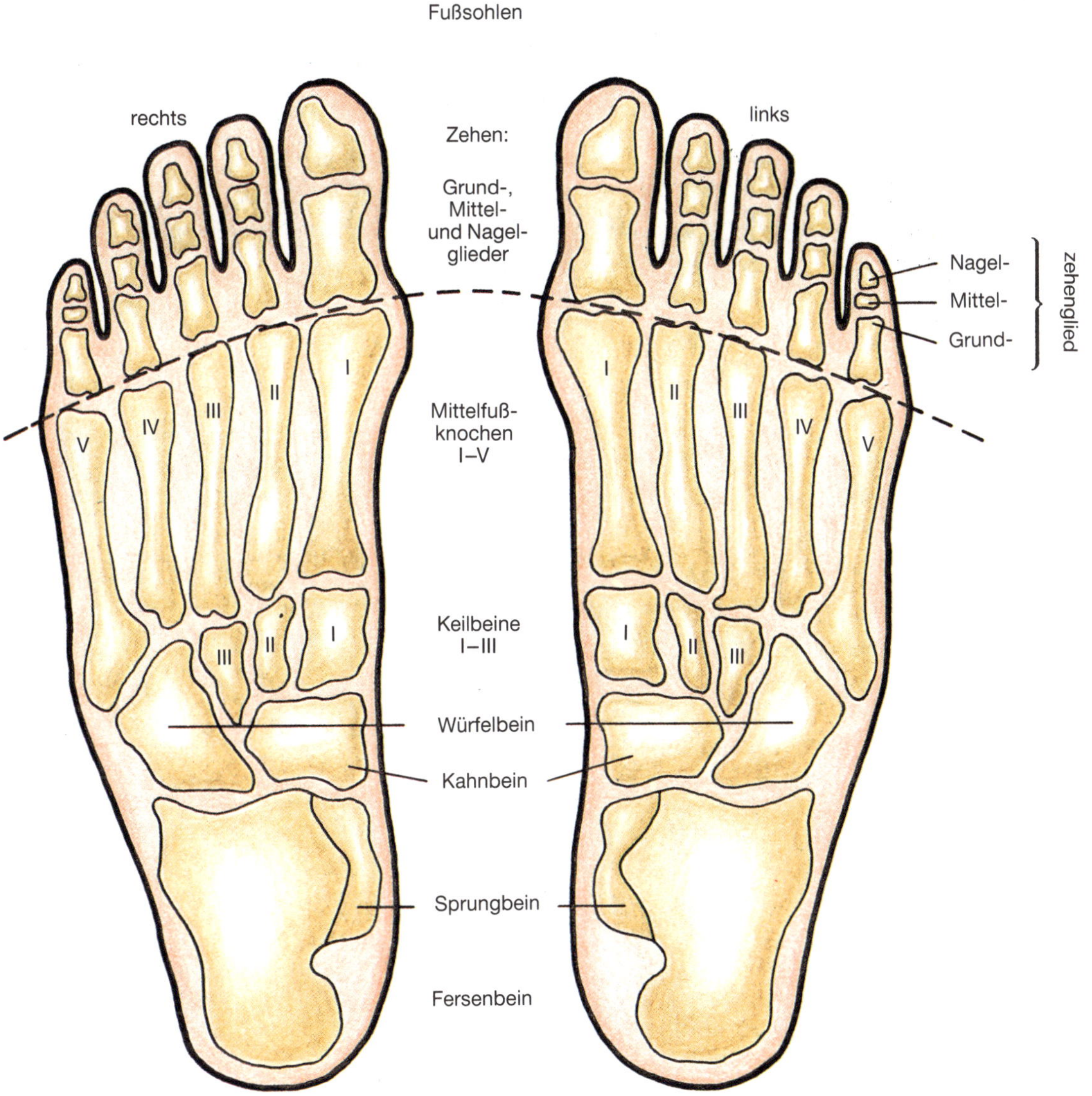

Abb. 1b: Anatomie

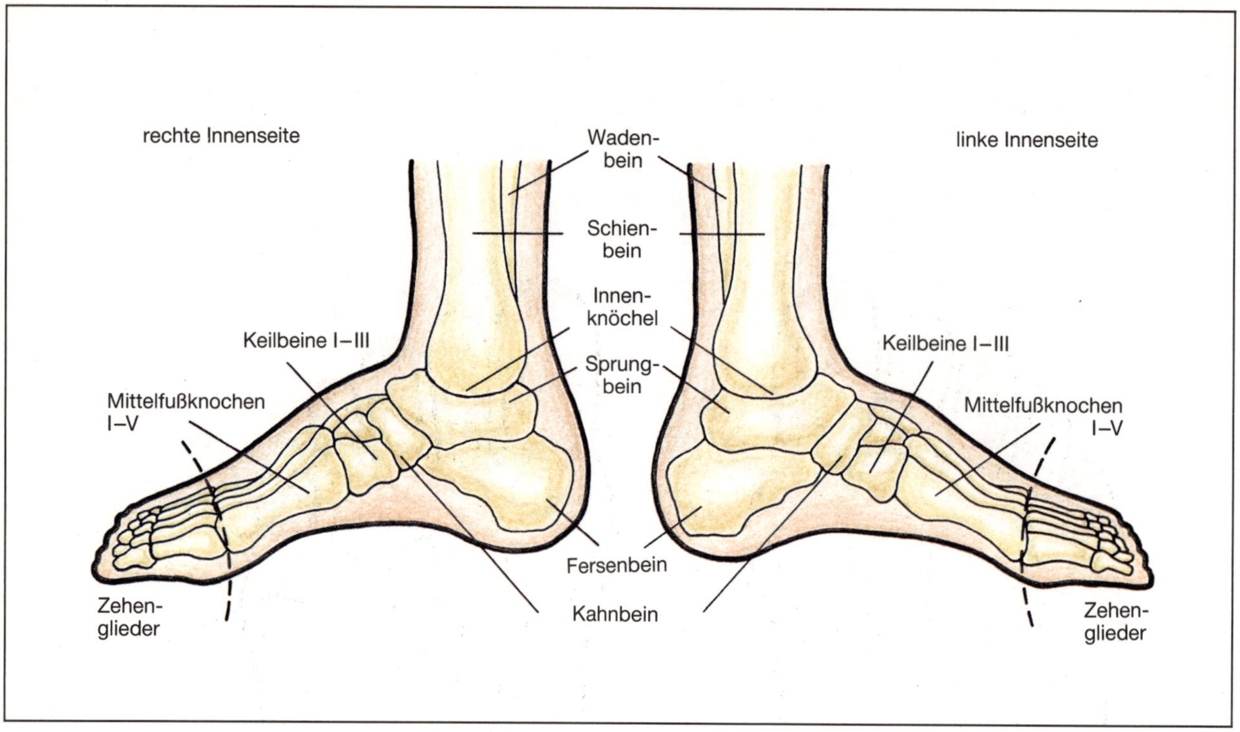

Abb. 1c: Anatomie

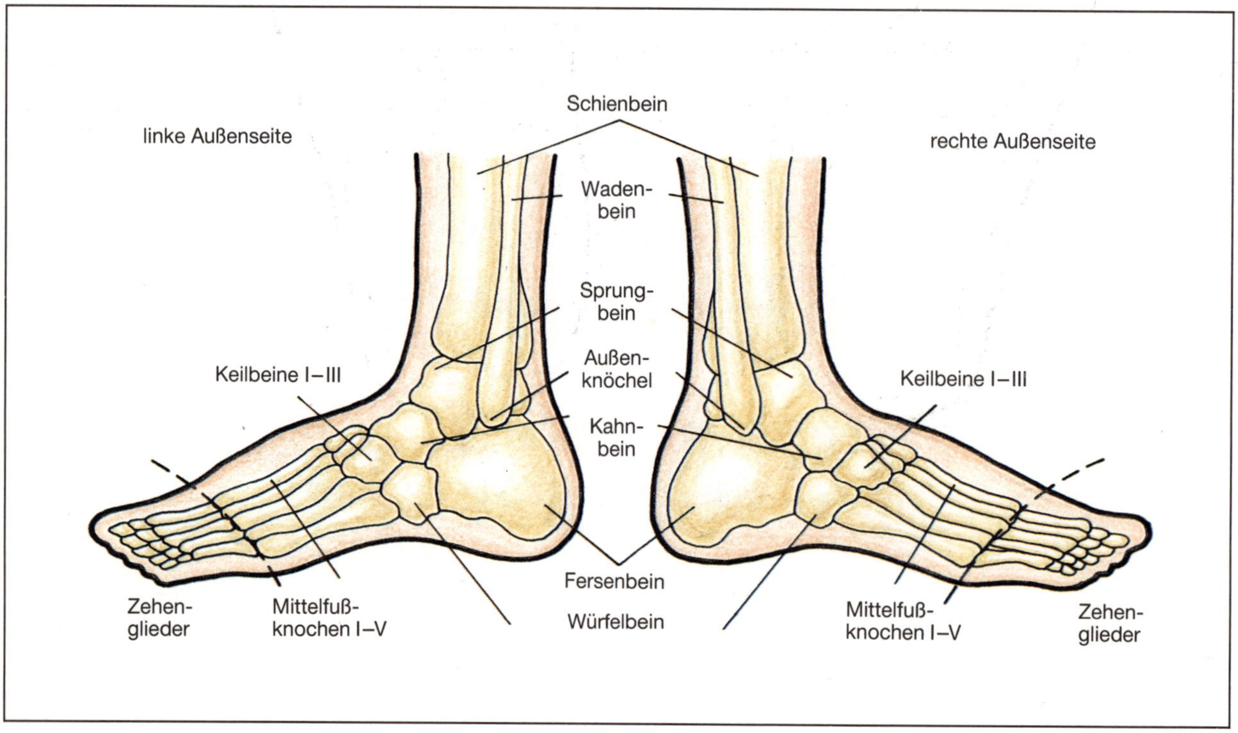

Abb. 1d: Anatomie

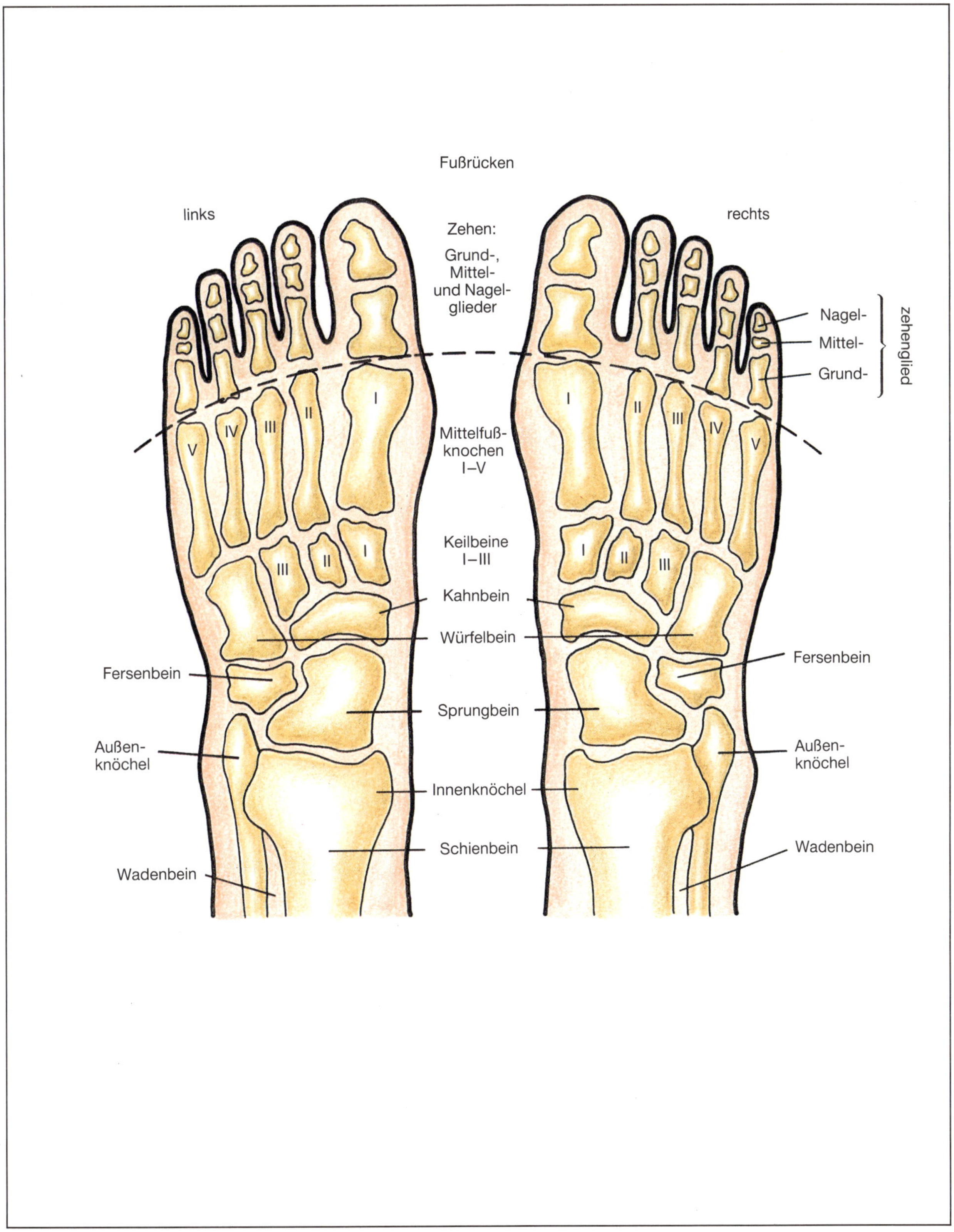

Abb. 1e: Anatomie

Chinesische Akupressur – Vorläuferin der Reflexzonentherapie

Die Wurzeln der Reflexzonenbehandlung reichen weit in die vorchristliche Zeit zurück. Vermutlich stand ihre Wiege im alten China, wo man schon vor ungefähr 5 Jahrtausenden die Behandlung von Krankheiten durch Druck und Massage über bestimmten Hautpunkten praktizierte. Damals entstand auch die von der chinesischen Naturphilosophie getragene erste Vorstellung von den Energiebahnen, die den Körper durchziehen. Man darf sich darunter keine Bahnen im anatomischen Sinn vorstellen, vergleichbar den Blutgefäßen und Nerven, sondern feststehende Strömungsrichtungen der Energie (Abb. 1f).

Im alten China entwickelte man die einfache Massage von Hautpunkten (Akupressur) weiter, indem man zunächst spitze Steine und Holzstücke zur Behandlung verwendete, später dann Nadeln aus Metall, bevorzugt Gold und Silber. So wurde die Akupunktur geboren, die in den letzten 10 bis 15 Jahren auch im abendlän-

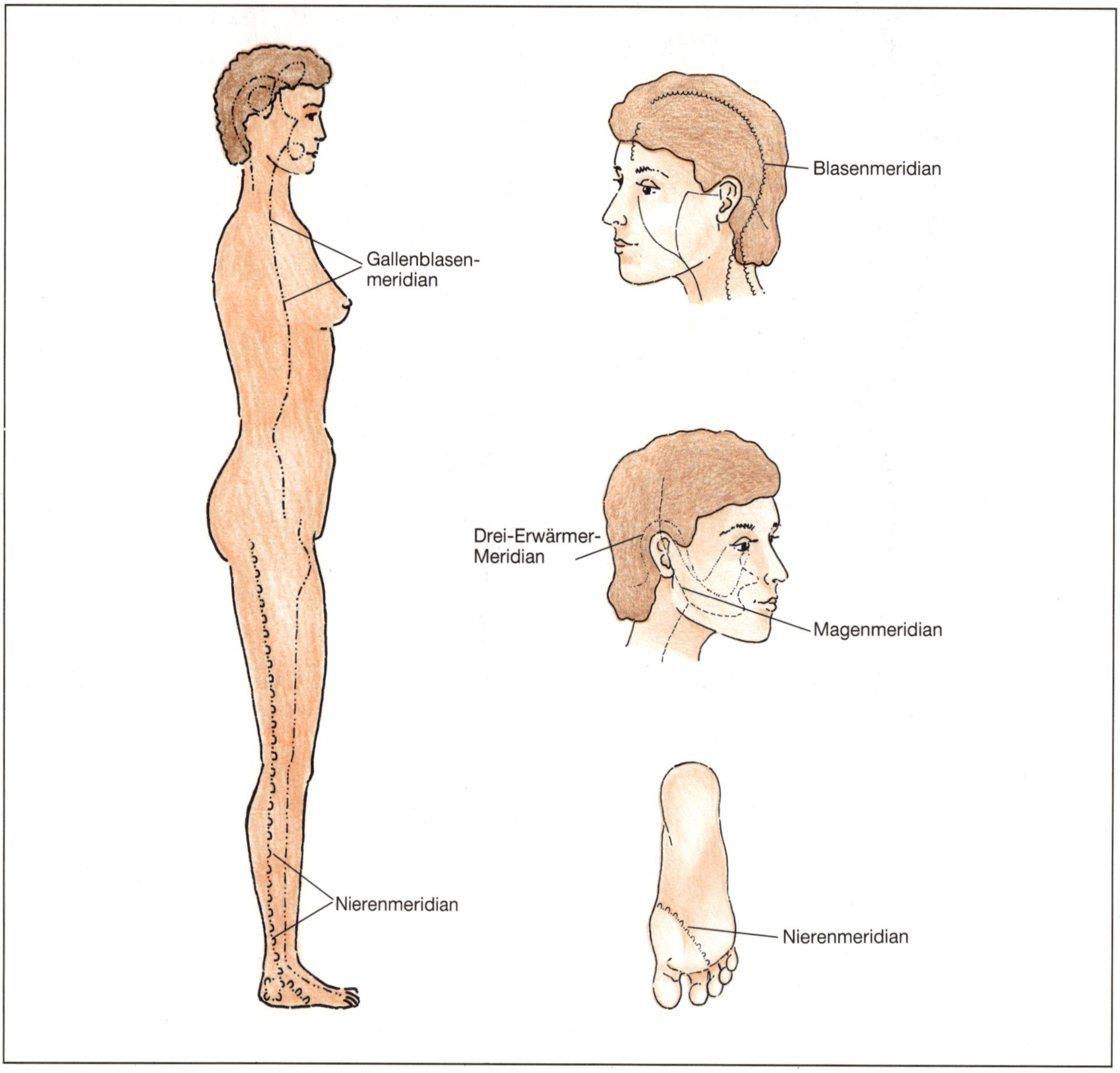

Abb. 1f: Akupressur – Die 12 Hauptmeridiane

dischen Kulturkreis zunehmend Beachtung findet und wissenschaftlich exakt untersucht wird.

Aus den Erfahrungen der Chinesen, die vermutlich als erste nachwiesen, daß Krankheiten innerer Organe von außen über bestimmte Hautzonen beeinflußt und geheilt werden können, gingen alle anderen Methoden der Reflexzonentherapie unmittelbar oder zumindest indirekt hervor. Auch wenn sie nicht mehr auf den traditionellen Vorstellungen der chinesischen Medizin von den Energiemeridianen beruhen, sondern vor allem auf der Erforschung des Nervensystems und der dadurch möglichen Reflexe, angeregt wurden die weiteren Forschungen zum Teil doch durch die Akupressur, die als Vorläuferin aller Methoden der Reflexzonentherapie betrachtet werden kann.

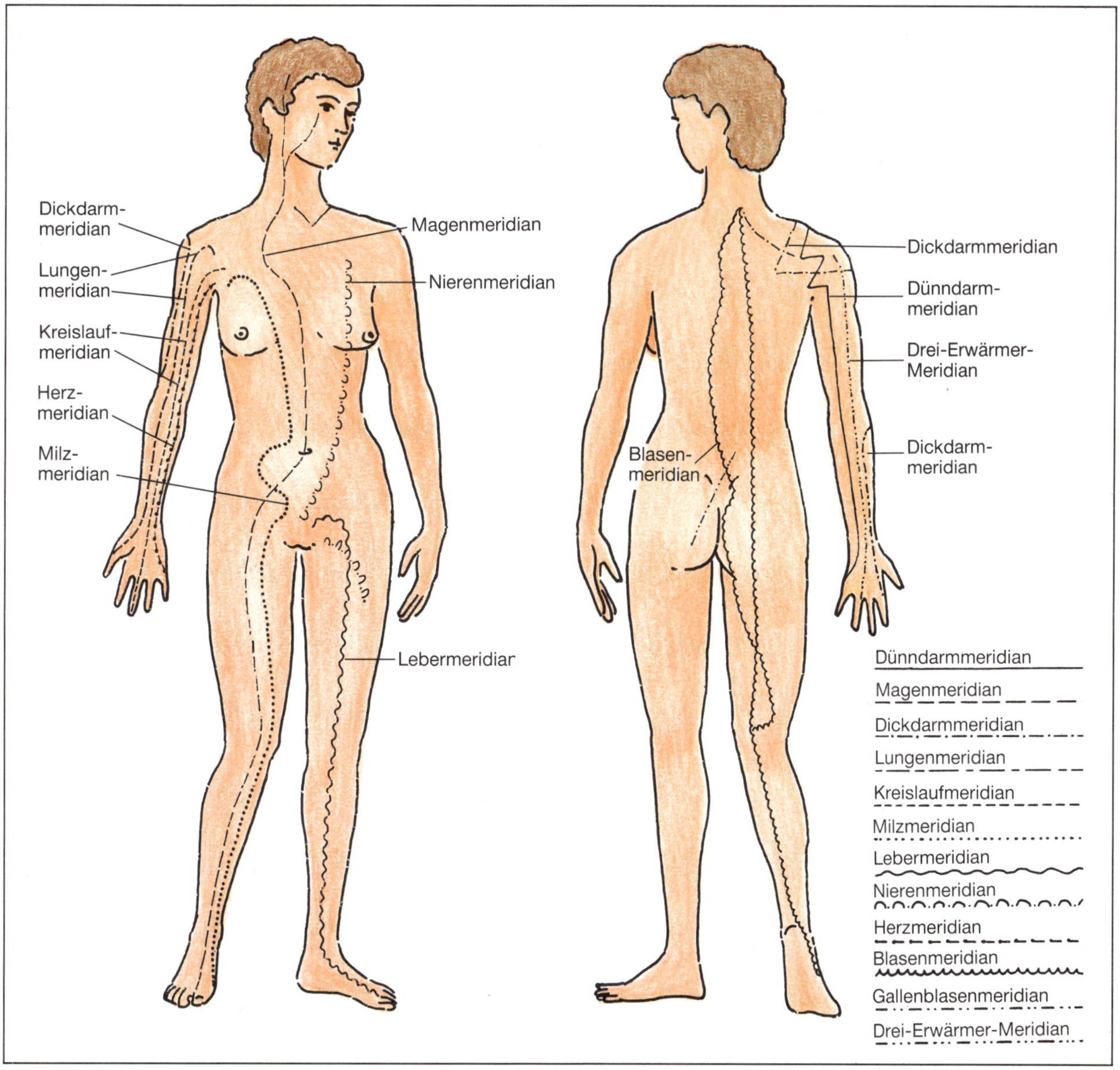

Die Entwicklung der Reflexzonentherapie bis heute

Auf welchen verschlungenen Wegen die chinesische Form der Reflexzonentherapie nach Indien und später nach Europa und Amerika gelangte, kann heute nicht mehr nachvollzogen werden. Fest steht jedenfalls, daß die Inder schon bald nach den Chinesen eine Art Akupressur betrieben. Sie geriet aber dann wieder in Vergessenheit.

In Europa tauchten ernsthafte Berichte über die Behandlung innerer Organe durch Massage und andere Methoden der Reflexzonentherapie erstmals im 16. Jahrhundert auf. Überliefert sind uns zum Beispiel noch eine wissenschaftliche Abhandlung des Leipziger Arztes Dr. Ball über die Reflexzonentherapie, die um 1580 erschien, und ein Bericht über den Florentiner Bildhauer Benvenuto Cellini (1500–1571), der starke Schmerzzustände durch Druck auf Finger und Zehen behandelte.

Aber auch in Amerika kannte man zu dieser Zeit die Reflexzonentherapie wohl schon lange. Die Ureinwohner wendeten diese Behandlungsweise traditionell gegen verschiedene Krankheiten an, das Wissen wurde von den Medizinmännern der Indianerstämme sorgsam gehütet und mündlich überliefert.

Die moderne Reflexzonentherapie auf wissenschaftlicher Basis begann im 19. Jahrhundert. Daran waren insbesondere die folgenden Forscher beteiligt:

- *F. und W. Huneke,* die Entdecker des Sekundenphänomens (1841), das zur Grundlage der Störfeldtherapie wurde; die beiden Forscher wiesen nach, daß durch Injektion eines örtlich betäubenden Mittels mit Wirkung auf das Nervensystem in ein Störfeld (zum Beispiel Narben, Krankheitsherde an Zahnwurzeln oder Mandeln) Schmerzen in anderen Körperregionen durch reflektorische Fernwirkung sofort und für mindestens 20 Stunden, bei Wiederholungen für immer, zum Verschwinden gebracht werden können.
- *Iwan P. Pawlow,* Nobelpreisträger des Jahres 1904, der zusammen mit seinem Assistenten und späteren Nachfolger *Alexei D. Speranski* die Reflexe aufklärte und nachwies, daß dem Nervensystem im Krankheitsgeschehen große, vielleicht überragende Bedeutung zukommt; durch seine berühmten Experimente schuf er die wissenschaftlichen Grundlagen der Reflexzonentherapie mit.
- *Sir Henry Head,* der englische Nervenarzt, dem wir die bereits genannte »Landkarte« der Hautreflexzonen verdanken.
- *William Fitzgerald,* der zu Beginn des 20. Jahrhunderts mit der Entwicklung seiner »Zonentherapie« begann und die Einteilung des Körpers in 10 senkrechte Zonen entwickelte. Er wurde damit zum Vorläufer der heutigen Reflexzonentherapie am Fuß. Wahrscheinlich griff Fitzgerald bei seiner Arbeit auch auf den Erfahrungsschatz indianischer Stämme seiner amerikanischen Heimat zurück.
- *Eunice Ingham,* die amerikanische Masseurin, die Fitzgeralds Körperzonen auf die Füße übertrug und spezielle Grifftechniken zur Behandlung der Fußzonen entwickelte.

Damit war das Lehr- und Therapiegebäude der Reflexzonentherapie, in dem die Fußreflexmassage eine zunehmend wichtigere Rolle spielte, vollständig. In den vergangenen Jahrzehnten hat sich die Behandlung der Reflexzonen millionenfach bewährt und konnte zur fundierten, der Krankheit und dem einzelnen Patienten individuell anzupassenden Heilmethode der Biomedizin entwickelt werden. Bei Patienten und Therapeuten steht sie in hohem Ansehen.

Methoden der modernen Reflexzonentherapie

Es gibt verschiedene Möglichkeiten, auf die Reflexzonen der Haut und der Muskeln einzuwirken, um reflektorisch kranke innere Organe zu beeinflussen.

Eine wichtige Rolle in der modernen Reflexzonentherapie spielen die verschiedenen Massagetechniken, insbesondere die Bindegewebs-, Nerven- und Nervenpunktmassage.

Die *Bindegewebsmassage* beginnt am Kreuzbein und endet oben am Rücken. Mit den Fingerspitzen werden dabei die Headschen Zonen der Haut und das darunterliegende Bindegewebe massiert, um reflektorisch über das Nervensystem die zugehörigen inneren Organe zu beeinflussen. Diese Technik kann nur vom Fachmann angewendet werden.

Auch die *Nervenmassage* bleibt dem Fachmann vorbehalten. Er behandelt dabei das Verlaufsgebiet eines einzelnen Nervs und erzielt dadurch reflektorisch heilende Wirkung auf innere Organe.

Bei der *Nervenpunktmassage* massiert der Therapeut bestimmte oberflächliche, auf Druck schmerzhafte Nervenpunkte, die Erkrankungen innerer Organe signalisieren.

Die einfacheren Massagetechniken zur Selbstbehandlung der Reflexzonen am Körper stellen wir später noch ausführlich vor.

Zur Fußreflexzonenmassage entwickelte Eunice Ingham eine spezielle Massagetechnik, die auch der Laie anwenden kann. Darauf kommen wir später ausführlich zu sprechen.

Massagen sind aber nicht die einzige Möglichkeit, um auf Reflexzonen therapeutisch einzuwirken. Grundsätzlich kann jede Methode, die zur Reizung der Hautreflexzonen führt, eine günstige Wirkung erzielen. Das gilt zum Beispiel für Einreibungen mit hautreizenden Ölen und Salben. Manche dieser Mittel erzeugen einen Hautausschlag, andere wirken durch vermehrte Durchblutung der behandelten Haut- und Muskelpartien. Diese Reize setzen sich über das Nervensystem reflektorisch ins Körperinnere fort und bessern Krankheiten.

Diese Form der Reflexzonentherapie ist zwar auch dem Laien möglich, erfordert aber genaue Kenntnis der Hautzonen sowie das richtige Reizmittel. Daher sollte vor Beginn der Behandlung eine Anleitung durch den Fachmann erfolgen.

Anstelle hautreizender Arzneimittel können Temperaturreize nützlich sein. Wickel und Auflagen mit kaltem oder warmem Wasser, zum Teil ergänzt durch Heilpflanzenzusätze, üben einen heilenden Reiz auf die Hautreflexzonen und zugehörigen Organe aus. Nicht vergessen werden dürfen die von Pfarrer Kneipp entwickelten Güsse, die meist kalt über Reflexzonen durchgeführt werden können.

Schließlich bleibt noch die Injektionsbehandlung durch den Fachmann. Dabei werden nervenwirksame Arzneimittel, zum Beispiel Mistelextrakt, das örtlich betäubende Procain, manchmal zusätzlich Koffein, in die Hautreflexzonen eingespritzt. Die Wirkung setzt sich über das Nervensystem zu den entsprechenden inneren Organen fort und normalisiert ihre Funktionsstörungen.

Die moderne Reflexzonentherapie verfügt also über ein reichhaltiges Instrumentarium, das individuell eingesetzt werden muß. Ihre Stärke liegt in der oft rasch einsetzenden Wirkung, die vor allem bei Schmerzzuständen und Verkrampfungen von den Patienten als sehr wohltuend empfunden wird. »Wunder« darf man von ihr freilich nicht erwarten, und ein Allheilmittel kann sie auch nicht sein; es gibt Krankheiten, bei denen die Reflexzonentherapie überhaupt nicht angezeigt ist oder allein nicht ausreicht. Da der Patient das in der Regel selbst nicht zuverlässig beurteilen kann, bleibt die Reflexzonentherapie grundsätzlich immer dem Fachmann vorbehalten.

Im weiteren Sinne gehören auch noch die chinesischen Heilverfahren Akupressur (Punktmassage) und Akupunktur (Einstich von Nadeln in die Punkte) zur Reflexzonentherapie. Sie wirken allerdings nicht über das Nervensystem, sondern harmonisieren die Energieströmungen im Organismus.

Auch die Reflexzonentherapie am Fuß hilft nicht – zumindest nicht allein – reflektorisch über das Nervensystem, sondern vor allem durch die Normalisierung von Energieströmungen, die jedoch nicht mit den chinesischen Energiemeridianen indentisch sind.

Die Fußreflexzonen – Abbild der Körperzonen

Die Reflexzonentherapie am Fuß geht von der Vorstellung aus, daß die Füße ein verkleinertes Abbild des gesamten Körpers und seiner Organe darstellen. Den verschiedenen Körperteilen und Organen entsprechen also ganz bestimmte Zonen an den Füßen. Durch Massage dieser Zonen können die zugehörigen inneren Organe und Körperteile reflektorisch beeinflußt werden. Außerdem sind die Fußzonen diagnostisch bedeutsam, weil Druckschmerzen einzelner Zonen auf Funktionsstörungen und Erkrankungen der entsprechenden Körpergebiete hinweisen.

Es ist heute üblich, den Körper in 10 senkrechte und 4 waagerechte Zonen zu unterteilen. Diese Zonen finden wir auch an den Füßen wieder. Sie teilen den Fuß in ein verkleinertes Längs-Quer-Raster des Körpers ein, in das die Körperteile und Organe entsprechend ihrer tatsächlichen Lage im Körper eingetragen werden können. So entsteht eine »Landkarte« des gesamten Organismus an den Füßen, die gezielte Fußreflexzonentherapie ermöglicht. Dieses Raster steht an praktischer Bedeutung nicht hinter den Headschen Hautreflexzonen für die übrige Reflexzonentherapie zurück.

Die 10 Längszonen des Körpers

Die Theorie von den 10 Längszonen des Körpers verdanken wir dem weiter vorne schon genannten amerikanischen Arzt Dr. William Fitzgerald (1872–1942), der zu den Mitbegründern der modernen Reflexzonentherapie gehört. Fitzgerald ging davon aus, daß der Organismus vom Kopf bis zu den Füßen und von den Schultern bis zu den Händen in 10 gleichmäßige, senkrecht verlaufende Zonen eingeteilt ist. An den Schultern und im Unterleib teilen sie sich so auf, daß jeder Arm und jedes Bein jeweils 5 Zonen aufweist. Diese Zonen durchziehen alle Gewebe und Organe.

Es liegt nahe, diese 10 Längszonen mit den Energiemeridianen der chinesischen Medizin zu vergleichen, auch wenn deren Verläufe nicht genau mit Fitzgeralds Körperzonen übereinstimmen. Vielleicht stellen die

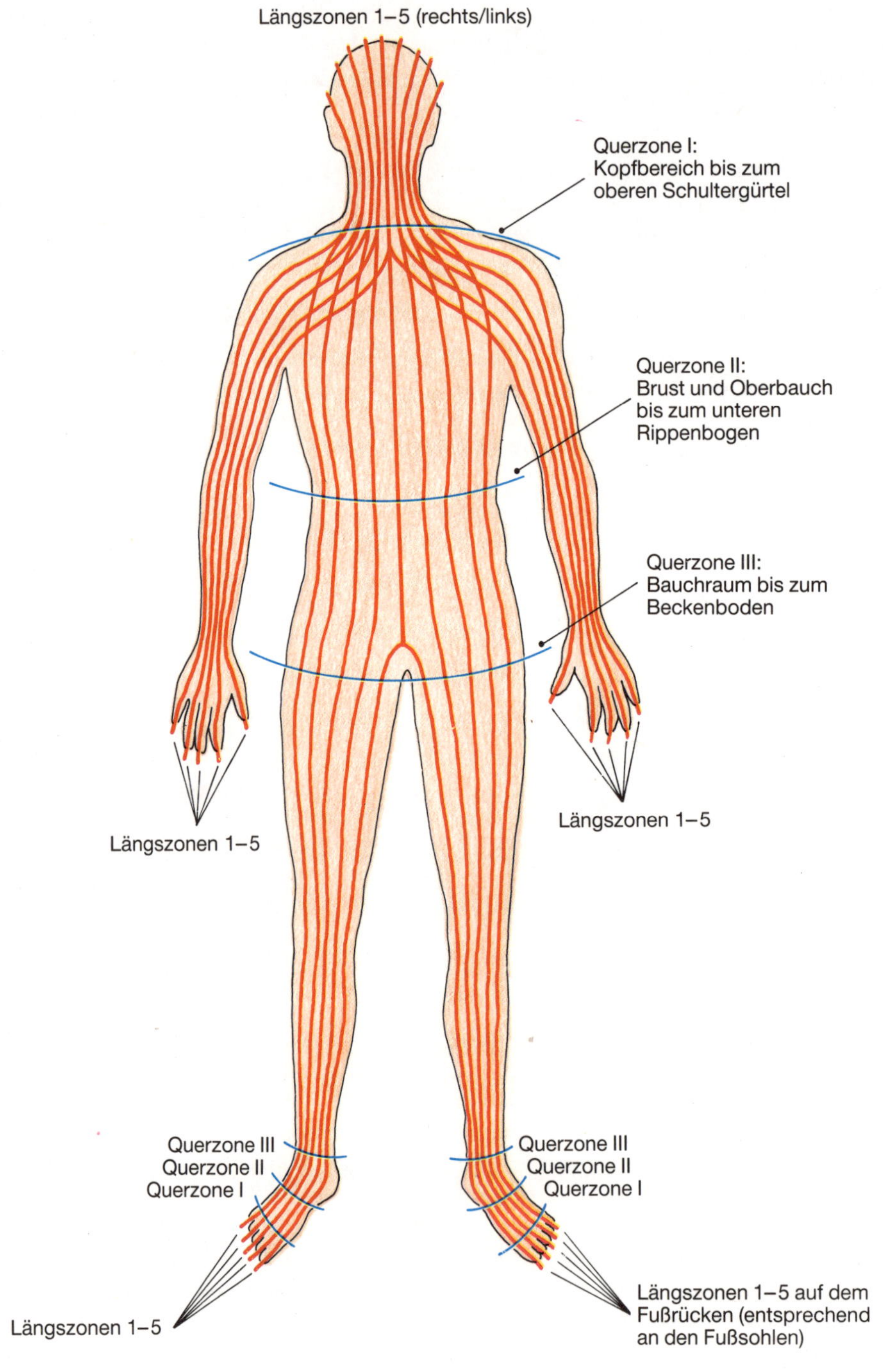

Abb. 2: Längs- und Querzonen des Körpers und ihre Entsprechungen am Fuß

senkrechten Körperzonen vereinfachte chinesische Meridiane dar, die in Anlehnung an die Akupressur für die abendländische Medizin entwickelt wurden. Eine endgültige Klärung dieser Frage und ein wissenschaftlich exakter Beweis für die 10 Zonen ist heute noch nicht möglich, nach aller praktischen Erfahrung gibt es daran aber keine begründeten Zweifel mehr.

Die Fußreflexzonentherapie überträgt die 10 Längszonen des Körpers auf die Füße, teilt also Fußsohlen und Fußrücken in ein entsprechendes Raster ein. Dadurch wird eine Einordnung der Körperteile und Organe entsprechend ihrer senkrechten Lage im Körper am Fuß möglich. Praktisch bedeutet das, daß die Reflexzone eines bestimmten Organs also grundsätzlich in der Längszone des Fußes zu finden ist, die der senkrechten Körperzone entspricht. Deshalb befindet sich zum Beispiel die Reflexzone des Nasen-Rachen-Raums, der am Kopf von den beiden mittleren Körperzonen durchzogen wird, am Fuß innen an den beiden Großzehen (s. a. Abb. 10 und 11). Dieses Beispiel läßt sich auf alle anderen Reflexzonen am Fuß übertragen.

Die 4 Querzonen des Körpers

Die 10 Längszonen allein genügen allerdings noch nicht, um Organe und Körperteile korrekt am Fuß einzutragen, sondern erlauben nur eine erste Einordnung in der Senkrechten. Erst durch die 4 Querzonen, in die der Körper horizontal eingeteilt wird, wird eine anatomisch genaue Einzeichnung der einzelnen Zonen möglich, wie sie für die praktische Reflexzonenarbeit am Fuß unentbehrlich ist. Diese Querzonen orientieren sich am Schultergürtel, am unteren Rippenbogen und am Beckenboden. Das ergibt dann die folgenden 4 Körperabschnitte:

- Abschnitt 1: Er umfaßt den Kopf, Hals und Nacken bis zur Querlinie am Schultergürtel.
- Abschnitt 2: Er reicht vom Schultergürtel bis zum unteren Rippenbogenrand (man kann ihn unter der Haut leicht tasten); dazu gehören also die Organe in der Brust und im Oberbauch sowie die Oberarme bis zum Ellbogen.
- Abschnitt 3: Er erfaßt den Unterbauch und Beckenraum bis hinab zum Beckenboden, der den Rumpf nach unten begrenzt, einschließlich der Unterarme und Hüftgelenke.
- Abschnitt 4: Der letzte Abschnitt schließlich, der an der 3. Querzone am Beckenboden beginnt, besteht aus den Beinen.

Dieser Querraster kann auf die Füße übertragen werden (s. Abb. 3–6) und ermöglicht zusammen mit dem 10teiligen Längsraster eine präzise »Landkarte« des Körpers an den Füßen. Die 3 Querlinien am Schultergürtel, am unteren Rippenbogen und am Beckenboden verlaufen am Fuß dort, wo er anatomisch genau in Zehen, Mittelfußknochen und Fußwurzel unterteilt werden kann.

1. Querlinie am Fuß: Sie entspricht der Querlinie des Schultergürtels und verläuft durch die Zehengrundgelenke. Die Zehen entsprechen also dem Abschnitt 1 mit Kopf-, Hals- und Nackenorganen. Deshalb befindet sich die Fußreflexzone des Nasen-Rachen-Raums, die wir bereits bei den Längszonen als Beispiel anführten, an den beiden Großzehen.

2. Querlinie am Fuß: Diese horizontale Linie entspricht der Querlinie des unteren Rippenbogens. Am Fuß zieht sie durch die hinteren, gegen die Fersen gerichteten Gelenke der 5 Mittelfußknochen, die einen großen Teil des Fußgewölbes ausmachen. Der Mittelfußbereich umfaßt also Abschnitt 2 mit Brust- und Oberbauchorganen sowie den Oberarmen bis zum Ellbogen.

3. Querlinie am Fuß: Die letzte quer verlaufende Linie, die der Körperquerlinie des Beckenbodens entspricht, befindet sich im Fußwurzelbereich. Sie verläuft zwischen den beiden Fußknöcheln. Innerhalb der Fußwurzel, die aus den 3 Keilbeinen, dem Kahnbein, Sprungbein und Fersenbein besteht, liegen die Zonen der Körperteile und die Organe des 3. Abschnitts.

Daran schließt sich dann am Fuß der 4. Abschnitt mit den Beinen an.

Zur Selbstbehandlung ist es allerdings nicht notwendig, nach dieser Einteilung nun mühsam die einzelnen Zonen am Fuß zu suchen. Das setzt fundierte anatomische Kenntnisse voraus, über die der Patient im allgemeinen nicht verfügt. Zur Vereinfachung der Selbsthilfe geben wir deshalb im nächsten Kapitel jeweils die einzelnen Reflexzonen der Organe und Körperteile an den Füßen genau an, veranschaulicht durch Illustrationen über deren genaue Lage. Diese kurze theoretische Einführung war aber zum besseren Verständnis der Reflexzonenarbeit am Fuß unentbehrlich.

Die Darstellung der Quer- und Längszonen des Körpers und ihrer Entsprechungen am Fuß räumte auch mit einem verbreiteten Irrtum auf. Lange Zeit sprach man nur von der Fußsohlenreflexzonentherapie. Dieser Begriff ist auch heute noch üblich, aber nicht ganz korrekt. Wie die Abbildungen 3–6 veranschaulichen, befinden sich die Reflexzonen keineswegs nur an den Fußsohlen, sondern auch seitlich innen und außen an den Füßen und auf dem Fußrücken. Nicht die Fußsohle allein, sondern der ganze Fuß stellt ein verkleinertes Abbild des Körpers und seiner Organe dar.

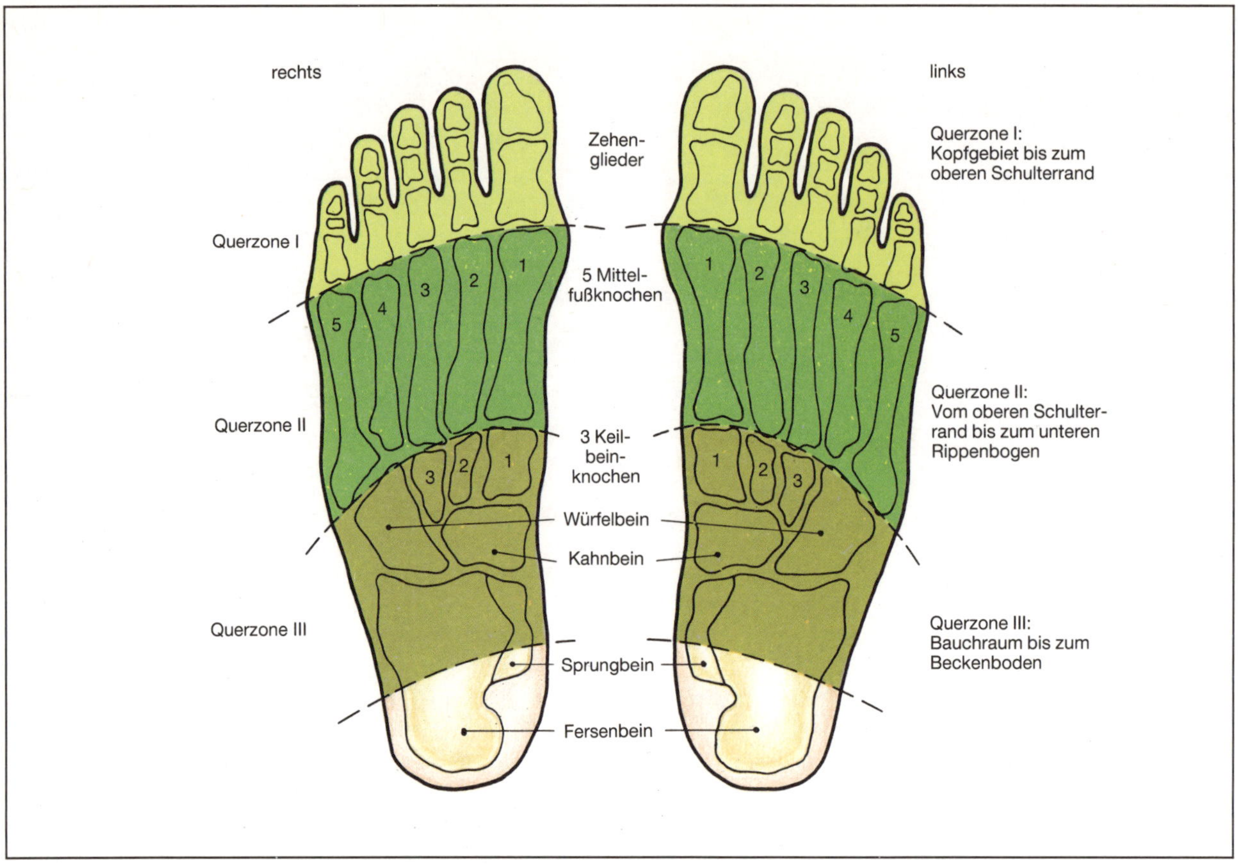

Abb. 3: Abbild der Körper-Querzonen auf den Fußsohlen

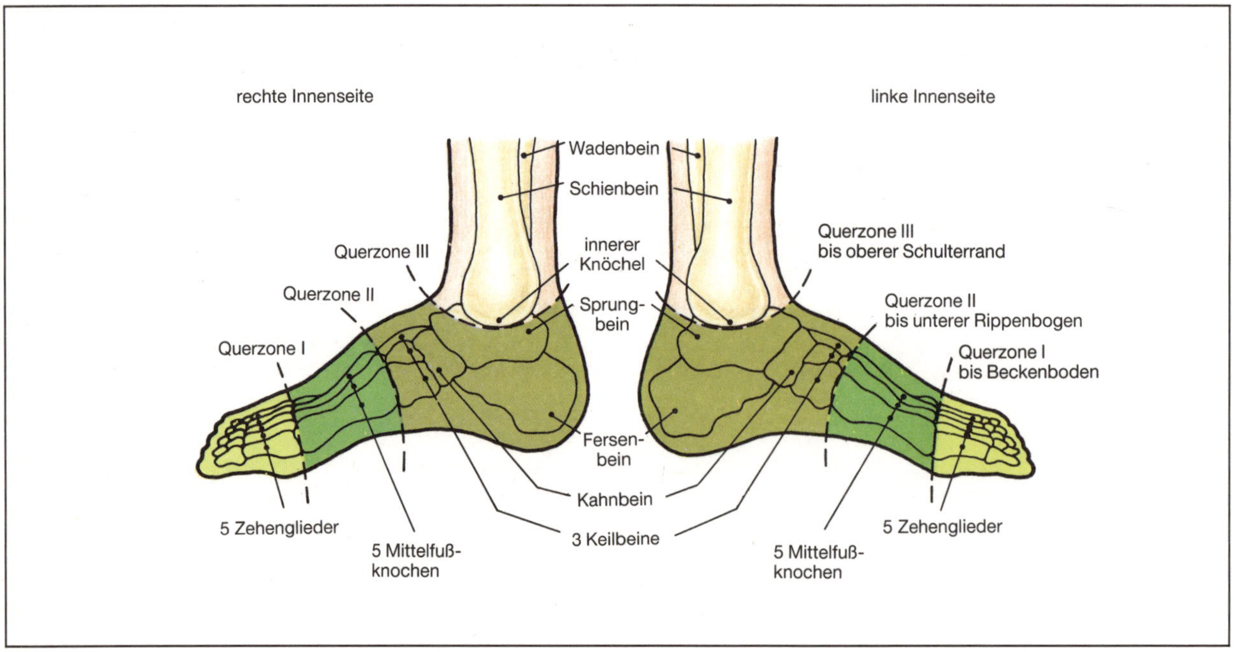

Abb. 4: Abbild der Körper-Querzonen innen am Fuß

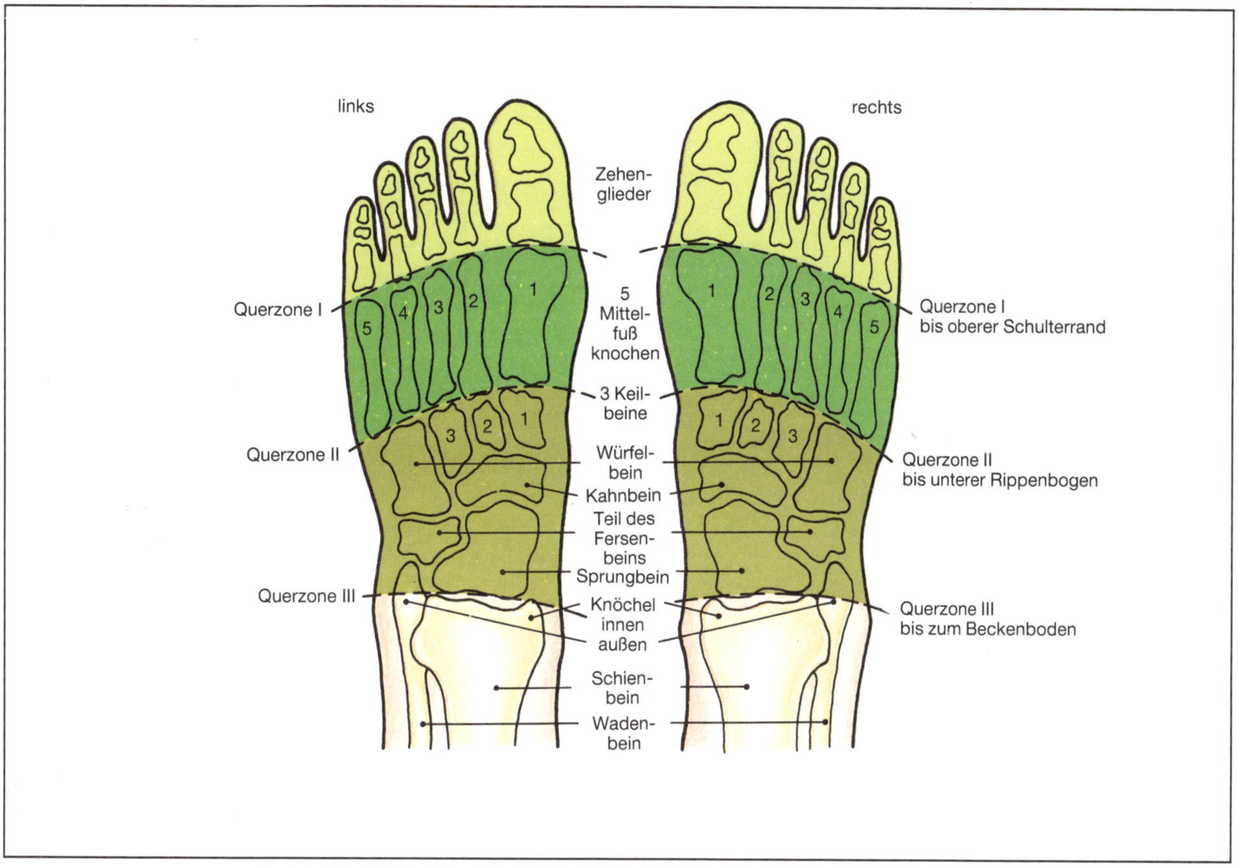

Abb. 5: Abbild der Körper-Querzonen auf dem Fußrücken

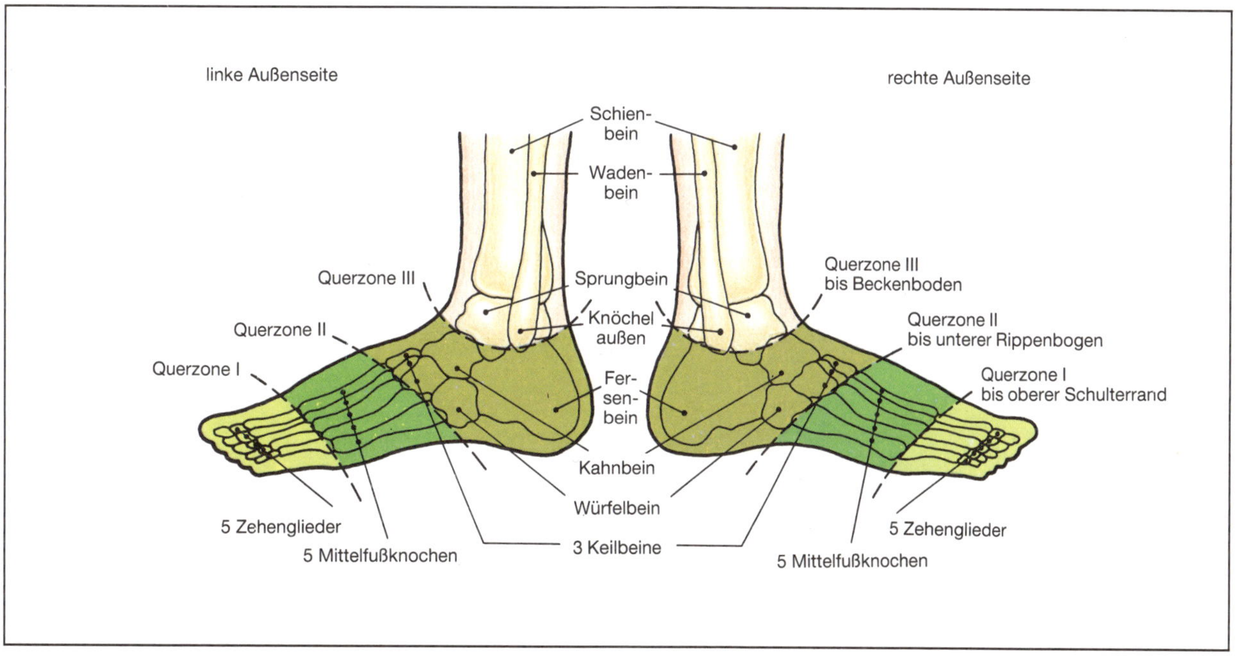

Abb. 6: Abbild der Körper-Querzonen außen am Fuß

Reflexzonentherapie am Körper

Seit einiger Zeit häufen sich die Berichte über ernste bis lebensbedrohliche Nebenwirkungen chemischer Arzneimittel auffällig. In den letzten Jahren wurden deshalb verschiedene synthetische Hormonpräparate, vor allem aber viele Rheumamittel entweder ganz vom Markt genommen oder zumindest in ihren Anwendungsgebieten stark eingeschränkt. Außerdem hat das Bundesgesundheitsamt bereits angekündigt, daß voraussichtlich auch sämtliche Schmerzmittel mit dem chemischen Wirkstoff Phenazetin wegen ihrer kaum noch vertretbaren Nebenwirkungen verboten werden sollen.

Auch wenn sich solche kleineren »Arzneimittelskandale« natürlich nicht mit der Contergan-Katastrophe vergleichen lassen, verdeutlichen sie doch sehr drastisch: Wer heute ein chemisches Arzneimittel einnimmt, geht damit immer ein gewisses Risiko ein, auch wenn es sich um ein noch so altbewährtes Medikament handelt. Trotzdem werden deshalb chemische Arzneimittel nicht überflüssig, denn es gibt Krankheiten, bei denen sie nach wie vor unverzichtbar bleiben und mögliche unerwünschte Begleiterscheinungen in Kauf genommen werden müssen. Aber je häufiger solche Medikamente auch ihre Schattenseiten zeigen, desto wichtiger wird der verantwortungsbewußte, vorsichtige und sparsame Umgang mit ihnen. Das erkennen heute immer mehr Menschen, was erklärt, weshalb sich biologische Naturheilmittel ohne bedenkliche Nebenwirkungen immer größerer Beliebtheit erfreuen und auch die Schulmedizin sich allmählich wieder vermehrt auf die »sanfte« Behandlung durch Heilpflanzen, Wasseranwendungen und andere bewährte oder neu entwickelte Naturheilverfahren besinnt.

Zu den naturgemäßen Heilmethoden, die neuerdings zunehmend an Bedeutung gewinnen, gehört auch die Reflexzonentherapie. Sie ist wahrscheinlich eines der ältesten Heilmittel der Menschheit überhaupt, denn instinktiv reibt jeder mit der Hand eine schmerzende Körperzone, zum Beispiel bei Kopfschmerzen, oder wenn man sich den Ellbogen angestoßen hat. Außerdem kommt die Reflexzonenbehandlung in ihrer einfachsten Form ohne alle Hilfsmittel aus. Man benötigt dazu nur die Hand – und das ist eine »Be-hand-lung« im ursprünglichsten Sinne. Zu den Stärken der Reflexzonentherapie gehört es, daß sie, innerhalb der Grenzen, die für jede Form der Selbsthilfe gelten, zur Eigenbehandlung von Gesundheitsstörungen eingesetzt werden kann. Dazu eignet sich die Reflexzonenmassage der Füße besonders gut, auf die wir später noch ausführlich zu sprechen kommen. Aber auch die Behandlung an den Reflexzonen des Körpers kann zum Teil als Selbsthilfe durchgeführt werden.

Diese Eignung der Reflexzonentherapie zur Eigenbehandlung wird heute immer wichtiger, denn die Zahl der Menschen, die sich bei Krankheiten in vertretbaren Fällen als »mündige Patienten« selbst helfen wollen, wächst ständig. Das hat seinen Hauptgrund wohl in der Unzufriedenheit vieler Menschen mit der einseitigen Schulmedizin und ihren Methoden, die oft nur Symptome unterdrücken, aber nicht wirklich heilen können. Den kritischen Patienten, die das – oft aus eigener leidvoller Erfahrung – erkannt haben, kommt die bei sachgerechter Durchführung gut wirksame und verträgliche Selbsthilfe durch Reflexzonentherapie besonders entgegen.

Auch wenn die offizielle Medizin die Reflexzonenmassage am Körper bisher noch nicht uneingeschränkt und die Therapie der Reflexzonen am Fuß überhaupt nicht anerkennt, werden diese beiden Heilverfahren in der Medizin der Zukunft als Alternativen zur medikamentösen Behandlung oder zur ergänzenden Therapie vieler Krankheiten immer bedeutsamer werden.

Grundsätze der Reflexzonenmassage am Körper

Manche Anhänger der Reflexzonentherapie wollen daneben überhaupt keine andere Heilmethode mehr gelten lassen. Diese Einstellung ist nicht einmal unbedingt verkehrt, denn die Reflexzonenmassage bildet ein in sich abgeschlossenes Therapiesystem mit erstaunlich vielen Anwendungsmöglichkeiten. Es gibt namhafte Fachleute, die praktisch nur dieses eine Heilverfahren anwenden und damit gute Erfolge erzielen. Denn wie bei jeder Massage beschränkt sich auch die Wirkung der Reflexzonentherapie nicht nur auf die dabei beeinflußten Körperpartien, sondern kann durch Fernwirkung den gesamten Organismus günstig beeinflussen.

Trotzdem wird man aber in der Regel nicht gleich auf alle anderen Heilverfahren verzichten können. Insbesondere die verschiedenen natürlichen Behandlungsmethoden lassen sich ausgezeichnet mit der Reflexzonentherapie, die gleichfalls zu den Naturheilverfahren gehört, kombinieren. Bei Bedarf kann die Reflexzonenmassage aber auch durch chemische Medikamente ergänzt werden; dadurch erreicht man vor allem, daß diese Arzneimittel in geringerer Dosis und kürzerer Zeit eingenommen werden müssen, was vor allem die Gefahr unerwünschter Begleiterscheinungen verringert.

Als Selbsthilfemethode empfiehlt sich die Reflexzonenmassage hauptsächlich zur Vorbeugung von Gesundheitsstörungen und zur arzneimittelfreien Behandlung akuter, offensichtlich leichterer Krankheiten, derentwegen man normalerweise nicht gleich den Fachmann konsultieren muß. Zwar sprechen auch ernste und chronische Erkrankungen oft gut auf die Massage der richtigen Körperreflexzonen an, in solchen Fällen ist die fachmännische Untersuchung, die Anleitung zur Reflexzonentherapie, die Überwachung des Krankheitsverlaufs und bei Bedarf auch die zusätzliche Verordnung anderer Heilmittel unentbehrlich. Denn sonst läuft man Gefahr, eine ernstere Erkrankung nur unzulänglich zu behandeln und zu verschleppen, bis vielleicht überhaupt keine wirksame Behandlung mehr möglich ist.

Da sich Krankheiten innerer Organe an den zugehörigen Zonen der Haut reflektorisch bemerkbar machen, erlaubt die Reflexzonenmassage gleichzeitig auch eine Diagnose. Dabei ist aber Vorsicht geboten, denn Schmerzen und Muskelverhärtungen in einer Hautreflexzone können auf verschiedene Ursachen hinweisen. Es erfordert viel Erfahrung, um die reflektorischen örtlichen Beschwerden richtig zu deuten und danach die richtige Behandlung einzuleiten. (Auf die besonderen Probleme der Diagnose über Reflexzonen kommen wir später nochmals ausführlich zu sprechen.)

Im Vergleich zu anderen Selbsthilfemethoden kann die Reflexzonenbehandlung recht einfach erlernt und angewendet werden. Die chinesische Akupressur zum Beispiel, die ebenfalls durch Manipulationen über die Haut wirkt, setzt voraus, daß man die winzigen Punkte genau kennt und auffindet, um sie wirksam zu behandeln. Die Heilpflanzen- und Wassertherapie, zwei beliebte, altbewährte Hausmittel, erfordern ebenfalls umfassende Vorkenntnisse. Bei der Reflexzonenmassage dagegen muß man praktisch nur einige Massagegriffe beherrschen, um sich selbst gut helfen zu können. Wo die Hände dann massieren sollen, spürt man an den Verhärtungen und Schmerzen beim Abtasten der Muskulatur.

Wenn die Reflexzonentherapie trotzdem je nach Einzelfall vom Therapeuten durchgeführt oder zumindest die genauen Anleitungen dazu bei ihm eingeholt werden sollen, dann deshalb, weil die richtige Diagnose bestehender Erkrankungen unentbehrlich ist und die einfachen Massagegriffe an den wichtigsten Reflexzonen nicht immer zur erfolgreichen Therapie ausreichen. Neben der Massage gibt es ja noch verschiedene andere Möglichkeiten, über die Reflexzonen auf innere Organe einzuwirken, die nur der Therapeut anwenden darf, zum Beispiel die Injektion örtlich betäubender Arzneimittel wie Procain oder Novocain. Aus den gleichen Gründen gilt auch für die Reflexzonenmassage am Fuß die Einschränkung, daß sie im Einzelfall nach fachmännischer Anweisung durchgeführt werden muß.

Ein weiteres Problem der Eigenbehandlung durch Reflexzonenmassage besteht darin, daß man selbst nicht alle Reflexzonen am Körper gut erreichen kann, was auch von der Gelenkigkeit und allgemeinen Beweglichkeit abhängt. Am Rücken fällt es zum Beispiel meist ganz besonders schwer, alle Reflexzonen richtig zu massieren. Dann muß entweder doch der Therapeut aufgesucht oder die Partnermassage durchgeführt werden. Partner kann, muß aber nicht unbedingt Lebens- (Ehe-)partner bedeuten. Im Prinzip spricht nichts dagegen, daß auch entferntere Angehörige, befreundete oder bekannte Menschen, Nachbarn und Kollegen einander durch Reflexzonenmassage helfen. Dazu muß aber die in unserem Kulturkreis noch immer weitverbreitete übertriebene Scheu vor körperlichen Kontakten mit anderen überwunden werden. Am besten beginnt man bei nicht so gut vertrauten Partnern mit einer Reflexzonentherapie an den Füßen. Später, wenn man sich besser kennt und sich ein Gefühl der Vertrautheit entwickelt hat, kann man sich auch gegenseitig an den Körperreflexzonen behandeln.

Durchgeführt wird die Reflexzonenmassage in angenehmer, entspannter Atmosphäre. Am besten behandelt man in einem leicht abgedunkelten Raum, der angenehm beleuchtet werden sollte, wenn es draußen dunkel ist. Auch Musik im Hintergrund, die einem persönlich gefällt, trägt zum Gelingen der Therapie bei; es darf sich allerdings nicht gerade um »fetzige« Rhythmen oder harte Rockmusik handeln, denn dabei kann man sich unmöglich ausreichend entspannen.

Ob man im Sitzen oder Liegen massiert, hängt davon ab, in welcher Haltung man sich am wohlsten fühlt und welche Körperzonen behandelt werden sollen. Die Beine erreicht man beispielsweise am besten im Sitzen, andere Körperpartien besser im Liegen. Das ist nicht zuletzt auch wieder eine Frage der persönlichen Gelenkigkeit.

Die entspannte Atmosphäre spielt bei der Reflexzonenmassage am Körper eine wichtige Rolle. Solange die Muskulatur allgemein verkrampft ist (und das trifft heute bei vielen Menschen ständig zu), fällt es nämlich schwer, die verspannten und schmerzenden Reflexzonen beim Abtasten zu erkennen. Man läuft also Gefahr, falsche Zonen zu behandeln, so daß die Wirkung ausbleibt.

Wer das autogene Training oder eine andere Entspannungstechnik beherrscht, sollte sich vor Beginn der Reflexzonenmassage damit in tiefe Entspannung versetzen.

Nach dieser allgemeinen Einführung in die Grundsätze der Reflexzonentherapie am Körper wollen wir nun die praktische Durchführung und die Anwendungsmöglichkeiten der Massage ausführlich für die Eigenbehandlung beschreiben.

Die wichtigsten Handgriffe zur Selbstbehandlung

Massage bedeutet Manipulationen mit den Händen an der Körperoberfläche. Das klingt sehr einfach, weil wir ja alle daran gewöhnt sind, unsere Hände zu benutzen und mit ihnen, etwa beim Streicheln oder durch Gebärden, unsere Gefühle und Stimmungen zum Ausdruck zu bringen.

Aber für eine wirksame, unschädliche Heilmassage ist es keineswegs gleichgültig, wie man behandelt. Deshalb braucht jeder Masseur vor der Zulassung auch eine längere Ausbildung in Theorie und Praxis. Für die Selbsthilfe durch Reflexzonenmassage ist das natürlich nicht erforderlich. Man soll dabei ja keine speziellen Massagegriffe anwenden, wie die bereits genannte Bindegewebs-, Nerven- und Nervenpunktmassage, und benötigt auch keine besonderen anatomischen Kenntnisse, weil die Verhärtungen und Schmerzen beim Abtasten schon anzeigen, welche Reflexzonen behandelt werden müssen. Es genügt, die folgenden einfachen Massagegriffe zu beherrschen, um sich selbst helfen zu können.

Auskneten

Eine sehr einfache Massagetechnik, die praktisch an allen Reflexzonen angewendet werden kann. Je nach Größe der zu behandelnden Reflexzone streckt man die Finger einer oder beider Hände aus und erfaßt damit die gefaltete Haut. Dann massiert man die Hautfalte so, als wollte man sie zwischen den Fingern auskneten.

Ausstreichen

Im allgemeinen legt man dazu die Unterseite der Finger oder die ganze Handfläche (je nach Größe der zu behandelnden Zone) locker auf die Hautoberfläche und streicht leicht darüber. Statt dessen kann man auch den Handrücken oder die Oberseite der Finger auflegen und in gleicher Weise behandeln, gelegentlich auch nur mit den Fingerkuppen über die Haut streichen.

Diese Form der Massage entspricht im Grunde einem sanften Streicheln und hebt deshalb ganz besonders auch das seelisch-geistige Wohlbefinden. Trotz der sanften Technik darf man die Wirkung dieser Massage nicht unterschätzen. In erster Linie wendet man sie an empfindlichen Körperpartien an.

Die Streichmassage kann variiert werden, indem man zum Beispiel mit den Handflächen nach unten und dann mit dem Handrücken in entgegengesetzter Richtung streicht. Das ist allerdings nicht unbedingt erforderlich, um eine gute Wirkung zu erzielen.

Vibrationsmassage

Zur Vibration verursacht man mit der Handfläche oder den Fingerkuppen leichte Erschütterungen über den Reflexzonen, die sich in die Tiefe des Gewebes fortsetzen. Dazu gibt es die folgenden beiden Techniken:

Vibrationen mit den Fingerkuppen – Die Fingerspitzen einer oder beider Hände (je nach Größe der zu behandelnden Zone) werden leicht auf die Haut gesetzt, die Hand soll dabei gebeugt werden. Dann schüttelt man leicht den Arm und erzeugt dadurch die feinen Erschütterungen auf der Reflexzone.

Vibrationen mit der Handfläche – Sie werden dann durchgeführt, wenn man eine größere Reflexzone zu behandeln hat. Dazu streckt man die Hand (bei größeren Zonen beide Hände) locker aus und legt sie auf die zu behandelnde Hautpartie. Die feinen Vibrationen werden wieder durch lockeres Schütteln des Arms erzeugt.

Unter Umständen verkrampft sich der Arm bei der Vibrationsmassage. Dann muß die Behandlung unterbrochen werden, weil man mit verkrampfter Muskulatur nicht mehr die notwendigen feinen Vibrationen erzeugen kann. Durch Entspannungstraining vor Beginn der Massage lassen sich solche Verkrampfungen aber im allgemeinen vermeiden.

Zirkeln

Diese Massagetechnik kommt dann in Frage, wenn in der Muskulatur erbsen- bis bohnengroße einzelne Verhärtungen zu tasten sind. Auf diese setzt man einen Finger und massiert die Verhärtung unter kreisendem Druck. Am besten übt man diese Technik vorher, indem man in die hohle Handfläche etwas trockenes Brot, Zucker oder Salz gibt und dann mit einem Finger der anderen Hand so darauf kreist, als wollte man diese Dinge zerreiben. Der Massagedruck darf beim Zirkeln nicht zu stark ausgeübt werden, sonst kommt es zu unnötigen Schmerzen.

Mit diesen vier einfachen Massagegriffen, die jedermann ohne besondere Anleitung selbst anwenden kann, kommt man bei der Reflexzonentherapie am Körper im allgemeinen aus. Für die Reflexzonenmassage der Füße gibt es eine spezielle Technik, die wir später noch gesondert beschreiben werden.

Wie stark der Druck sein soll, der bei der Reflexzonenmassage ausgeübt wird, läßt sich nicht pauschal sagen, denn jeder Mensch reagiert unterschiedlich empfindlich. Deshalb wird man sich immer ganz individuell anpassen müssen. Als wichtigster Grundsatz gilt: Die Massage muß so sanft erfolgen, daß keine Schmerzen auftreten oder bestehende Schmerzen in den Reflexzonen nicht verschlimmert werden.

Hier muß einer weitverbreiteten Laienmeinung entgegengetreten werden, die gerade bei der Selbstbehandlung zu unangenehmen Folgen führen könnte. Ziel der Massage darf es niemals sein, möglichst kräftig zu behandeln, so daß vielleicht gar blaue Hautflecke zurückbleiben und noch längere Zeit Schmerzen bestehen. Das sind die typischen Folgen einer mißlungenen, kaum hilfreichen Anwendung. Der Muskel wehrt sich dagegen durch Verhärtung und Verspannung, ein ganz natürlicher Reflex, weil die Muskulatur unter anderem auch dazu dient, das Körperinnere vor äußerer Gewalteinwirkung zu schützen. Durch eine mißlungene Anwendung kommt es vielleicht erst richtig zu Schmerzen. Und wenn, wie man es an den betroffenen Reflexzonen häufig erlebt, schon Verhärtungen der Muskulatur bestehen, verschlimmern sie sich durch die »Gewaltmassage« noch weiter. Das wirkt sich dann natürlich auch ungünstig auf die zugehörigen inneren Organe aus.

Die Stärke der Reflexzonenmassage richtet sich also stets nach der individuellen Verträglichkeit. Wenn man sich selbst behandelt, merkt man während der Anwendung, welcher Druck als angenehm empfunden wird. Wer sich massieren läßt, muß dem Partner oder Masseur unbedingt alle auftretenden Mißempfindungen mitteilen, denn nur dann kann dieser den Druck seiner Hände den persönlichen Reaktionen richtig anpassen oder bei Bedarf sogar die Massage unterbrechen, um unerwünschte Nebenwirkungen zu vermeiden.

Falls es trotz aller Vorsicht in bestimmten Zonen doch zu Schmerzen kommt, unterläßt man dort zunächst die Massage und behandelt einige Minuten lang an anderer Stelle. Danach kehrt man versuchsweise nochmals zu der schmerzenden Zone zurück und massiert sie so sanft wie möglich. In vielen Fällen treten jetzt keine Schmerzen mehr auf, weil die erste Anwendung und die Behandlung anderer Zonen reflektorisch bereits zur Besserung geführt hat. Wenn immer noch stärkere Schmerzen entstehen, kann man die Massage nach einiger Zeit wiederholen, weil sich die Schmerzursache inzwischen gebessert haben kann. Gewaltsam darf man aber keinesfalls versuchen, trotz stärkerer Schmerzen in der Reflexzone, durch fortgesetzte, vielleicht auch noch besonders kräftige Massage eine Wirkung zu erzwingen.

Im Zweifelsfall sucht man bei hartnäckigen Schmerzen während der Behandlung einer Reflexzone besser den Therapeuten auf.

Dauer und Häufigkeit der Massage am Körper

Auch für die Dauer und Häufigkeit der Reflexzonenmassage am Körper lassen sich keine festen Regeln aufstellen, weil man sich an den individuellen Reaktionen orientieren muß. Grundsätzlich gilt, daß man täglich 2mal behandelt, am besten morgens gleich nach dem Erwachen und abends vor dem Einschlafen, weil man sich zu diesen Zeitpunkten meist am besten entspannen kann.

Bei akuten stärkeren Beschwerden kann bei Bedarf auch viel häufiger behandelt werden. So hat es sich zu Beginn schmerzhafter Erkrankungen zum Beispiel oft gut bewährt, in Abständen von nur 1–2 Stunden zu massieren. Das erspart häufig die Einnahme schmerzlindernder chemischer Arzneimittel und kann bei frühzeitiger Durchführung sogar beginnende Krankheiten noch auf natürliche Weise im Keim ersticken, weil dabei Blockaden der körpereigenen Selbstheilungskräfte beseitigt werden.

Häufig empfiehlt es sich, neben den Körperreflexzonen auch die Reflexgebiete am Fuß zu massieren, um die Wirkung zu verbessern. Die Fußmassage kann dann vor oder nach der Körpermassage – auch zwischendurch ganz unabhängig davon – je nach Bedarf angewendet werden.

Diese Kombination von Körper- und Fußreflexzonenmassage hat sich in der Praxis deshalb so gut bewährt, weil meist nicht nur in einer, sondern gleichzeitig in mehreren Reflexzonen Störungen bestehen. Dann kann auch nur die umfassende Massage aller betroffenen Reflexzonen am Körper und an den Füßen zu bestmöglichen Behandlungsergebnissen führen. Wenn die Betastung der Körper- oder Fußreflexzonen keine Verhärtungen oder Schmerzreaktionen ergibt, dann muß man natürlich nicht die Körper- und Fußzonen behandeln, sondern nur jene Zonen, die wirklich betroffen sind.

Auch die Dauer der einzelnen Anwendungen richtet sich wieder nach den unterschiedlichen Reaktionen der Patienten. Im Durchschnitt dauert die Reflexzonentherapie am Körper etwa 10 Minuten. Wenn die Wirkung, zum Beispiel die Milderung von Schmerzzuständen, früher eintritt, kann die Behandlung auch eher abgeschlossen werden. Für die Dauer der Reflexzonenmassage am Fuß gelten andere Zeitspannen, auf die wir später noch eingehen werden.

Falls während der Reflexzonentherapie am Körper unerwünschte Mißempfindungen, wie Herzklopfen, Schwindel, verstärkte Schmerzen, übermäßiges Schwitzen oder andere unangenehme Zustände, auftreten, wird die Massage sofort unterbrochen. Später, wenn diese Beschwerden vollständig abgeklungen sind, kann dann versuchsweise erneut massiert werden. Treten dabei wieder unerwünschte Reaktionen auf, sollte man vor der Fortsetzung der Therapie unbedingt den Fachmann konsultieren.

Wie lange bei Krankheiten insgesamt durch Reflexzonenmassage am Körper behandelt werden soll, richtet sich nach dem Krankheitsverlauf. Grundsätzlich führt man die Behandlung fort, bis keinerlei Beschwerden mehr bestehen, die Erkrankung also vollständig ausgeheilt ist. Der Therapeut kann im Einzelfall aber auch etwas anderes verordnen.

Zur sehr empfehlenswerten täglichen Gesundheitsvorsorge wird die Reflexzonenmassage am Körper regelmäßig morgens und abends für je 5–10 Minuten angewendet. Dadurch normalisiert und kräftigt man viele Körperfunktionen und aktiviert die Selbstheilungs- und Widerstandskräfte gegen zahlreiche Krankheiten. Wenn man sich dann noch bemüht, sich möglichst vollwertig zu ernähren, regelmäßig Gymnastik und Sport zu betreiben und ganz allgemein gesundheitsbewußter zu leben, zahlen sich diese guten Gewohnheiten bald durch eine stabilere Gesundheit aus.

Zum Abschluß noch eine wichtige Frage, die Patienten immer wieder stellen: Muß bei der Massage eine bestimmte Reihenfolge eingehalten werden?

Dazu gibt es auch unter den Fachleuten verschiedene Ansichten. Viele Masseure »schwören« darauf, die Behandlung mit dem »Grundaufbau« zu beginnen, andere halten das für entbehrlich. Ohne nun den Wert der Grundbehandlung bestreiten zu wollen, handelt es sich dabei doch ein wenig um einen »Glaubenskrieg«, der objektiv nicht endgültig entschieden werden kann. Für die Eigenbehandlung durch Reflexzonenmassage am Körper spielt die Grundbehandlung keine Rolle; sie wäre für den Laien ohnehin zu umfangreich und zeitaufwendig. Man beginnt also gleich damit, die betroffenen Reflexzonen des Körpers in beliebiger Reihenfolge zu massieren.

Soll neben dem Körper auch der Fuß behandelt werden, massiert man die Zonen dort entweder vor oder nach der Körpermassage; außerdem kann am Fuß auch, unabhängig von der Reflexzonenmassage am Körper, zwischendurch behandelt werden.

Diagnose von Krankheiten

Da sich Krankheiten innerer Organe in den entsprechenden Reflexzonen der Haut durch Druckschmerzen und Verhärtungen bemerkbar machen, eignet sich die Reflexzonenmassage nicht nur zur Behandlung, sondern auch zur Diagnose von Krankheiten. Besonders interessant ist dabei, daß nicht allein ausgeprägte, auch auf andere Weise feststellbare Erkrankungen nachweisbar sind, sondern vor allem Krankheiten im frühesten Stadium, die bei den üblichen Diagnoseverfahren überhaupt noch nicht auffallen.

Außerdem machen sich auch die heute weitverbreiteten funktionellen Störungen innerer Organe, die mit seelisch-nervösen Faktoren in Zusammenhang stehen, durch Verhärtungen und Schmerzen in den Reflexzonen bemerkbar, während die üblichen Diagnosemethoden in solchen Fällen meist keinen Befund ergeben (es besteht ja überhaupt keine organische Erkrankung). Die Betroffenen hören dann häufig von ihrem Therapeuten, daß »nur« die Nerven an ihren Beschwerden schuld sind, und erhalten dagegen viel zu oft chemische Beruhigungsmittel, die zu erheblichen Nebenwirkungen führen können. Und nicht selten leiden solche Patienten nach dieser Diagnose unter dem Gefühl, mit ihren Symptomen nicht recht ernstgenommen, sondern als »eingebildete Kranke« betrachtet zu werden. Schließlich wird allzuoft vergessen, daß auch seelisch-nervöse Störungen der Organfunktionen im Laufe der Zeit in eine organische Krankheit übergehen können.

Für diese Patienten, deren Zahl nach Schätzungen von Fachleuten heute zwischen 40 und 70 Prozent aller Kranken liegt, eignet sich die Reflexzonentherapie besonders gut. Die Diagnose von Druckschmerzen und Verhärtungen in den Hautzonen beweist, daß ihre Beschwerden nicht nur »eingebildet« sind, sondern daß tatsächlich Störungen der Körperfunktionen bestehen. Das allein bedeutet für sie schon eine Entlastung. Und die Massage der Reflexzonen ermöglicht dann eine wirksame Therapie dieser funktionellen Organstörungen, ohne daß die Risiken chemischer Beruhigungsmittel in Kauf genommen werden müßten.

Selbstverständlich werden andere diagnostische Maßnahmen durch die Reflexzonendiagnostik nicht überflüssig. Wenn man in einer solchen Zone Verhärtungen und Druckschmerzen wahrnimmt, dann weist das ja lediglich darauf hin, daß im zugehörigen Organ eine Funktionsstörung oder organische Krankheit bestehen kann, sagt aber noch nichts darüber aus, welcher Art diese Erkrankung ist. Die Reflexzonendiagnostik weist also den Weg für weitere Untersuchungen, die dann genau klären, welche Krankheit vorliegt. Das allein ist bereits sehr wichtig, denn es erspart dem Patienten bei unklaren Beschwerden umfangreiche, oft belastende Untersuchungen. Der Therapeut kann sich nach der richtig durchgeführten Reflexzonendiagnose in der Regel darauf beschränken, jene Organe gezielt zu untersuchen, deren Reflexzonen Hinweise auf krankhafte Störungen ergaben. Das verkürzt die Diagnose und erhöht auch ihre Zuverlässigkeit.

Angesichts dieser entscheidenden Vorteile der Diagnose durch Betasten der Reflexzonen wundert es eigentlich, weshalb dieses Verfahren in der täglichen Praxis nicht ganz selbstverständlich am Anfang jeder Untersuchung steht. Das hat seinen Grund einmal darin, daß viele Schulmediziner die Reflexzonendiagnostik nicht sicher genug beherrschen und/oder von ihrem Wert nicht überzeugt sind, da ihnen die Erfahrung fehlt. Ein weiteres wichtiges Hindernis ist außerdem der recht hohe Zeitaufwand, der eine solche gründliche Untersuchung erfordert und der von den Krankenkassen nicht gebührend honoriert wird. (Dafür bezahlen sie die insgesamt sehr viel teureren labordiagnostischen Untersuchungen, obwohl diese zum Teil durch die richtige Reflexzonentherapie überflüssig wären.) Ein Arzt, der jeden Tag 40 und mehr Patienten in seinem Wartezimmer sitzen hat, kann unmöglich mehr als 5–10 Minuten für jeden Patienten aufwenden. Das genügt nur für eine der üblichen Untersuchungen und das Ausschreiben eines Rezepts, aber es reicht nicht für die Reflexzonendiagnose, geschweige denn für eine Behandlung von Krankheiten durch Reflexzonenmassage. Es bleibt zu hoffen, daß die bevorstehende »Ärzteschwemme« hier in absehbarer Zeit Abhilfe schafft, dadurch, daß mehr Ärzte auch mehr Zeit für ihre Patienten haben und sich dann auch der Reflexzonendiagnose und -therapie routinemäßig bedienen könnten.

Schon für den erfahrenen Reflexzonentherapeuten ist es manchmal sehr schwierig, das Ergebnis der Reflexzonendiagnose auf Anhieb richtig zu interpretieren, wie das folgende Beispiel veranschaulichen soll:

Der Patient, ein 46jähriger Mann, litt unter allgemeiner Leistungsschwäche und nervöser Gereiztheit, also unklaren Allgemeinsymptomen, die auf verschiedene Krankheiten hinweisen können. In diesem Fall ist eine Reflexzonendiagnose besonders nützlich, um herauszufinden, in welcher Richtung man gezielt weiter untersuchen muß.

Bei diesem Patienten ergab sich unter anderem ein Druckschmerz in der Leberzone am Rücken. Da Leberleiden häufig zu unklaren Schwächezuständen führen, bestand nach diesem Ergebnis zunächst der Verdacht auf eine Erkrankung dieses Organs. Weitere Untersuchungen mit Labortests ergaben jedoch keinerlei Anhaltspunkte dafür, obwohl die Druckschmerzen und Verhärtungen in der Leberzone eindeutig waren.

Erst durch ein eingehendes Gespräch mit dem Patienten konnte der unklare Befund schließlich geklärt werden. Der Mann war begeisterter Sportler, aber er übertrieb dabei manchmal maßlos. Vor allem in letzter Zeit, als er spürte, daß er nicht mehr ganz die vorher gewohnte sportliche Leistung erbringen konnte, versuchte er immer wieder, sich noch mehr abzufordern. (Das ist eine nicht seltene falsche Reaktion von Männern während der Lebensmitte, die zum Symptombild der »Midlife-crisis« gehört.) So war er allmählich in ein allgemeines Stadium der Erschöpfung mit nervöser Überreizung geraten und hatte sich dabei auch noch einen Muskelschaden am Rücken in der Leberzone zugezogen, der bei der Reflexzonendiagnose zunächst auf eine Erkrankung der Leber hinzuweisen schien.

Nachdem der Befund jetzt eindeutig geklärt war, konnte eine gezielte Behandlung eingeleitet werden, die neben der Beseitigung des Muskelschadens durch Reflexzonenmassage und Einreibungen natürlich auch im Abbau der übertriebenen körperlichen Beanspruchung beim Sport bestand.

Das Kernproblem der Reflexzonendiagnostik besteht also darin, den Tastbefund individuell richtig zu erklären. Dem Fachmann fällt das oft schon schwer genug, aber der medizinische Laie ist dadurch hoffnungslos überfordert. Deshalb muß bei allen unklaren Tastbefunden möglichst bald der Therapeut unterrichtet werden, damit er durch geeignete andere Diagnoseverfahren die Ursachen erkennen und gezielt behandeln kann. Das spricht aber nicht dagegen, bereits vor der endgültigen Klärung des Befundes mit der Massage der betroffenen Reflexzonen zu beginnen, denn gleichgültig, ob es sich nun um eine örtliche Muskelverspannung oder um die Ausstrahlung von Beschwerden innerer Organe handelt, die Reflexzonentherapie kann meist schon helfen.

Wenn eine organische Krankheit oder Funktionsstörung besteht, die durch Selbsthilfe behandelt werden soll, gibt es zwei Möglichkeiten, um die behandlungsbedürftigen Reflexzonen zu ermitteln.

1. Bei sicher bekannten Krankheiten

Suchen Sie in diesem Buch zunächst die Erkrankung heraus, von der Sie annehmen, daß Sie darunter leiden. Betasten Sie dann die dort angegebenen Reflexzonen am Körper und möglichst auch an den Füßen. Wenn dort Verhärtungen der Muskulatur bestehen und/oder beim Abtasten Druckschmerzen auftreten, stimmt Ihre eigene Diagnose mit hoher Wahrscheinlichkeit, und Sie können mit der im Buch beschriebenen Massage beginnen. Wenn Sie bei den im Buch genannten Reflexzonen jedoch keine Verhärtungen oder Schmerzreaktionen feststellen können, müssen Sie wie bei unbekannten Krankheiten verfahren, bis die Reflexzonen gefunden werden. Da Ihre Selbstdiagnose dann vermutlich nicht richtig war, kann es bei stärkeren oder anhaltenden Beschwerden dringend angezeigt sein, so bald wie möglich den Therapeuten zu konsultieren.

Da in diesem Buch nur die häufigsten Krankheiten beschrieben werden konnten, finden Sie das Leiden, das Sie bei sich festgestellt haben, nicht immer beschrieben. Dann verfahren Sie ebenfalls wie bei unbekannten Krankheiten, um die Körperreflexzone zu finden, und behandeln diese dann nach den allgemeinen Anleitungen dieses Buchs. Da wir bei der Auswahl der verschiedenen Erkrankungen vorwiegend jene berücksichtigt haben, die gefahrlos selbst behandelt werden können, eignen sich die hier nicht aufgeführten Krankheiten oft nicht zur Eigenbehandlung. Zögern Sie deshalb nicht, in unklaren Fällen Ihren Therapeuten zu konsultieren.

2. Bei Krankheitserscheinungen unbekannter Ursachen

Alle unklaren Symptome müssen zunächst diagnostiziert werden, ehe man mit Reflexzonenmassage und anderen, gezielt wirkenden Behandlungsmethoden beginnen kann. Da die Reflexzonen im Gegensatz zu bekannten, in diesem Buch aufgeführten Krankheiten nicht von vornherein feststehen, kann es notwendig sein, den ganzen Körper nach Verhärtungen und Druckschmerzen abzusuchen.

Am besten gehen Sie dabei systematisch vor, um keinen Körperteil zu vergessen. Bewährt hat es sich, zunächst die Füße zu untersuchen, weil man dadurch erste Anhaltspunkte für die weitere Diagnose erhält. Wenn Sie zum Beispiel in einer bestimmten Fußzone Verhärtungen und/oder Schmerzen wahrnehmen, können Sie anhand der später folgenden Anleitung zur Fußreflexzonentherapie feststellen, auf welche Erkrankung das hinweist. Anschließend suchen Sie dann unter den Heilanzeigen in diesem Buch die entsprechende Krankheit heraus und finden dort die zugehörigen Körperreflexzonen. Wenn Sie jetzt diese betasten und ebenfalls Verhärtungen und/oder Druckschmerzen wahrnehmen, können Sie davon ausgehen, daß die richtigen Reflexzonen am Körper gefunden wurden. Deshalb erübrigt es sich meist, den ganzen Körper weiter abzusuchen, die Behandlung erfolgt über die so ermittelten Reflexzonen.

Falls die Untersuchung der Fußreflexzonen keine eindeutigen Ergebnisse erbringt, oder die entsprechende Krankheit in diesem Buch nicht aufgeführt wurde, suchen Sie von den Füßen aufsteigend mit leichtem Druck der Finger den ganzen Körper – hinauf bis zum Kopf und von den Schultern abwärts die Arme entlang bis zu den Händen – nach verhärteten und/oder schmerzenden Zonen ab. Das muß in entspanntem Zustand geschehen. Die dabei ermittelten behandlungsbedürftigen Zonen merken Sie sich gut, um nach der abgeschlossenen Diagnose mit der gezielten Reflexzonentherapie beginnen zu können.

In der Praxis hat es sich bewährt, zur Selbstdiagnose den eigenen Körper schematisch von vorne und hinten aufzuzeichnen und dann alle verhärteten und schmerzenden Zonen in dieses Schema einzutragen. So vergißt man keine der Reflexzonen bei der Behandlung. Diese beiden einfachen Zeichnungen kann man auch dann zu Papier bringen, wenn man über keine zeichnerische Begabung verfügt, denn es kommt nicht darauf an, wie gut sie gelingen, sondern nur auf die Markierung der Behandlungsregionen. Sie müssen es damit auch nicht pedantisch genau nehmen, weil es nicht schadet, wenn man über die zu behandelnden Reflexzonen hinaus massiert. Hauptsache ist, daß die unmittelbar zum erkrankten Organ gehörige Hautregion richtig behandelt wird.

Zur regelmäßigen Gesundheitsvorsorge durch Reflexzonenmassage kann man sich auf die später beschriebene Behandlung der Fußreflexzonen beschränken, das kostet etwas weniger Zeit als die tägliche Massage des gesamten Körpers. Wenn sich aber an den Fußzonen zeigt, daß bei bestimmten Organen eine Funktionsstörung oder gar schon eine Erkrankung im frühesten Stadium besteht, die überhaupt noch keine spürbaren Beschwerden verursacht, sollte man zusätzlich auch nach den entsprechenden Körperzonen suchen und diese ebenfalls vorsorglich behandeln, das verbessert die Wirkung.

Da nicht alle funktionellen und organischen Störungen sich in den entsprechenden Zonen der Füße bemerkbar machen müssen, empfiehlt es sich, im Rahmen der Vorsorge wenigstens einmal pro Woche den gesamten Körper durchzuarbeiten, so wie man auch bei der Suche nach unbekannten Krankheiten verfährt. Dabei stellt man dann unter Umständen Verhärtungen und/oder Druckschmerzen am Körper fest, die darauf hinweisen, daß eine Störung an dem zur Reflexzone gehörigen Organ besteht, aus der sich einmal eine Krankheit entwickeln könnte. Durch sofortige Reflexzonentherapie läßt sich der Ausbruch dieser Erkrankung meist noch vermeiden, weil man dadurch die Selbstheilungs- und die Abwehrkräfte des Körpers aktiviert.

Reaktionen auf die Reflexzonenmassage

In der Regel wird die Reflexzonentherapie am Körper gut vertragen. Es handelt sich ja um ein natürliches Heilverfahren, das körpereigene Regulationsvorgänge ausnützt. Viele Menschen empfinden die Massage sogar als sehr angenehm, insbesondere dann, wenn ihre Schmerzen dadurch rasch gelindert werden. Dennoch kann es auch einmal zu unerwünschten Reaktionen kommen, die unter Umständen sogar den Abbruch der Massage erforderlich machen.

Zu den harmlosen Begleiterscheinungen der Reflexzonenmassage, die zum Teil auch erst einige Stunden später auftritt, gehört eine übermäßige allgemeine Anregung bis hin zu euphorischen Zuständen. Die Patienten sind so »aufgekratzt«, daß sie ihrer Mitwelt durch ihre Redseligkeit und ihren Tatendrang gewaltig auf die Nerven fallen können. Allerdings hält diese anregende Wirkung nicht lange an. Sie erklärt sich wahrscheinlich aus der Wirkung der Massage auf das Nervensystem, die nicht örtlich beschränkt bleibt, sondern das ganze Nervensystem erfaßt. Bei besonders empfindlichen, sensiblen Menschen führt das dann zu den beschriebenen Reaktionen.

Grundsätzlich erübrigt es sich, besondere Vorsichtsmaßnahmen gegen solche Reaktionen zu ergreifen. Zu empfehlen ist lediglich, die ersten zwei bis drei Massagen nicht zu spät am Abend durchzuführen, bis man sicher beurteilen kann, ob man dadurch unerwünscht stark angeregt wird. Ist das der Fall, sollte zur Vermeidung von Schlafstörungen immer schon am späten Nachmittag behandelt werden, damit die Anregung bis zum Schlafengehen wieder abgeklungen ist. Wird keine stärkere Anregung während oder nach der Reflexzonenmassage beobachtet, kann die Therapie getrost unmittelbar vor dem Schlafengehen angewendet werden. Das erleichtert vielleicht sogar das Einschlafen durch die allgemeine Entspannung und Linderung von Schmerzen.

Bei anderen Menschen kommt es während oder bald nach der Reflexzonenmassage zum Ausbruch von Schweiß. Er tritt zum Teil nur an bestimmten Körperzonen – bevorzugt an Händen und Füßen –, teils aber auch am ganzen Körper auf.

Die vermehrte Schweißabsonderung als Reaktion auf die Reflexzonenmassage ist im Grunde nicht unerwünscht. Sie zeigt an, daß der Organismus auf die Therapie angesprochen hat, und dient der vermehrten Ausscheidung von Krankheitsstoffen aus dem Körper, die für den Behandlungserfolg notwendig ist. Außerdem kann ein örtlich begrenzter Schweißausbruch auch noch diagnostisch interessant sein; nicht selten weist er nämlich darauf hin, daß hier noch eine bisher übersehene behandlungsbedürftige Reflexzone besteht. Deshalb sollte man untersuchen, ob sich in der Zone, wo der Schweiß vermehrt ausgebrochen ist, noch weitere Verhärtungen oder Schmerzpunkte befinden.

Trotzdem kann es bei stärkerem Schweißausbruch im Einzelfall notwendig sein, die Massage zu unterbrechen. Dahinter kann auch eine Überreaktion des Körpers stehen, die natürlich nicht erwünscht ist. Kommt es ständig während oder auch erst nach der Reflexzonenmassage zur übermäßigen Absonderung von Schweiß, konsultiert man vorsorglich den Therapeuten. Das gilt besonders dann, wenn zusätzlich noch andere unerwünschte Reaktionen auftreten.

Anstelle des Schweißausbruches, der zum Teil von einem Wärmegefühl begleitet wird, geben andere Menschen ein leichtes Gefühl der Kälte an einzelnen Körperabschnitten oder am ganzen Körper an. Solange man sich bald danach wieder wohl fühlt, kommt dieser Reaktion aber keine Bedeutung zu. Die Massage wird wegen des unangenehmen Kältegefühls aber doch vorsorglich unterbrochen. Stärkeres Kältegefühl, das auch mit allgemeinem Frösteln einhergehen und länger dauern kann, weist allerdings auf eine unerwünschte übermäßige Reaktion des Körpers auf die Reflexzonentherapie hin und sollte deshalb mit dem Fachmann besprochen werden.

Schweißausbruch, Wärme- oder Kältegefühl erklären sich im Grunde ebenso wie die übermäßige Anregung wahrscheinlich aus der Reaktion des Nervensystems auf die Massage. Das Nervensystem steuert nämlich die Tätigkeit der Schweißdrüsen und über die Blutgefäße der Haut auch maßgeblich die Wärmeregulation.

Manchmal ruft die Gefäßwirkung der Reflexzonenmassage auch noch unangenehme Durchblutungs- und Kreislaufstörungen hervor. (Diese gehören aber auch zu den Heilanzeigen der Massage.) Davon werden hauptsächlich jene Menschen betroffen, bei denen solche Störungen auch unabhängig von der Reflexzonenmassage bestehen. Durch die Reaktion auf die Reflexzonentherapie werden sie unter Umständen noch verstärkt. Zuweilen wird dadurch sogar das Herz in Mitleidenschaft gezogen und reagiert mit Mißempfindungen, vornehmlich mit Herzstichen und anderen unangenehmen Gefühlen in der Herzgegend. (Auch diese gehören wiederum zu den Heilanzeigen der Reflexzonentherapie.)

Grundsätzlich sind auch die Herz-Kreislauf-Reaktionen ungefährlich. Bei vorgeschädigtem Herz-Kreislauf-System kann die Reflexzonenmassage aber auch einmal zu ernsteren Begleiterscheinungen führen, die der Patient selbst kaum beherrschen kann. Deshalb unterbricht man bei den geringsten Anzeichen am Herzen oder Kreislauf die Massage sofort und ruht so lange, bis keinerlei Symptome mehr auftreten. Wiederholen sich solche unerwünschten Reaktionen bei späteren Reflexzonenmassagen, sucht man unbedingt bald den Therapeuten auf, ehe man mit der Massage fortfährt, sonst geht man ein unnötiges, nicht kalkulierbares Risiko ein.

Im Vergleich zu anderen Behandlungsmethoden kommen unerwünschte Nebenwirkungen während und nach der Reflexzonentherapie recht selten vor. Aber gerade deshalb dürfen sie nicht auf die leichte Schulter genommen werden. Es ist immer daran zu denken, daß sich dahinter eine bisher unbekannte, behandlungsbedürftige Krankheit verbirgt.

Viele unerwünschte Begleiterscheinungen der Reflexzonenmassage lassen sich von vornherein vermeiden, wenn man die Behandlung sachgerecht durchführt. Ferner kommt es noch darauf an, sich vor der Anwendung gut zu entspannen und hinterher mindestens einige Minuten lang ruhig und gelassen dazuliegen, damit die Wirkung allmählich ausklingen kann.

Ein Wort noch zu den Schmerzen, die während der Massage einer Reflexzone auftreten können. Zunächst muß man sie stets als Signal dafür verstehen, daß die richtige Reflexzone behandelt wird. In der Regel werden sie durch die Massage rasch nachlassen oder sogar schon bei der ersten Anwendung ganz verschwinden. Andernfalls unterbricht man die Massage der stärker schmerzenden Hautzone zunächst für einige Minuten und behandelt an anderen Zonen weiter. Danach kehrt man zurück und wird jetzt oft erleben, daß nur noch leichte oder überhaupt keine Schmerzen mehr auftreten; dann kann die Massage an dieser Stelle fortgeführt werden. Bleiben die Schmerzen jedoch unvermindert bestehen oder verschlimmern sie sich gar noch während der Massage oder danach, hat die Selbstbehandlung an dieser Zone keinen Zweck mehr. Entweder versucht man dann, die Erkrankung über andere Körper- und/oder Fußreflexzonen so zu beeinflussen, so daß schließlich auch die Beschwerden in dieser einen Zone verschwinden, oder man sucht vorsorglich zur Weiterbehandlung den Therapeuten auf.

Anwendung zur Vorbeugung und Behandlung von Krankheiten

Reflexzonenmassage am Körper eignet sich ausgezeichnet zur Vorbeugung vieler Krankheiten und zur Behandlung funktioneller Organstörungen, aus denen irgendwann akute Erkrankungen entstehen können. Das sind die beiden Domänen der Reflexzonen-Eigenmassage. Darüber hinaus kann die Massage aber auch gegen bereits bestehende akute und vor allem chronische Krankheiten, die sonst meist durch dauernde Einnahme von Medikamenten behandelt werden müßten, erfolgreich eingesetzt werden. Ob die Reflexzonentherapie gegen Krankheiten aber allein schon ausreicht oder durch andere Heilverfahren ergänzt werden muß, läßt sich nicht pauschal beantworten. Das hängt von verschiedenen Faktoren ab, wie Verlauf und Schwere der Erkrankung und Fähigkeit des Körpers, auf die Massagebehandlung mit der Aktivierung seiner Selbstheilungskräfte zu reagieren. Die Entscheidung über die Therapie kann bei allen unklaren, ernsteren, häufig wiederkehrenden oder chronisch verlaufenden Leiden immer nur gemeinsam mit dem erfahrenen Fachmann getroffen werden. Grundsätzlich hilft die Reflexzonentherapie zwar auch bei schweren Krankheiten überraschend gut, Selbstbehandlung ist in solchen Fällen wegen der möglichen Risiken jedoch nicht möglich.

Wie man bei bekannten und unbekannten Krankheiten vorgeht, wurde bereits im Kapitel über die Diagnose aufgezeigt. Wir wollen die Durchführung der Reflexzonenmassage jetzt nochmals zusammenfassend darstellen, weil von der exakten Anwendung Erfolg oder Mißerfolg der Behandlung entscheidend abhängen kann.

Die folgenden Grundregeln der Reflexzonentherapie müssen bei der Selbstbehandlung unbedingt beachtet werden.

● Grundvoraussetzungen

Die Behandlung findet in möglichst angenehmer, entspannter Atmosphäre statt, damit man sich lockern und den Körper bewußt wahrnehmen kann. Wählen Sie also den ruhigsten Raum Ihrer Wohnung (das ist hoffentlich das Schlafzimmer) als Massageraum aus. Das ist deshalb sinnvoll, weil man die Selbstmassage in der Regel ja morgens gleich nach dem Erwachen und abends vor dem Einschlafen durchführen wird.

Der Raum muß wohltemperiert, aber nie überhitzt sein und sollte ansprechend ausgeleuchtet werden. Bei Tageslicht zieht man die Vorhänge vor oder läßt die Rolläden teilweise herab. Bei Dunkelheit schaltet man gedämpftes Licht ein, das vor allem nicht genau in die Augen fallen darf, sonst wird man unnötig irritiert. Deckenleuchten, die den ganzen Raum ausleuchten, vielleicht sogar helle Neonröhren, empfehlen sich nicht; am besten schaltet man eine Stehlampe oder Nachttischleuchte mit einer nicht zu starken Glühbirne ein.

Vor Beginn der Massage stellt man möglichst alle Lärmquellen ab, zum Beispiel die Türglocke und das Telefon. Die Angehörigen sollten unbedingt darauf hingewiesen werden, daß man jetzt mit der Reflexzonenmassage beginnt, und darauf Rücksicht nehmen, indem sie keinen unnötigen Lärm erzeugen und vor allem auch nicht plötzlich ins Zimmer platzen.

Da die Massage oft teils im Sitzen, teils im Liegen durchgeführt wird, benötigt man im Massageraum einen bequemen Sessel und ein Bett mit guter, fester Matratze. Auf einer durchgelegenen Matratze, die vielleicht auch noch in einem Bettkasten liegt, der bei jeder Bewegung quietscht und knarrt, kann man sich unmöglich richtig behandeln (nebenbei bemerkt, man schläft darin auch nicht gut). Ideal wäre eine spezielle Massageliege, die aber für die Eigenbehandlung wohl oft zu teuer kommt. Als Alternative zum Bett kann man auch eine weiche, dicke Wolldecke (mindestens doppelt zusammengelegt) oder eine Matte aus festem Schaumstoff auf den Boden legen, wenn man im Liegen behandelt.

Um alle unnötigen Muskelverspannungen zu vermeiden, polstert man Rücken, Nacken und vielleicht auch noch die Kniekehlen mit Kissen, Nacken- und Knierollen ab. Dabei läßt man sich vom Körpergefühl leiten: Überall, wo im Sitzen oder Liegen Mißempfindungen auftreten, ist eine solche Unterpolsterung angebracht. Das fördert auch die tiefe Entspannung, die man am besten durch autogenes Training herbeiführt. Es kann aber auch schon genügen, wenn man einige Male tief durchatmet oder eine Hand auf den Bauch legt und einfach bewußt darauf achtet, wie sich die Bauchdecke bei jedem Atemzug hebt und senkt. Dadurch vertieft sich die Atmung allmählich ganz von selbst, und mit jedem tiefen Atemzug nimmt automatisch auch die Entspannung zu.

Ob man die Kleidung teilweise oder ganz ablegt, hängt davon ab, ob nur eine kleine einzelne Reflexzone oder der gesamte Körper massiert werden soll. Durch die Kleidung hindurch kann man keine Massage durchführen. In der Praxis hat es sich gut bewährt, die Bekleidung auch dann weitgehend abzulegen, wenn man nur kleinere Reflexzonen behandelt, denn sie kann beengen und ablenken. Zumindest muß man die Kleidung aber lockern, also Krawatte, Gürtel, Korsett, Büstenhalter, Hemdkragen, Rock- oder Hosenbund öffnen. Die Schuhe sollten ausgezogen werden.

Zur Massage verwendet man ein gutes, möglichst pflanzliches, hautverträgliches Massageöl. Es wird am besten in einer Handfläche etwas angewärmt, ehe man es auf die Haut bringt.

Schließlich sollte man auch noch auf gepflegte, ausreichend erwärmte Hände achten und die Fingernägel stets kurz geschnitten halten, weil man sich sonst bei der Massage leicht verletzen kann.

Wenn alle diese Voraussetzungen geschaffen sind, kann man mit der Reflexzonenmassage beginnen.

● Reflexzonentherapie zur täglichen Gesundheitsvorsorge

Durch regelmäßige Reflexzonenmassage können praktisch alle wichtigen Körperfunktionen normalisiert, gestärkt und harmonisch aufeinander abgestimmt werden. Auch die lebenswichtigen Abwehrregulationen des Körpers sprechen gut darauf an und schützen den Organismus besser vor allen schädlichen Einflüssen von innen und außen.

Die vorbeugende Reflexzonentherapie muß aber regelmäßig jeden Tag durchgeführt werden, sonst erzielt man nicht die optimale Wirkung. Das erfordert zwar täglich 2mal ungefähr 10 Minuten Zeit, aber es zahlt sich schon bald durch spürbar besseres allgemeines Wohlbefinden und »sturmfestere« Gesundheit aus. Ideal wäre es, die Reflexzonenmassage am Körper durch Gymnastik zu ergänzen, die vorher oder nachher absolviert werden kann. Sie dauert gleichfalls 2mal täglich 5–10 Minuten und ist unentbehrlich, um den Körper fit und beweglich zu halten.

Die einfachste und wirksamste Möglichkeit der Gesundheitsvorsorge durch Reflexzonenmassage besteht darin, den gesamten Körper systematisch vom Kopf bis zu den Füßen oder umgekehrt Stück für Stück mit den Händen sanft zu massieren. Wenn man dabei auf verhärtete oder schmerzende Haut-Muskel-Zonen stößt, deutet das entweder auf eine beginnende Erkrankung im frühesten Stadium, die noch keine spürbaren anderen Symptome verursacht, oder auf eine Funktionsstörung des zugehörigen Organs hin. Deshalb wird man an diesen Zonen dann länger massieren, damit die Funktionsstörung wieder harmonisiert oder die beginnende Krankheit vom Körper rasch aus eigener Kraft überwunden werden kann. Auf diese Weise verhindert man recht zuverlässig, daß aus einem anfangs kleinen, harmlosen Übel einmal eine echte, vielleicht ernste Erkrankung entsteht.

Abkürzen kann man die vorbeugende tägliche Reflexzonenmassage, indem man nur die Zonen an den Füßen regelmäßig behandelt. Sofern sich dabei nicht durch Verhärtungen und/oder Schmerzen einzelner Zonen ergibt, daß irgendwo im Körper eine Gesundheitsstörung besteht, die zusätzlich über die entsprechenden Körperreflexzonen behandelt werden sollte, genügt es, wenn man mindestens 1mal wöchentlich, wie beschrieben, den gesamten Körper massiert. Zwar geben schon die Reflexzonen am Fuß, die ein verkleinertes Abbild des Körpers darstellen, recht zuverlässig Aufschluß über seinen Gesundheitszustand, aber manchmal macht sich eine Funktionsstörung oder Krankheit im Frühstadium eben doch nur an der zugehörigen Körperreflexzone und noch nicht am Fuß bemerkbar. Deshalb darf man die umfassende Ganzkörpermassage im Rahmen der Vorsorge nicht vernachlässigen.

Die verschiedenen Handgriffe, die sich zur Selbstmassage eignen, wurden weiter vorne bereits ausführlich beschrieben. Gewöhnlich genügen zur Gesundheitsvorsorge die »sanften« Techniken, vor allem Ausstreichen und Vibrieren. Über Verhärtungen wird man wegen der besseren Wirkung aber oft auch zirkeln.

Gerade dem heutigen Menschen, der durch falsche Lebensweise, Streß und Hektik in seiner Gesundheit ständig bedroht ist, kann die tägliche Gesundheitsvorsorge durch Reflexzonenmassage gut helfen. Seine Widerstandskräfte werden dabei angeregt, die Funktionsstörungen innerer Organe als Folge von Fehlsteuerungen des überstrapazierten Nervensystems wieder harmonisiert, und nicht zuletzt bessern sich auch Leistungsvermögen und Allgemeinbefinden.

● Reflexzonentherapie gegen Krankheiten

Ehe Sie bestehende Krankheiten selbst durch Reflexzonenmassage behandeln, müssen Sie sich unbedingt darüber klar werden, ob es sich um eine einfache Gesundheitsstörung handelt, die Sie richtig diagnostiziert haben, oder ob eine ernstere, unklare oder häufig wiederkehrende Erkrankung besteht, die nur unter fachmännischer Verlaufskontrolle behandelt werden darf. Versuchen Sie nicht um jeden Preis, an sich selbst »herumzudoktern«. Als mündiger Patient wissen Sie, wie schwierig manchmal die richtige Diagnose fällt und welche Risiken Sie mit unqualifizierter Selbstbehandlung eingehen. Deshalb werden Sie eher unnötig den Therapeuten aufsuchen, als eine ernstere Krankheit durch unzulängliche Eigenhilfe unnötig zu verschleppen.

Wie Sie die Krankheit durch Reflexzonenmassage des ganzen Körpers richtig diagnostizieren können, wurde bereits ausführlich erklärt. Die geeigneten wichtigsten Hautzonen zur Behandlung häufiger Krankheiten lernen Sie später noch bei den Heilanzeigen kennen. Wenn die Massage der in diesem Buch angegebenen Reflexzonen nicht bald zur erhofften Wirkung führt, sollte der gesamte Körper untersucht werden, um dabei behandlungsbedürftige andere Hautregionen zu ermitteln. Diese werden dann zusätzlich behandelt. Hilft auch das noch nicht bald, oder verschlimmert sich die Krankheit im Verlauf der Therapie sogar noch, ist es höchste Zeit, den Therapeuten zu konsultieren, damit er die richtige Diagnose stellt und danach gezielt behandelt.

Gleichgültig, welche Heilverfahren Ihr Therapeut verordnet hat, Sie können fast immer durch Reflexzonenmassage unterstützt werden. Am besten besprechen Sie diese ergänzende Behandlung aber vorher mit dem erfahrenen Reflexzonentherapeuten. Wenn er davon abrät, lassen Sie sich die Gründe erklären. Stellt sich heraus, daß Ihr Therapeut von der Reflexzonentherapie zu wenig versteht und/oder Vorurteile dagegen hat, dann können Sie in den meisten Fällen auch selbst neben den verordneten Medikamenten die ergänzende Reflexzonenmassage anwenden. Vielleicht bringt das erst den Durchbruch in der Therapie einer hartnäckigen Krankheit, die vorher auf keine anderen Heilverfahren mehr zufriedenstellend ansprach. Insbesondere bei chronischen Leiden erlebt man immer wieder, daß erst nach einigen Reflexzonenmassagen die Heilung in Gang kommt, weil dadurch die bisherigen Blockaden der Selbstheilungsregulationen des Körpers gelöst wurden.

Grundsätzlich läßt sich die Reflexzonentherapie mit jedem anderen Heilverfahren, selbst mit starken chemischen Medikamenten, ohne unerwünschte Wechselwirkungen kombinieren. Dank der ergänzenden Massage wird man auf solche riskanten Arzneimittel jedoch oft verzichten können oder sie wenigstens nur für kurze Zeit einnehmen müssen.

Als Alternativen zu chemischen Medikamenten kommen vor allem biologische, homöopathische und pflanzliche Arzneimittel in Frage, die für sich allein vielleicht noch nicht zur erfolgreichen Therapie genügten, aber zusammen mit der Reflexzonentherapie ihre optimale Wirkung entfalten können.

Wie wir schon mehrfach erwähnten, kann die Reflexzonentherapie am Körper durch Massage der entsprechenden Zonen an den Füßen wirkungsvoll ergänzt werden. Zum Teil ersetzt die Reflexzonenmassage am Fuß sogar vollwertig die Körpermassage. Aber ganz kann die Massage der Körperzonen durch Reflexzonentherapie an den Füßen nie ersetzt werden.

Mit der Fußmassage befassen wir uns jetzt im folgenden Kapitel ausführlich.

Reflexzonentherapie am Fuß

Die Reflexzonenarbeit am Fuß erfolgt über die Fußzonen, die den gestörten oder erkrankten Organen und Körperteilen entsprechen. Im Längs-Quer-Raster der Füße, das sich aus den Längs- und Querzonen des Körpers ergibt (wir haben dies im vorangegangenen Kapitel kennengelernt), nehmen die Reflexzonen die gleiche Lage wie die Organe im Körper ein. Die beiden Füße werden dabei nicht getrennt voneinander, sondern als Einheit betrachtet, so wie auch der Körper nicht in eine isolierte rechte und linke Hälfte zerfällt, sondern eine unteilbare Ganzheit bildet.

Grundsätzlich befinden sich die Reflexzonen stets an dem Fuß, der jener Körperhälfte entspricht, in der das zugehörige Organ anatomisch liegt. Alle im Körper doppelt vorhandenen Organe kommen deshalb auch an beiden Füßen mit je einer Reflexzone vor. Den einzelnen Organen entspricht an den Füßen nur eine Zone entweder am rechten oder linken Fuß, je nach der anatomischen Lage im Körper. Alle in der Körpermitte gelegenen Organe und Körperteile tauchen an beiden Füßen mit je einer Zone an den Innenseiten auf.

Einzelne Reflexzonen können sich überschneiden. Im allgemeinen entspricht das dann den Überschneidungen der Organe, die auch im Körper vorkommen. In der Regel gleichen die Fußzonen in ihren Proportionen etwa den Proportionen der einzelnen Organe und Körperteile im Organismus. Abweichungen davon sind in kleinerem Umfang möglich, für die praktische Arbeit aber ohne Bedeutung.

Eine Sonderstellung nehmen die Arme und Beine ein. Beide werden von je 5 Längszonen durchzogen. Die Beine befinden sich aber unterhalb der 3. Querlinie des Körpers am Beckenboden, bilden also den 4. Körperabschnitt. Dieses Gebiet kann über Fußzonen nicht direkt beeinflußt werden. Schultern und Oberarme bis zum Ellbogen haben ihre entsprechenden Zonen am Fuß, Unterarme und Hände werden wie die Beine bei der Reflexzonenmassage nicht unmittelbar behandelt.

Strenggenommen endet der Fuß mit den Knöcheln, und hier enden normalerweise auch die Fußreflexzonen. Erfahrungsgemäß kann die Reflexzonenmassage aber etwa eine Handbreit darüber hinaus fortgesetzt werden. Dadurch werden dann die Muskeln und Nerven der Beine, die aus dem Beckenraum stammen, indirekt doch mitbeeinflußt.

Für die Arme gilt, daß sich die Reflexzonen des Oberarms bis zum Ellbogen eindeutig am Rand des äußeren (5.) Mittelfußknochens befinden, die der Ellbogen zeichnen sich zum Teil auch noch am Würfelbeinrand ab (s. Abb. 12 und 15). Bei der Massage dieser Zonen werden indirekt auch die Nerven und Muskeln, die vom Ellbogen aus nach unten zu den Händen verlaufen, mitbeeinflußt.

Die Lage der einzelnen Reflexzonen am Fuß wird später beim Ablauf der Reflexzonenmassage durch genaue Zeichnungen veranschaulicht.

Voraussetzungen der Fußmassage

Die manuelle Therapie hängt von einigen Grundvoraussetzungen ab. Sie mögen auf den ersten Blick unwesentlich oder selbstverständlich erscheinen, unter Umständen entscheiden sie aber mit über den Erfolg der Behandlung.

Welche Voraussetzungen zu schaffen sind, richtet sich auch danach, ob der Fachmann die Fußmassage durchführt oder ob man die Behandlungsmethode zur Selbsthilfe anwendet. Unter diesem Aspekt werden wir nun die verschiedenen wichtigen Grundlagen der Fußreflexzonentherapie beschreiben.

Reflexzonentherapie durch den Therapeuten

Wie bei jeder Behandlung spielt auch bei der Fußreflexzonenmassage das uneingeschränkte Vertrauen zum Therapeuten und in die angewandte Heilmethode eine wichtige Rolle. Wenn Sie voller Vorurteile gegen die »Außenseitermethode« in die Praxis kommen, vielleicht auch noch Ihrem Therapeuten nicht so recht trauen und jede seiner Bewegungen voll Mißtrauen und Angst verfolgen, dann kann das den Eintritt der Wirkung unnötig verzögern, und Sie werden sich wahrscheinlich auch unwohl fühlen.

Vergessen Sie am besten alles, was Sie an Abwertendem über die Fußreflexzonentherapie vielleicht gehört oder gelesen haben. Sie hat sich in der Praxis seit Jahrzehnten bewährt, und es besteht kein Anlaß zur Angst vor unerwünschten gefährlichen Nebenwirkungen oder unerträglichen Schmerzen während und nach der Anwendung.

Wählen Sie auch den Therapeuten sorgfältig aus. Achten Sie dabei nicht nur darauf, ob er zum Beispiel einen guten Ruf genießt, sondern auch auf Sympathie oder Antipathie, die Sie für ihn empfinden. Wenn Sie kein volles Vertrauen in ihn setzen können, ist es oft besser, einen anderen Reflexzonentherapeuten aufzusuchen, der Sie persönlich positiver anspricht.

Versuchen Sie auch, sich vor Beginn der Fußmassage zu entspannen, einfach gehenzulassen und mit positiven Erwartungen anzunehmen, was jetzt gleich geschieht. Wer autogenes Training beherrscht, kann das innerhalb 1 Minute schaffen. Es genügt aber auch, wenn man ruhig und tief atmet, um unnötige Verkrampfungen zu lösen.

Von selbst sollte es sich eigentlich verstehen, daß Sie zur Behandlung mit frisch gewaschenen Füßen kommen; das gebietet der natürliche Anstand gegenüber dem Therapeuten. Leider ist das keineswegs so selbstverständlich, wie es Ihnen vielleicht erscheinen mag. Verwenden Sie jedoch vor der Fußmassage keine Fußsprays oder -puder.

Die Massage sollte möglichst in einem ausreichend großen, hellen, ruhigen und gut durchwärmten Raum stattfinden. Für diese Voraussetzungen ebenso wie für eine gute Liege oder Massagebank ist Ihr Therapeut zuständig.

Achten Sie darauf, daß Sie ganz bequem liegen. Wenn Sie Mißempfindungen spüren, die vor allem im Nacken, an den Schultern und im Rücken auftreten können, scheuen Sie sich nicht, das dem Therapeuten zu sagen. Er wird bei Bedarf durch Nackenrollen, Dekken oder Knierollen die betroffenen Körpergebiete unterpolstern und abstützen, damit Sie wirklich entspannt liegen.

Sorgen Sie selbst dafür, daß während der Massage keine unangenehme, ablenkende Beengung eintritt, indem Sie Kragen, Hosen-, Rockbund, Krawatten, Gürtel, Büstenhalter, Mieder und andere Bekleidungsstücke lockern oder öffnen.

Sie sollten sich während der Massage wohl und geborgen fühlen und dürfen nicht frösteln. Wenn Sie leicht zum Frieren neigen, bitten Sie den Therapeuten um eine Decke, falls er sie nicht schon von selbst bereitgelegt hat, denn bei jeder Massage entstehen Wärmeverluste. Unter der Decke fühlt man sich meist auch viel geborgener und kann sich außerdem leichter und besser entspannen.

Vermutlich wird Ihr Therapeut Sie mit leicht erhöhtem Kopf und Rücken lagern. Das hat seinen guten Grund. In dieser Stellung kann er Ihren Gesichtsausdruck beobachten und aus spontanen Schmerzreaktionen Rückschlüsse auf die weitere Behandlung ziehen. Versuchen Sie nicht, solche Reaktionen »mannhaft« zu unterdrücken, Ihr Therapeut muß sie kennen, damit er Ihnen besser helfen kann.

Aber auch Sie selbst können in der leicht erhöhten Rückenlage den Therapeuten beobachten, zwischendurch in Blickkontakt mit ihm treten, das fördert Ihr Vertrauen.

Diese wenigen einfachen Grundvoraussetzungen, für die Sie zum Teil selbst sorgen müssen, schaffen die günstigsten Grundlagen für die erfolgreiche fachmännische Reflexzonenarbeit am Fuß.

Selbsthilfe durch Fußmassage

Wenn Sie die Fußreflexzonentherapie selbst durchführen, tragen Sie auch die alleinige Verantwortung dafür, daß möglichst günstige Voraussetzungen für die Behandlung bestehen.

Unabdingbar sind ausreichende Gelenkigkeit und Beweglichkeit. Wer die Beine im Sitzen nicht mühelos und ohne Schmerzen so anwinkeln kann, daß er die Füße bequem mit den Händen erreicht, wird bei der Selbstbehandlung kaum gute Ergebnisse erzielen und sollte sich besser dem Therapeuten anvertrauen.

Auch wenn völlige Entspannung bei der Selbstmassage natürlich nicht zu erreichen ist, weil man dabei ja aktiv arbeitet, sollten Sie sich doch bemühen, sich so gut wie möglich zu lockern. Das ist nicht zuletzt auch deshalb wichtig, weil die im Vergleich zum Therapeuten immer ungeübten Hände sonst bald ermüden und schmerzhafte Verkrampfungen eintreten.

Setzen Sie sich zur Selbstmassage in einen bequemen Stuhl mit gerader Rückenlehne, aber ohne Seitenlehnen. Er soll festen Halt geben, darf aber auch nicht zu hart und unbequem sein. Die Füße stehen, in den Kniegelenken rechtwinklig gebeugt, fest auf dem Boden. Am besten ziehen Sie Schuhe und Strümpfe jeweils nur an dem Fuß aus, der gerade behandelt wird, damit der auf dem Boden stehende andere Fuß nicht zu kalt wird.

Wenn Sie nicht ganz bequem sitzen, polstern Sie Nacken, Rücken, die Hüftgegend und/oder das Gesäß mit Kissen, Nackenrollen und Decken aus, damit keine unnötigen Mißempfindungen eintreten.

Lehnen Sie sich dann bequem zurück, und legen Sie den einen Fuß so auf den Oberschenkel des anderen Beins, daß Sie die Reflexzonen gut überschauen und mühelos mit den Händen erreichen können. In dieser Haltung behandeln Sie dann den Fuß in der später beschriebenen Grifftechnik, anschließend sinngemäß den anderen.

Der Raum, in dem die Selbstbehandlung stattfindet, muß ausreichend warm und möglichst ruhig sein, damit Sie weder frieren noch durch Geräusche abgelenkt werden. Öffnen Sie alle beengenden Kleidungsstücke, denn jedes Gefühl der Enge und des Drucks lenkt ab. Sie können sich auch in eine Decke hüllen, um übermäßige Wärmeverluste zu vermeiden.

Führen Sie die Selbstmassage genauso durch, wie es in diesem Buch später beschrieben wird oder wie Ihr Therapeut es individuell verordnet. Die Fußzonen finden Sie nach den Zeichnungen dieses Buchs. Sie sollten möglichst genau massiert werden. Es ist allerdings nicht unbedingt notwendig, ganz präzis über dem Mittelpunkt jeder Fußzone zu arbeiten. Wenn Sie die Zonen gefunden haben, massieren Sie mit der Technik, die im nächsten Kapitel vorgestellt wird. Auch wenn Sie sich dabei nicht haargenau über der richtigen Zone befinden, wird die Wirkung nicht ausbleiben. Die Massage setzt sich in ihrer Wirkung über das unmittelbar behandelte Gewebe hinaus in die Umgebung fort.

Achten Sie auf die Reaktionen Ihres Körpers, und richten Sie Ihre Massage danach (mehr über die Reaktionen erfahren Sie später noch). Vermeiden Sie vor allem jede Übertreibung. Wenn unklare Mißempfindungen oder unerwartete Begleiterscheinungen auftreten, unterbrechen Sie die Massage, und besprechen Sie diese unerwünschten Wirkungen mit dem Fachmann.

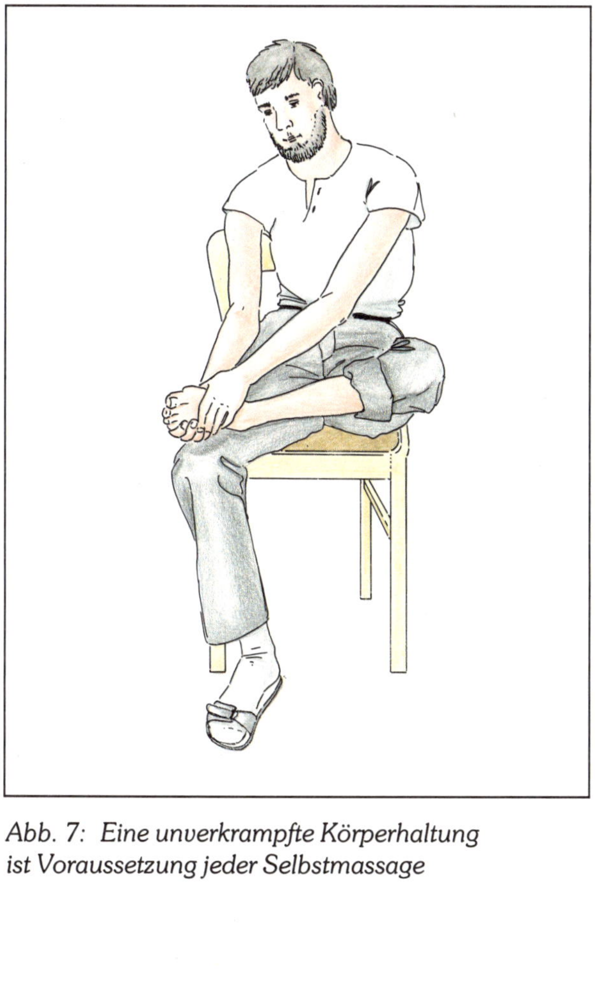

Abb. 7: Eine unverkrampfte Körperhaltung ist Voraussetzung jeder Selbstmassage

Vor allem: Vertrauen Sie sich selbst und der Fußreflexzonenmassage, dann werden Sie die Anfangsschwierigkeiten durchstehen und gute Ergebnisse erzielen. Millionen Menschen vor Ihnen hat diese Therapie schon geholfen – auch Sie schaffen es. Je mehr Erfahrung Sie sammeln, desto sicherer stellen sich die erhofften Wirkungen ein.

Unter diesen Voraussetzungen können Sie sich gefahrlos der Fußreflexzonen-Selbstbehandlung unterziehen. Sie eignet sich vor allem zur regelmäßigen Gesundheitsvorsorge und Behandlung leichterer Gesundheitsstörungen, gegen die Sie sonst vielleicht chemische Arzneimittel eingenommen hätten. Auch zur Soforthilfe bei akuten Krankheiten bis zur Konsultation des Fachmanns kann die Fußmassage zur Selbstbehandlung empfohlen werden.

Die richtige Grifftechnik

Massage bedeutet Manipulation mit den Händen an dem zu behandelnden Körperabschnitt. Der Erfolg der Behandlung hängt entscheidend von der richtigen Ausführung der Griffe ab. Das gilt auch für die Fußreflexzonentherapie, deren Begründerin, die amerikanische Masseurin Eunice Ingham, eine spezielle Massagetechnik entwickelte. Anfangs arbeitete Frau Ingham mit Massagegriffen, bei denen die Finger so bewegt wurden, als wollte man zwischen dem Daumen und den anderen Fingern etwas zerreiben. Auf Grund der praktischen Erfahrungen wurde diese Technik später von Frau Ingham und ihren Nachfolgern noch mehrfach verändert und verbessert.

Die Hände haben bei der Massage zunächst die Aufgabe, den behandelten Fuß locker zu halten und abzustützen. Der Stützdruck ist sehr wichtig, denn er hält den Fuß gegen den Druck der behandelnden Finger der anderen Hand. Nur durch diesen Stützdruck mit einer Hand kann der Druck der anderen ausreichend tief ins Gewebe wirken.

Zur Behandlung verwendet man in der Regel den Daumen als kräftigsten und beweglichsten der 5 Finger. Der Therapeut kann bei Bedarf auch mit den anderen Fingern arbeiten, zur Selbstmassage genügt der Daumen.

Eine Hand umfaßt während der Reflexzonenmassage den behandelten Fuß fest und sicher an der Seite, die der gerade behandelten Fußseite gegenüberliegt. Das auf der nächsten Seite folgende Schema verdeutlicht diese Grundregel:

Behandelte Fußseite	Passiv mit der anderen Hand umfaßte Fußseite
Fußsohle	Fußrücken
Fußrücken	Fußsohle
Fußinnenseite	Fußaußenseite
Fußaußenseite	Fußinnenseite

Der Daumen der behandelnden Hand ruht auf der gerade behandelten Fußzone, die Handfläche umfaßt den Fuß, die anderen 4 Finger befinden sich auf der entgegengesetzten Fußseite (entsprechend dem obigen Schema für die passive Hand). Sie üben – zusätzlich zur nicht aktiven Hand – gegen den Druck des behandelnden Daumens gleichmäßigen Stützdruck aus.

Die Massage erfolgt unter rhythmisch an- und abschwellendem Druck mit der Daumenkuppe oder mit dem 1. Daumenglied. Der Daumennagel soll das Gewebe nicht berühren, weil seine scharfe Kante als unangenehm bis schmerzhaft empfunden wird. Das setzt voraus, daß der Nagel richtig zurückgeschnitten wurde, so daß nur die Daumenkuppe arbeitet.

Der Massagedruck soll nicht vom Daumen selbst ausgehen, sondern mehr von der Handfläche her erfolgen. Das erfordert etwas Übung und Sensibilität, mit zunehmender Vertrautheit der Reflexzonenmassage wird das aber immer besser und selbstverständlicher gelingen.

Zur Behandlung wird der Daumen also auf die Reflexzone am Fuß aufgelegt. Aus der Handmitte heraus übt er langsam zunehmenden Druck in die Tiefe des Gewebes aus. Dabei tritt ein individuell unterschiedlich starker Schmerz in den Reflexzonen auf, die in Beziehung zu kranken Organen stehen. Wenn der maximale, individuell unterschiedliche Druck in die Tiefe des Gewebes erreicht ist, kehrt der Daumen ebenso langsam wieder in die Ausgangshaltung zurück, in der er locker auf der Hautzone liegt. So entsteht eine rhythmisch wellenförmig an- und abschwellende Druckmassage.

Der Kontakt des Daumens mit der Haut über der Reflexzone darf nie unterbrochen werden, auch in der lockeren Ausgangshaltung bleibt der Daumen darauf.

In dieser Weise wird die Reflexzone, die einem erkrankten Organ entspricht, Millimeter um Millimeter durchgearbeitet. Die Massage kann von oben nach unten oder umgekehrt, im Uhrzeigersinn, oder entgegengesetzt auf der Reflexzone erfolgen, das ist für die Wirkung ohne nennenswerte Bedeutung.

Es spielt auch keine Rolle, wenn bei der Anwendung über einer bestimmten Reflexzone deren Grenzen überschritten und umliegende Reflexzonen mitbehandelt werden. Die Wirkung der örtlichen Massage

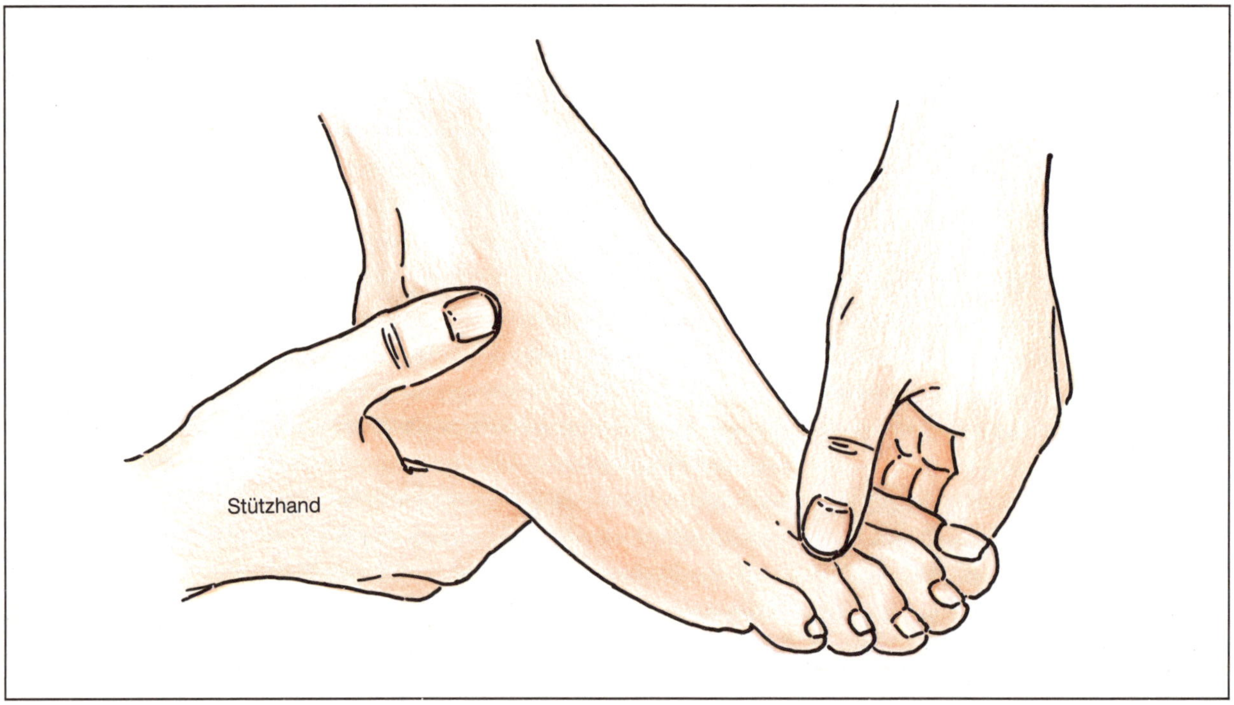

Abb. 8: Der Stützdruck ist sehr wichtig für die Massage

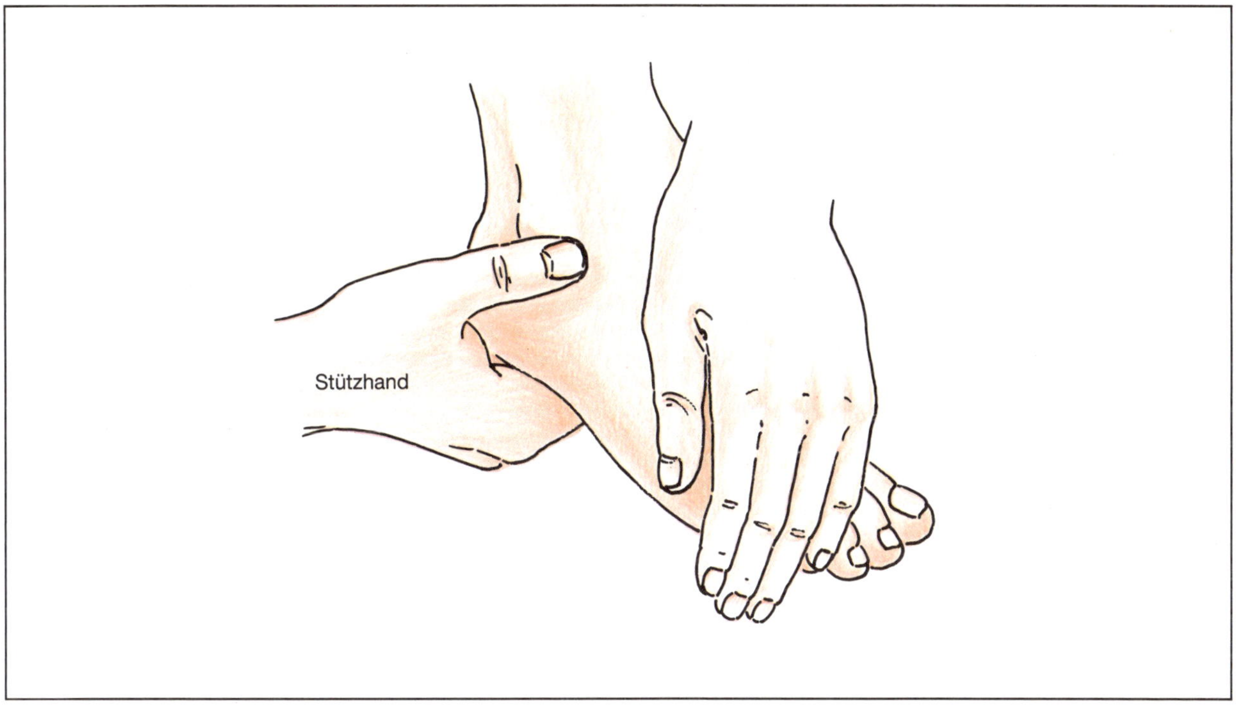

Abb. 9: Wird die Massage richtig durchgeführt, entsteht ein rhythmisch an- und abschwellender Druck

bleibt ohnehin nicht auf das direkt behandelte Gebiet der Füße begrenzt, sondern setzt sich in die Umgebung fort.

Stärke, Dauer und Arbeitstempo des Grundgriffs richten sich nach Reaktion und Verträglichkeit. Der erfahrene Therapeut wird oft schon beim ersten Abtasten der Füße zur Diagnose – ergänzt durch den Gesamteindruck, den der Patient auf ihn macht – auf Grund seines umfassenden medizinischen Wissens die Massage richtig dosieren. Der Laie, der sich selbst behandelt, muß aus seinen praktischen Erfahrungen lernen, wie er die Massagetechnik individuell anwenden soll.

Grundsätzlich gilt für die Fußreflexzonen-Selbstbehandlung:

- Die Fußzonen werden nicht zu schnell Millimeter um Millimeter sorgfältig durchgearbeitet.
- Der Daumendruck wird so dosiert, daß der dabei entstehende Schmerz erträglich bleibt. Es ist weder sinnvoll, die Schmerzstelle ängstlich zu vermeiden, weil dann keine richtige Wirkung eintritt, noch soll die erträgliche Schmerzschwelle überschritten werden, indem man zu stark drückt, denn dann kommt es zur unerwünschten Überreaktion.
- Die Dauer des Drucks auf die gleiche Stelle schwankt zwischen wenigen Sekunden und mehreren Minuten. Auch hierbei richtet man sich wieder nach der individuellen Verträglichkeit, die mit dem auftretenden Schmerz in Zusammenhang steht. Der Druck darf nie so lange dauern, daß der Schmerz zu stark wird, sonst kommt es zur Überreaktion. Prinzipiell ist es bei der Selbstmassage besser, in kurzen Abständen mehrmals hintereinander die gleiche Zone je einige Sekunden lang mit an- und abschwellendem Druck zu behandeln, als einmal längere Zeit zu drücken. Manchmal kann schon die mehrmals wiederholte, jeweils nur Sekunden dauernde leichte Berührung einer Reflexzone die Grenze der Verträglichkeit erreichen, das gilt besonders bei akuten Erkrankungen der zugehörigen Organe.

Die einmal herausgefundene richtige Dosierung des Drucks nach Stärke und Dauer kann bei der nächsten Behandlung nicht unbedingt wieder angezeigt sein. Wir unterliegen ständigen Veränderungen, die bei der Reflexzonentherapie am Fuß unbedingt berücksichtigt werden müssen. Deshalb gilt es, die Massage bei jeder Anwendung erneut dem augenblicklichen individuellen Zustand anzupassen.

In der Regel genügt der Massagegriff mit seiner individuellen Anpassung an den jeweiligen Zustand vollauf zur Selbstbehandlung. Der Therapeut kann die Massage bei Bedarf noch durch Schwing- und Dehntechniken, bei denen auch die anderen Finger zum Einsatz kommen, erweitern und in ihrer Wirksamkeit verbessern. Dazu bedarf es aber einiger Erfahrung und einer Art »Fingerspitzengefühl«, das man erst in der täglichen Praxis erwirbt. Für die Selbstmassage der Reflexzonen sind diese Techniken entbehrlich und weniger geeignet. Deshalb kann hier auf ihre Beschreibung verzichtet werden.

Lediglich einen besonderen Handgriff wollen wir wegen seiner Bedeutung für die Soforthilfe bei akuten Krankheitszuständen noch vorstellen – den *Sedierungsgriff*.

Sedierung im streng medizinischen Sinn bedeutet Beruhigung. In der Fußreflexzonentherapie versteht man darunter im übertragenen Sinn die Linderung akuter Schmerzen und anderer Symptome durch einen speziellen Massagegriff. Er wird mit dem Daumen, manchmal auch mit der Kuppe eines anderen Fingers durchgeführt.

Zunächst sucht man zur Sedierung die akut schmerzende Zone am Fuß. Darauf übt man dann kräftigen, in Gegensatz zum oben beschriebenen Grundgriff nicht an- und abschwellenden, sondern dauernden Druck aus. Das führt zunächst meist zu verstärkten Schmerzen, die unter dem konstanten Druck aber bald nachlassen.

Die Stärke des Drucks wird wiederum so dosiert, daß der Schmerz noch erträglich bleibt, die Dauer hängt von der Reaktion ab. Häufig läßt der Schmerz im Organ schon nach 10–30 Sekunden nach, manchmal dauert es aber 1–2 Minuten oder sogar noch länger. Die deutliche Schmerzlinderung oder Abschwächung anderer akuter Krankheitszeichen ist das Signal für die Beendigung des Drucks.

Durch diesen Sedierungsgriff, der bei Bedarf wiederholt werden kann, mildert man akute Krankheitszustände rasch. Das Nachlassen der Symptome darf aber nicht als Heilung mißverstanden werden, sondern nur als Unterdrückung von Symptomen, wie man sie beispielsweise auch durch eine Schmerztablette erreicht.

Zwar genügt der Sedierungsgriff manchmal auch, um die Selbstheilungskräfte des Körpers so zu aktivieren, daß er die Ursachen der Krankheit aus eigener Kraft beseitigt, darauf darf man sich aber nicht pauschal verlassen.

Grundsätzlich dient der Sedierungsgriff immer nur der Soforthilfe und überbrückt die Zeit, bis der Fachmann konsultiert werden kann. Er bestimmt dann nach der Untersuchung die gezielte weitere Therapie. Sie kann in der Massage der gleichen und/oder anderen Relexzonen durch den Grundgriff bestehen; häufig erfordert die Behandlung aber auch Arzneimittel und andere Heilverfahren. Zum Teil können diese mit der Fußreflexzonenmassage kombiniert werden.

Es kann nicht eindringlich genug vor dem Fehler gewarnt werden, die Linderung von Symptomen durch den Sedierungsgriff mit Heilung zu verwechseln! Darin liegt eine der großen Gefahren jeder Selbstbehandlung. Schlimmstenfalls wird durch diese symptomatische Therapie eine ernste Krankheit unnötig verschleppt – vielleicht so lange, bis überhaupt keine wirksame Hilfe mehr möglich ist.

Der Sedierungsgriff ist hauptsächlich bei akuten Zahnschmerzen, Ohrenschmerzen, Nervenschmerzen, rheumatischen Schmerzen vor allem im Rükken (wie Hexenschuß, Ischias, Muskelrheuma, Bandscheibenschäden), schmerzhaften Verkrampfungen und Koliken (zum Beispiel der Verdauungsorgane), nach Verletzungen und Unfällen zur Ersten Hilfe angezeigt.

Auch die chinesische Medizin kennt übrigens Akupressur- und Akupunkturpunkte zur raschen Linderung akuter Schmerz- und Krankheitszustände. Das beweist die Verwandtschaft zwischen Fußzonenreflexmassage und chinesischer Heilkunst, die beide hauptsächlich durch Harmonisierung von Energieströmungen im Körper wirken.

Dauer der Behandlung

Die Dauer der Reflexzonenarbeit am Fuß richtet sich vor allem nach den individuellen Reaktionen des Patienten und natürlich auch danach, ob nur einzelne Zonen beeinflußt oder alle behandelt werden.

Grundsätzlich muß man damit rechnen, daß die erste Sitzung 40–60 Minuten dauert. Sie dient hauptsächlich der Diagnose. Der Therapeut verschafft sich dabei ganz allgemein und insbesondere natürlich durch Abtasten der Füße einen ersten Eindruck vom Gesundheitszustand des Patienten, ermittelt die schmerzenden Reflexzonen und betrachtet die Füße (visueller Eindruck). Daran kann sich die erste Behandlung gleich anschließen.

Später hängt die Dauer der einzelnen Sitzungen dann vor allem von den Reaktionen des Patienten auf die Behandlung ab. In der Regel dauert eine Anwendung mindestens 15 Minuten, meist 20–25 Minuten, in Ausnahmefällen auch länger. Das Ziel der Sitzung ist erreicht, wenn der Schmerz in den behandelten Reflexzonen auf Daumendruck deutlich schwächer oder überhaupt nicht mehr auftritt.

Auch die Zahl der Sitzungen insgesamt ist individuell unterschiedlich. Manchmal genügen wenige zur Heilung, unter Umständen – vor allem bei chronischen Krankheiten – sind 20 und mehr Sitzungen erforderlich. Die Heilung einer Erkrankung wird vom Therapeuten auf zweierlei Weise festgestellt:

- In der entsprechenden Fußreflexzone kann durch Fingerdruck keine Schmerzreaktion mehr ausgelöst werden.
- Andere, von der Reflexzonentherapie unabhängige diagnostische Maßnahmen ergeben ebenfalls eine Heilung der Krankheit.

Wenn Therapeut und Fußreflexzonentherapeut nicht identisch sind – ein Arzt oder Heilpraktiker kann einen Patienten zum Beispiel zur Reflexzonenbehandlung an einen Masseur überweisen –, dann ist der Therapeut für die allgemeine Diagnose mit den üblichen Mitteln, der Masseur für den Fußreflexzonenbefund zuständig.

Ob die Reflexzonentherapie allein zur Behandlung einer Erkrankung genügt oder ergänzend neben anderen Heilverfahren angewendet wird, kann im Einzelfall immer nur der Fachmann entscheiden.

Selbstmassage der Fußzonen dient hauptsächlich der Gesundheitsvorsorge. Sie harmonisiert und stärkt innere Organe und Körperfunktionen, so daß diese den Krankheitsfaktoren mehr Widerstand entgegensetzen können. Zu diesem Zweck eignet sich am besten die Massage aller Fußreflexzonen, damit eine ganzheitliche vorbeugende Wirkung erzielt wird. Sie nimmt etwa 15–20 Minuten in Anspruch, sofern man keinen Fußsohlenroller (s. Hilfsmittel, S. 61) dazu verwendet.

Je nach Bedarf wird diese Behandlung täglich oder in regelmäßigen längeren Abständen vorbeugend durchgeführt. Auch die kurmäßige Anwendung 1- bis 2mal jährlich je 4–6 Wochen lang kann im Einzelfall angezeigt sein. Am besten bespricht man Häufigkeit und Dauer der Behandlung mit dem Therapeuten, der bei Bedarf auch die erste Anleitung zur Selbstmassage übernehmen kann.

Die Selbstbehandlung leichter Gesundheitsstörungen durch Fußmassage wird 1- bis 2mal täglich je 5 bis 10 Minuten lang durchgeführt. Dabei behandelt man hauptsächlich die betroffenen Reflexzonen, es schadet aber auch nicht, über die Füße zusätzlich den gesamten Organismus zu stabilisieren. Die Dauer hängt vom Verlauf der Gesundheitsstörung ab. Wenn sie sich nach 3 Tagen nicht deutlich gebessert hat, sucht man vorsorglich den Therapeuten auf, ehe eine vielleicht ernstere Erkrankung verschleppt wird.

Soforthilfe bei akut auftretenden Krankheitszeichen beschränkt sich auf rasche Linderung der Beschwerden, bis der Fachmann aufgesucht werden kann. Bei Bedarf wird die Fußmassage zu diesem Zweck in kurzen Abständen wiederholt. Bevorzugt eignet sich dazu der Sedierungsgriff (s. Grifftechnik, S. 36).

Ablauf der Reflexzonenmassage

Die Reflexzonenarbeit am Fuß – insbesondere die erste diagnostische Abtastung der Füße oder die therapeutische Massage des ganzen Fußes – sollte systematisch aufgebaut werden, das erleichtert die praktische Anwendung. In der Praxis hat es sich bewährt, die Füße von den Kopfzonen bis zu den Drüsen- und Lymphzonen durchzuarbeiten. Dieses System, das viele Therapeuten anwenden, empfiehlt sich auch zur Selbsthilfe.

Im folgenden lernen Sie die verschiedenen Zonen der Füße in dieser systematischen Reihenfolge kennen. Die Illustrationen dazu erleichtern das Auffinden der Zonen am Fuß.

Die Massage der Reflexzonen erfolgt immer an beiden Füßen, allerdings nicht gleichzeitig und auch nicht sprunghaft ständig von rechts nach links (und umgekehrt) wechselnd. Am besten behandelt man nach Körperzonen unterteilt, z. B. Kopfzonen, Verdauungszonen usw., oder entsprechend der anatomischen Lage der Organe im Körper. Grundsätzlich spielt es keine Rolle, ob man am rechten oder linken Fuß beginnt (Ausnahmen von dieser Regel werden im folgenden angegeben).

Wenn nur einzelne Reflexzonen der Organe am Fuß behandelt werden, gilt das oben Gesagte sinngemäß, sofern sich an beiden Füßen eine Zone befindet. Bei einzelnen Organen besteht ja nur an einem Fuß eine Zone, und die obige Grundregel verliert demnach ihre Bedeutung.

Die Kopfzonen

Entsprechend der Querzone des Körpers am Schultergürtel befinden sich die Reflexzonen an den Zehen. Sie reichen bis zu der gelenkigen Verbindung zwischen den Zehengliedern und den 5 Mittelfußknochen, die von der 1. Quer-(Schultergürtel-)linie durchzogen werden.

Die beiden großen Zehen nehmen unter den Kopfreflexzonen eine Sonderstellung ein, weil sie als kleinstes Abbild des ganzen Kopfbereichs betrachtet werden. Der ganze Bereich der Zehen bis zu den Mittelfußknochen stellt ein etwas größeres Abbild des Kop-

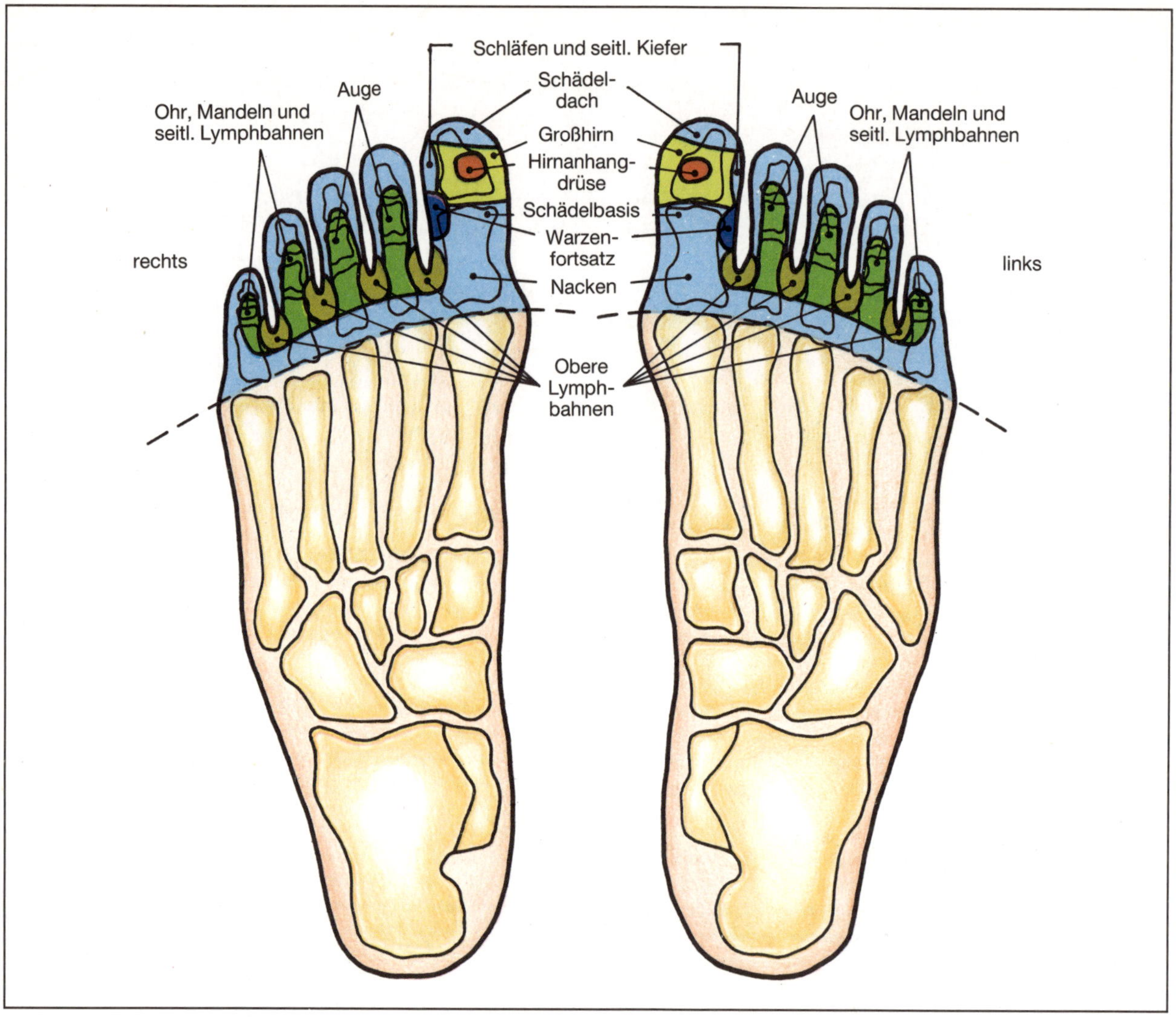

Abb. 10: Kopfzonen an der Fußsohle

fes dar. Die Großzehenbeeren entsprechen dem Kopf von hinten, die Oberseiten der Großzehen (Fußrükken) dem Gesicht, und die Gelenkspalten zwischen dem 1. und 2. Glied der Großzehen werden mit der Schädelbasis gleichgesetzt.

Die Behandlung der Kopfzonen beginnt an den Großzehen. An den Zehenbeeren beeinflußt man dadurch den Schädel bis zur Basis einschließlich des Gehirns, das er umschließt. Über das 2. Zehenglied kann reflektorisch der Nacken angesprochen werden. Auf der Oberseite der Großzehen befinden sich die *Reflexzonen der Stirn-, der Kieferhöhlen und der Schneidezähne* sowie seitlich innen die *Zonen des Nasen-Rachen-Raums.* Die beiden *Reflexzonen der Schilddrüsen* liegen weiter unten über dem Gelenk, und zwar zwischen dem 2. Großzehenglied und dem 1. Mittelfußknochen.

Nach der Massage der Großzehen geht man zur Therapie der anderen Zehen über.

An den Fußsohlen finden wir entsprechend der anatomischen Lage am 2. und 3. Zeh die *Augenzonen,* an den letzten beiden Zehen die *Zonen der Ohren, Mandeln und seitlichen Halslymphbahnen.*

Der Fußrücken weist an den Zehen 2–5 nochmals *Zonen der Stirn- und Kieferhöhlen und der Zähne* auf. Die *Zahnzonen* verteilen sich wie folgt auf die 4 kleine-

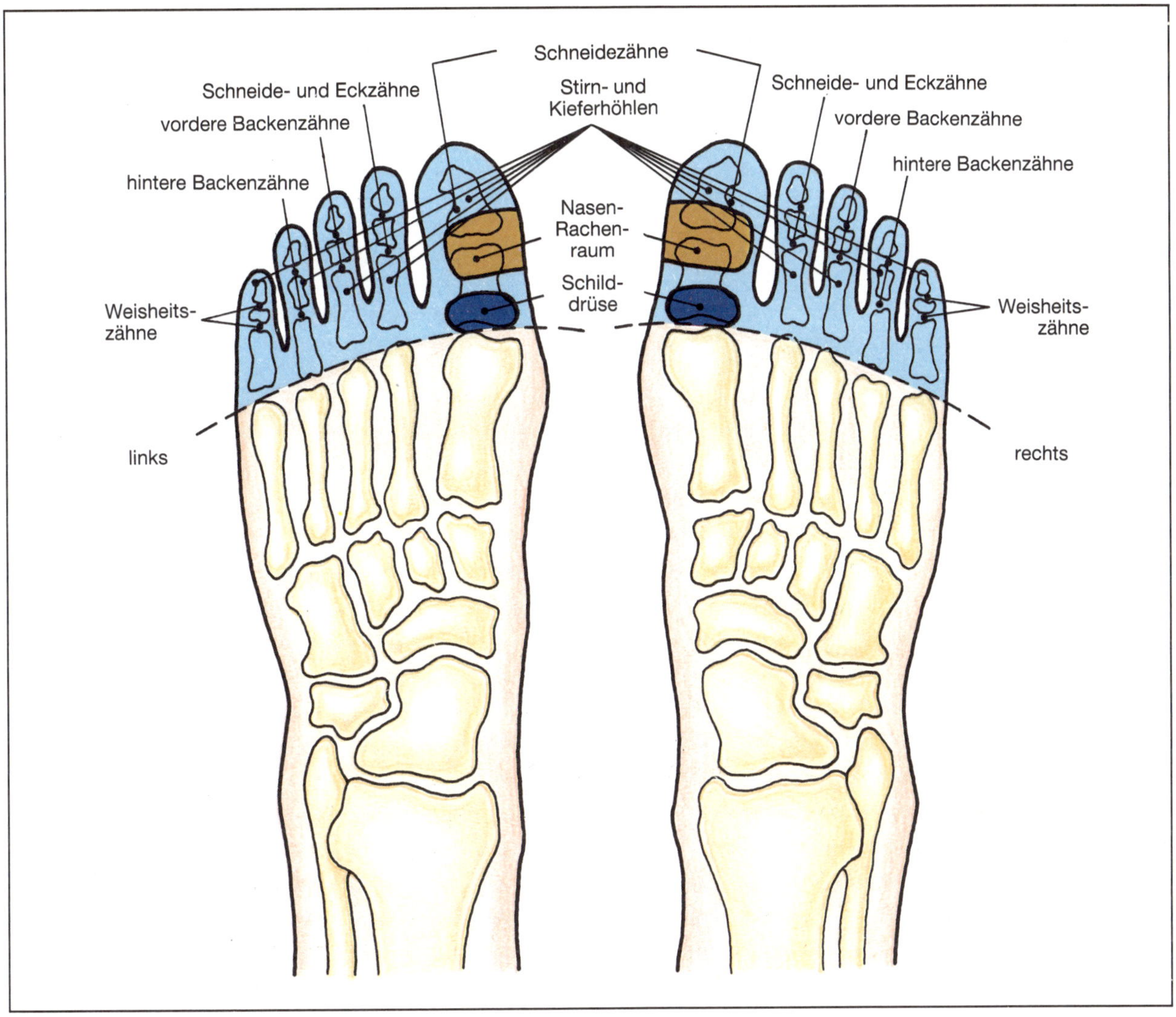

Abb. 11: Kopfzonen auf dem Fußrücken

ren Zehen (Zone der 1. Schneidezähne jeweils an den Großzehen):

2. Zehe – Zone der 2. Schneide- und der Eckzähne;
3. Zehe – Zone der vorderen Backenzähne;
4. Zehe – Zone der hinteren Backenzähne;
Kleinzehe – Zone der Weisheitszähne.

Die Zonen der Oberkieferzähne befinden sich jeweils über dem 1. Gelenk der Zehenglieder, die der Unterkieferzähne beim 2. (mittleren) Zehengelenk.

Schließlich finden wir in den 4 Zwischenzehenräumen noch die *Zonen der oberen Lymphbahnen des Kopfes,* die sich auf den Fußsohlen fortsetzen. Hier ist bei der Massage Vorsicht geboten, weil Fußpilzinfektionen bestehen können. Aus hygienischen Gründen (Gefahr der Verschleppung) darf dann nicht behandelt werden.

Die Massage der Kopfzonen an den 4 kleineren Zehen erfolgt von der 2. Zehe nach außen zur Kleinzehe.

Die Behandlung der 5 Zehen wird zuerst an den Fußsohlen, dann am Fußrücken ausgeführt. Auch die Fortsetzung der entsprechenden Zonen seitlich außen und innen am Fuß sowie in den Zwischenzehenräumen darf anschließend nicht unbehandelt bleiben (die Abbildungen 10 und 11 weisen diese Fortsetzungen nicht auf).

Gelenk-, Muskel- und Wirbelsäulenzonen

Entsprechend ihrer anatomischen Lage behandelt man zunächst die *Zonen des Nackens und der Halswirbelsäule.* Beide befinden sich an den Großzehen. Der Nacken entspricht wegen seiner Breite etwa dem 2. Großzehenglied, seitlich davon an der Fußinnenseite befindet sich die Zone der Halswirbelsäule, die – wie der Nacken – als Körperteil in der Mitte des Körpers an beiden Großzehen vorhanden ist. Während der Nacken aber nur über Reflexzonen auf der Fußsohle behandelt wird, beeinflußt man die Halswirbelsäule außerdem noch von der Innenseite der Großzehen her.

Danach wird der Schultergürtel mit dem Schultergelenk reflektorisch beeinflußt. Die *Zone des Schultergelenks* liegt an der Fußaußenseite über den Gelenkverbindungen zwischen letztem Kleinzehenglied und 5. Mittelfußknochen. Sie wird zunächst von der Fußsohle aus, dann vom Fußrücken und zum Schluß von der Außenseite der Füße behandelt.

Anschließend massiert man an der Fußsohle und am Fußrücken die *Schultergürtelzone.* Sie zieht quer über die 5 Mittelfußknochen, beginnt an den Zehen-Mittelfuß-Gelenken, die der Querzone des Schultergürtels entsprechen, und reicht bis über die Mitte der Mittelfußknochen hinaus.

Der Massage der Schultergürtelzone kommt besondere Bedeutung zu, weil hier bei vielen Menschen Ver-

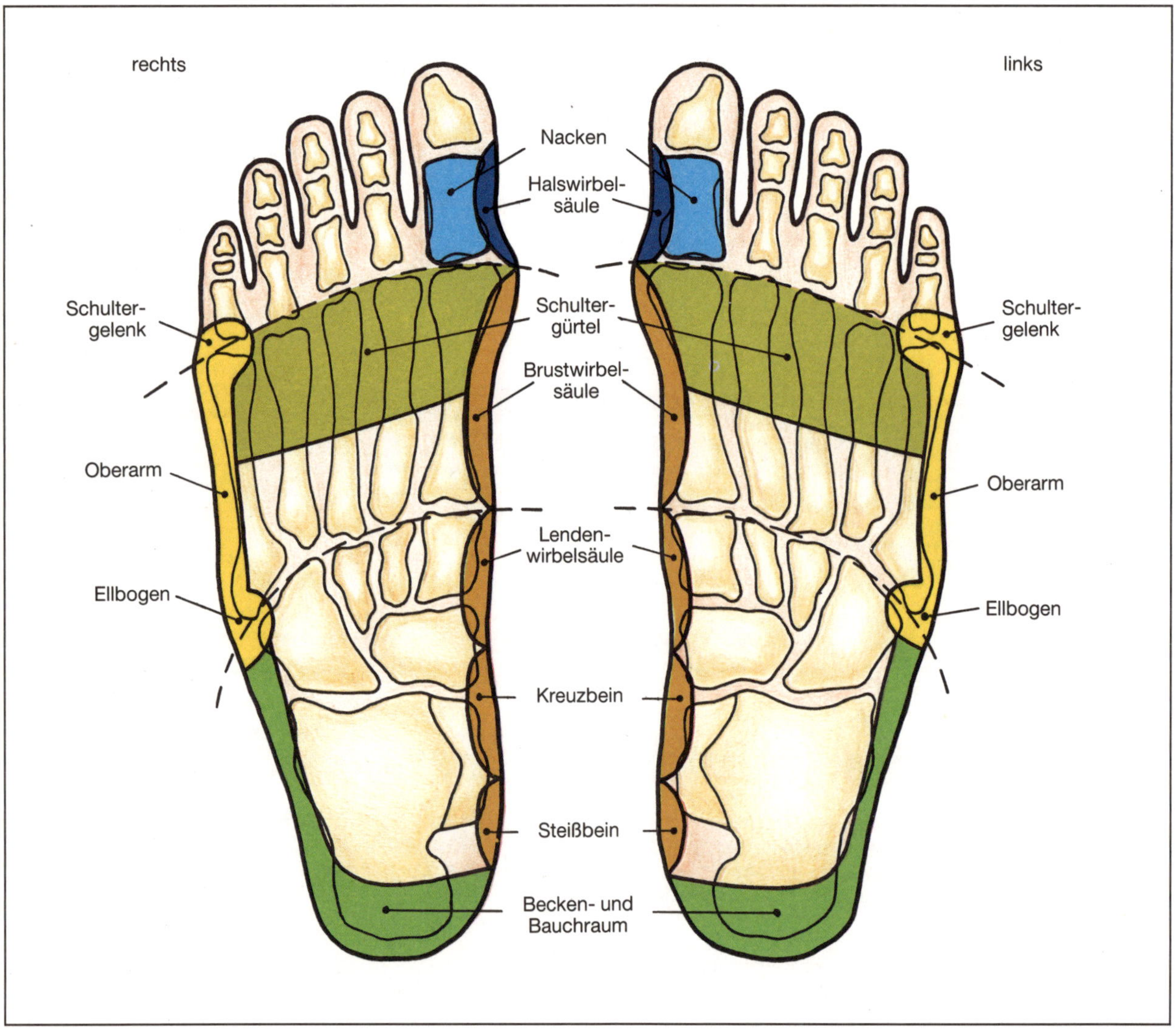

Abb. 12: Gelenk-, Muskel- und Wirbelsäulenzonen an den Fußsohlen

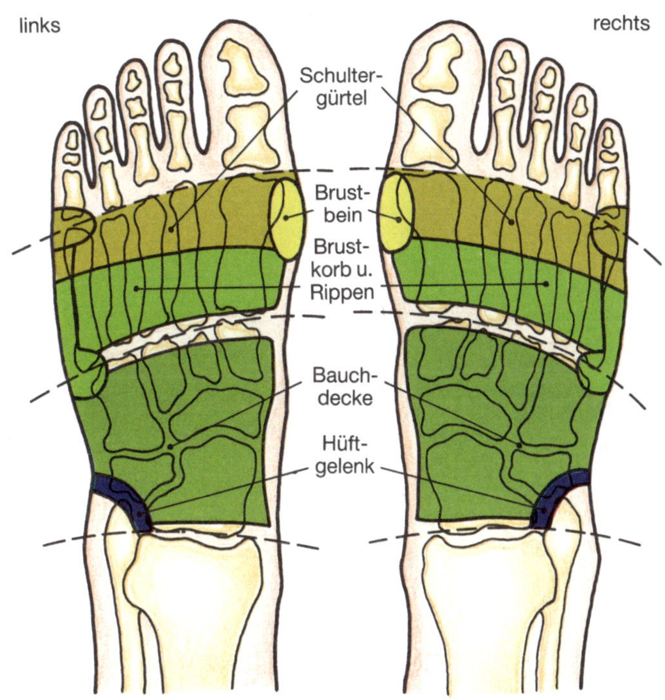

Abb. 13: Gelenk,- Muskel- und Wirbelsäulenzonen auf dem Fußrücken

spannungen bestehen, die zum Teil mit seelischen Spannungen in Zusammenhang stehen. Sie finden hier oft ihren körperlichen Ausdruck und wirken sich nachteilig auf den Kopf aus.

Man fährt mit der Massage über die Zonen der Brustwirbelsäule, des Brustbeins und der Oberarme bis zu den Ellbogen fort.

Die *Brustwirbelsäulenzone* verläuft innen am Fuß entlang des 1. Mittelfußknochens; sie wird von der Fußsohle und der Innenseite des Fußes her behandelt.

Die *Zone des Brustbeins* liegt auf dem Fußrücken innen neben dem 1. Mittelfußknochen.

Parallel zur Brustwirbelsäule zieht außen am Fuß die *Oberarmzone* entlang des 5. Mittelfußknochens. Sie wird an der Fußsohle und an der Fußaußenseite behandelt.

Die *Ellbogenzone* schließt sich an und greift schon über die Querlinie des unteren Rippenbogens hinaus auf das Würfelbein über. Auch sie wird an der Fußsohle und außen am Fuß behandelt.

Jetzt erfaßt die Behandlung die Zonen des 3. Körperabschnitts zwischen Rippenbogen und Beckenboden. In diesem Gebiet massiert man zunächst die *Zonen der Lendenwirbelsäule, des Kreuz- und Steißbeins,* die an der Fußinnenseite am 1. Keilbein, Kahn- und Sprungbein entlangziehen. Diese Zonen werden auch auf der Fußsohle massiert.

Die bisher genannten Zonen der Wirbelsäule, des Nackens und der Schulter-Arm-Gelenke sind wichtig, weil wohl jeder Mensch irgendwann im Lauf seines Lebens unter rheumatischen Beschwerden oder Abnutzungserscheinungen in diesem Bereich leidet. Vorbeugende Fußmassage kann solche oft chronischen Krankheiten verhindern.

Zum Abschluß der Therapie massiert man an der Fußsohle die *Zone des Bauch- und Beckenraums,* die innen unten am Sprungbein beginnt, über das Fersenbein nach außen zieht und dort bis zur Ellbogenzone am Würfelbein emporreicht.

Innen am Fuß unter dem Knöchel befindet sich das *Schambeingebiet* als halbmondförmige Zone, die den Knöchel von unten umfaßt.

Auf dem Fußrücken finden wir im Bereich des 5. Mittelfußknochens nach der Schultergürtelzone quer über den Fuß verlaufend die *Zone des Brustkorbs und der Rippen.* Sie wird auf dem Fußrücken selbst

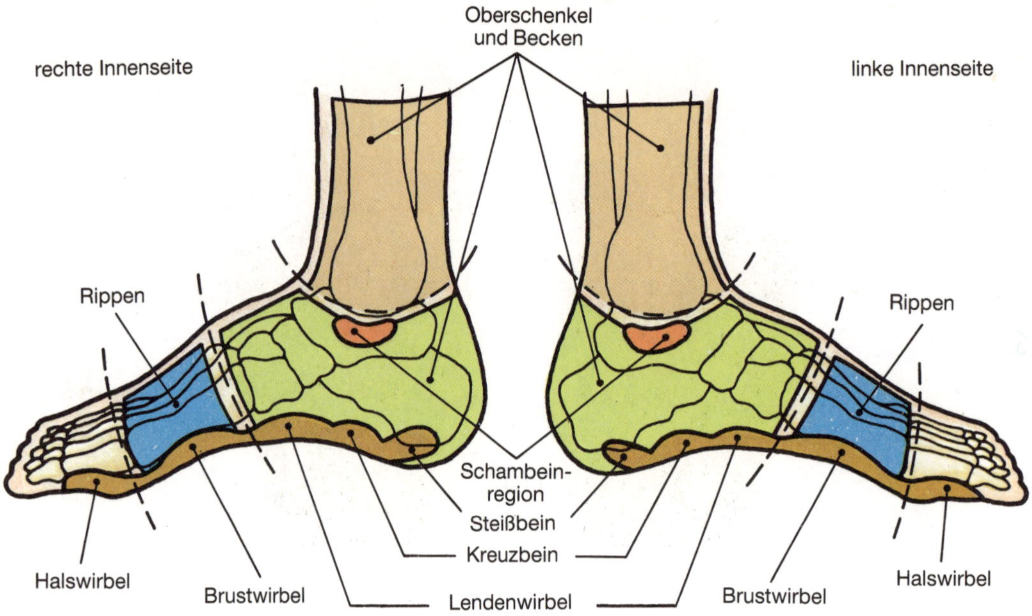

Abb. 14: Gelenk-, Muskel- und Wirbelsäulenzonen an der Fußinnenseite

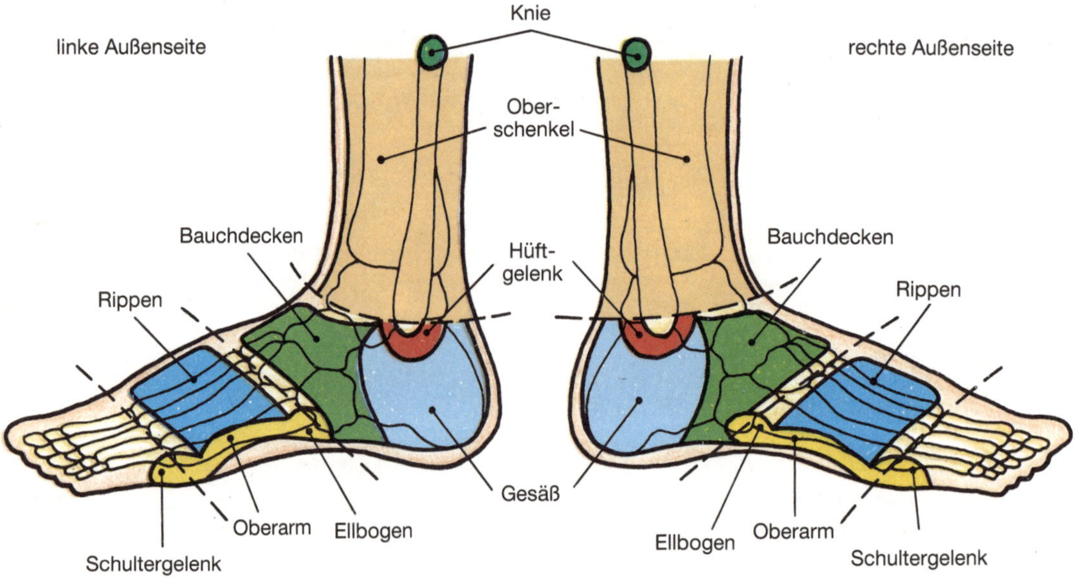

Abb. 15: Gelenk-, Muskel- und Wirbelsäulenzonen an der Außenseite des Fußes

sowie an der Innen- und an der Außenseite des Fußes behandelt.

Die *Zone der Bauchmuskulatur* verläuft auf dem Fußrücken jenseits der Querzone des Rippenbogenrands über den Keilbeinen, dem Kahn- und Sprungbein und setzt sich auf der Fußaußenseite fort.

Beim äußeren Knöchel über dem Fersenbein finden wir auf dem Fußrücken die *Hüftgelenkzone,* die an der Außenseite unter dem Knöchel ebenfalls als halbmondförmige Zone auftaucht und im Anschluß an die Bauchdeckenzone behandelt wird.

Das Fersenbein und ein Teil des Sprungbeins entspricht an der Fußaußenseite der *Gesäßmuskulatur.*

Strenggenommen enden die Reflexzonen bei den Knöcheln. Durch Massage des Unterschenkels bis eine Handbreit oberhalb der Knöchel kann man von der Innen- und Außenseite des Beins her aber indirekt Einfluß auf Knie und Oberschenkel nehmen. Damit schließt dann die Behandlung der Gelenk-, Muskel- und Wirbelsäulenzonen.

Harnwegs- und Nierenzonen

Die Zonen der Nieren, der Harnleiter und der Harnblase am Fuß weisen auffallende Ähnlichkeit mit den Organen auf. Sie werden entweder von der Nierenzone abwärts in die Harnleiterzone oder umgekehrt von der Blasenzone innen am Fuß über die Harnleiterzone der Fußsohle aufwärts in die Nierenzone massiert.

Die *Nierenzonen,* die in ihrer Form sehr stark der tatsächlichen Nierenform gleichen, sitzen zwischen dem

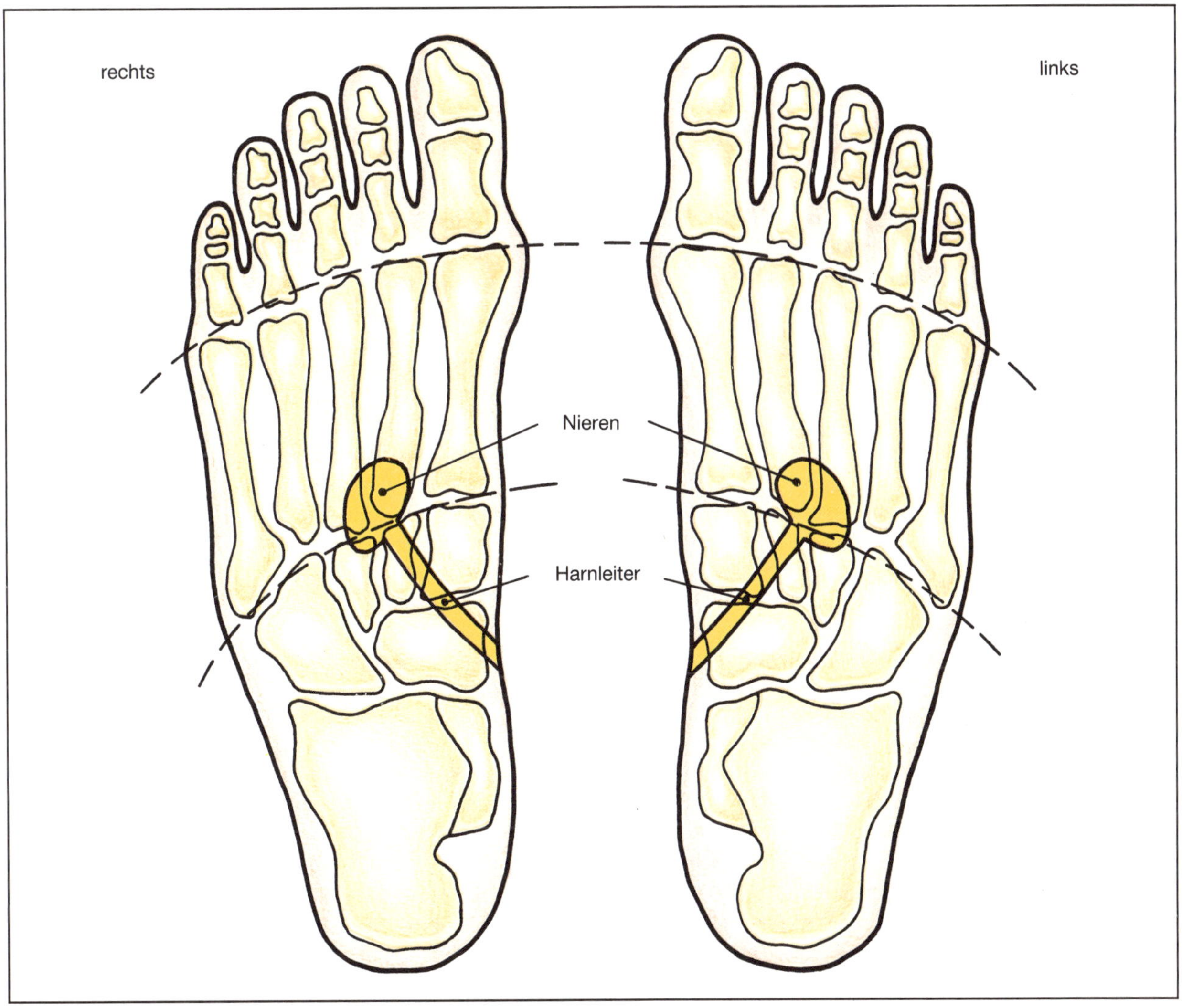

Abb. 16: Harnwegs-Nieren-Zonen der Fußsohlen

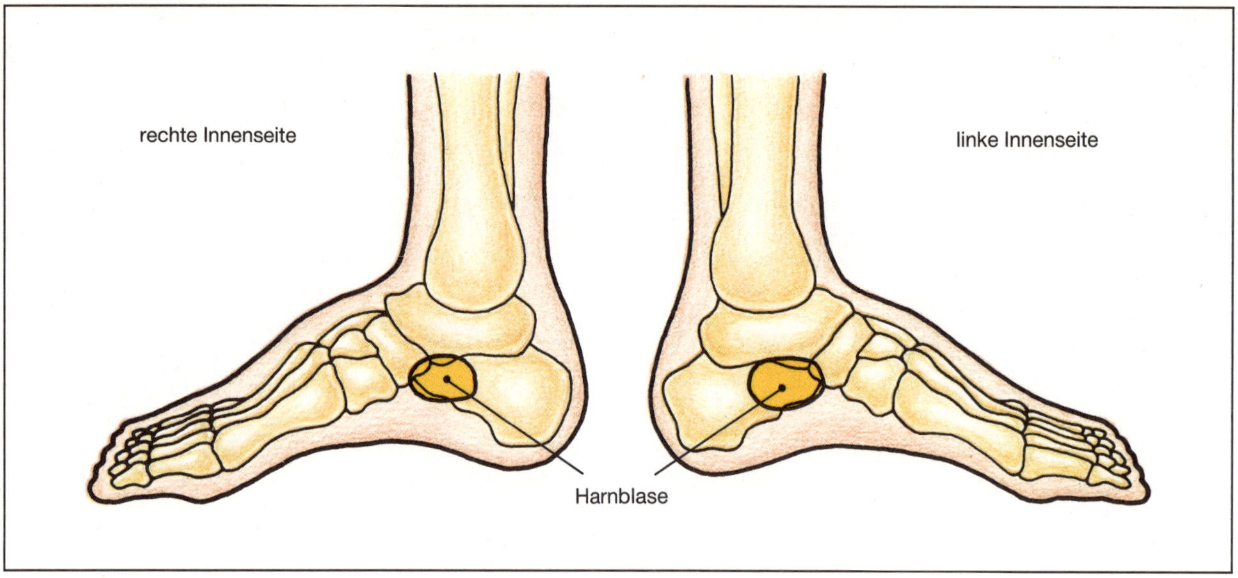

Abb. 17: Harnwegs-Nieren-Zonen innen am Fuß

2. und 3. Mittelfußknochen etwa in der Mitte des Fußsohlengewölbes. Sie erstrecken sich bis zu den gelenkigen Verbindungen zwischen Mittelfußknochen und dem 2. und 3. Keilbein und unterschreiten mit dem unteren Rand die Rippenbogen-Querzone.

Aus ihnen gehen die *Zonen der Harnleiter* hervor, die an der Fußsohle schräg nach unten zur Fußinnenseite ziehen. Am unteren Ende des Kahnbeins erreichen die Harnleiterzonen die Kante der Fußinnenseite.

An der Fußinnenseite befindet sich die *Harnblasenzone.* Sie liegt auf dem nach vorne gerichteten, schnabelartigen Vorsprung des Fersenbeins und wird vorne vom Kahnbein und oben vom Sprungbein begrenzt.

Die Zonen der Verdauungsorgane

Entsprechend ihrer anatomischen Lage, ihrer Proportionen im Körper und ihrer Bedeutung für die Lebenserhaltung nehmen die Reflexzonen der Verdauungsorgane an den Fußsohlen großen Raum ein. Sie befinden sich zwischen der Querzone des Schultergürtels, die den Kopfbereich abtrennt, und der Querzone des Beckenbodens.

Da die Verdauungsorgane eine funktionelle Einheit bilden und Erkrankungen eines Organs sich oft auf die Funktionen der anderen auswirken, empfiehlt es sich, die Reflexzonen des gesamten Verdauungssystems von der Mundhöhle bis zum Enddarm in der anatomisch richtigen Reihenfolge durchzuarbeiten.

Die Massage beginnt auf dem Fußrücken, genauer gesagt auf der Oberseite der Großzehe. Hier befindet sich die *Zone der Mundhöhle.* Sie bildet eine halbe Ellipse, die mit der Schnittfläche innen beginnt und quer über die Zehe zum Zwischenzehenraum (2. Zehe) verläuft. Der kleine Teil der Zone liegt über dem 1. Zehenglied, der größere nach dem Gelenk auf dem 2. Zehenglied der großen Zehe.

Im Anschluß daran massiert man die *Speiseröhrenzone* zuerst auf dem Fußrücken, wo sie im Zwischenzehenraum zwischen Großzehe und 2. Zehe beginnt und bis über die Mitte hinunter zwischen den 1. und 2. Mittelfußknochen reicht. Sinngemäß finden wir diese Speiseröhrenzone auch an der Fußsohle wieder, wo danach zuerst rechts, dann links behandelt wird.

In Entsprechung zur anatomischen Lage folgt an der linken Fußsohle auf die Speiseröhrenzone die kleine *Zone des Mageneingangs.* Sie wird zuerst massiert, ehe man die Magen- und Bauchspeicheldrüsenzone der linken Fußsohle behandelt.

Die *Magenzone* beginnt innen am Fuß etwa in der Mitte des 1. Mittelfußknochens und zieht halbkreisförmig bis zum 2. Mittelfußknochen. Sie endet wieder innen am Fuß auf der gelenkigen Verbindung zwischen 1. Mittelfußknochen und 1. Keilbein.

Die *Bauchspeicheldrüsenzone* der linken Fußsohle wird zu Beginn von der Magenzone überlappt (ähnlich wie im Organismus); sie erstreckt sich von der Innenseite des Fußes, wo sie am unteren Teil des 1. Mittelfußknochens und am oberen Abschnitt des 1. Keil-

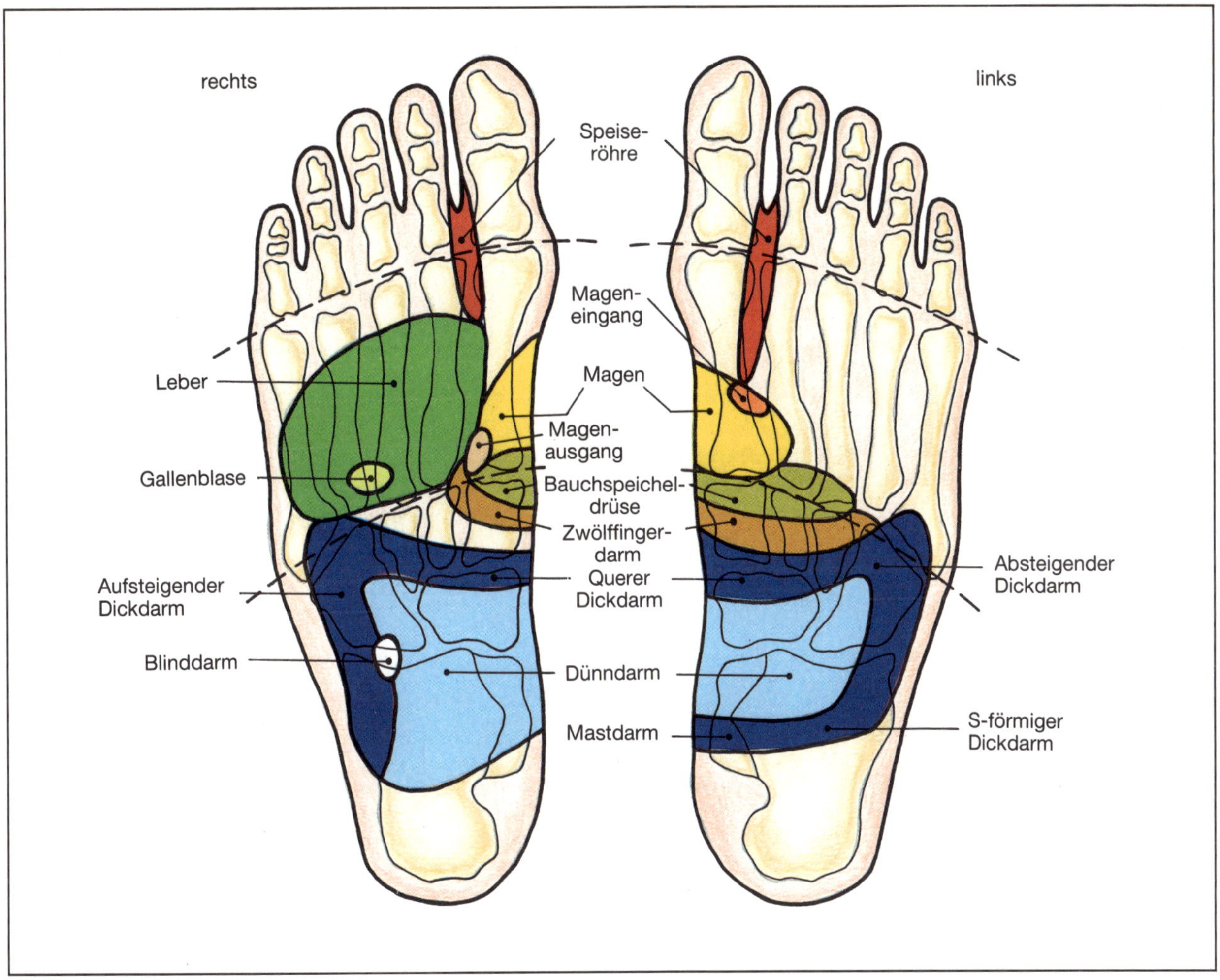

Abb. 18: Verdauungsorgane – Zonen der Fußsohle

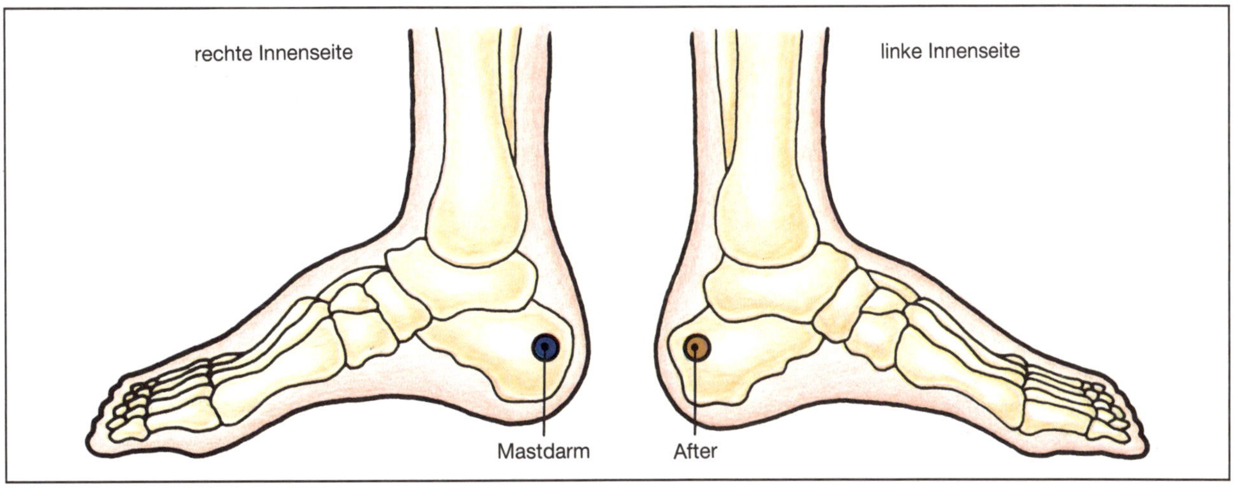

Abb. 19: Verdauungsorgane – Zonen innen am Fuß

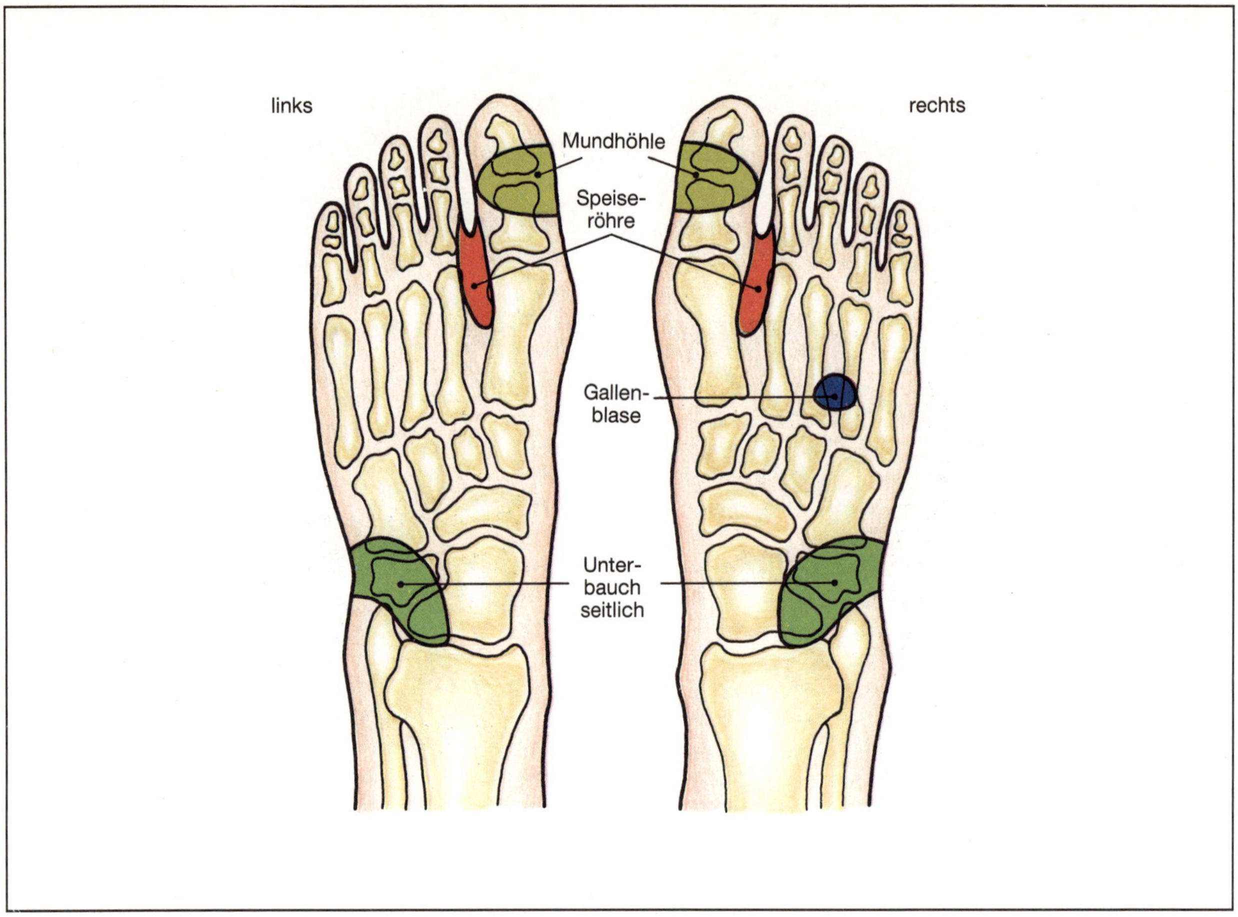

Abb. 20: Verdauungsorgane – Zonen am Fußrücken

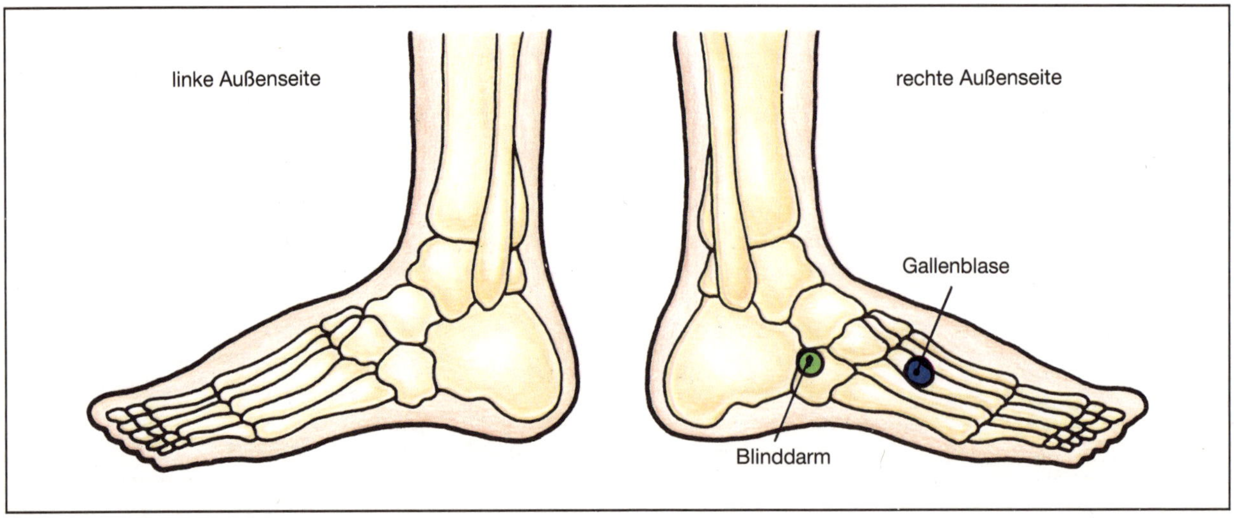

Abb. 21: Verdauungsorgane – Zonen außen am Fuß

beins beginnt, zur Mitte des Fußgewölbes bis zum 3. Mittelfußknochen unten.

Zwischen der 1. und 2. Querzone der linken Fußsohle befinden sich keine weiteren Reflexzonen der Verdauungsorgane mehr. Deshalb setzt man die Massage nun an der rechten Fußsohle fort.

Zunächst wird die Magenzone an der Innenseite des Fußes behandelt, die in ihrer Lage etwa der auf der linken Sohle ähnelt.

Am Gelenk des 1. Mittelfußknochens zwischen den Gelenken des 1. und 2. Keilbeins liegt die kleine *Zone des Magenausgangs.* Sie wird massiert, ehe man zur Therapie der *rechten Bauchspeicheldrüsenzone* übergeht. Gemäß der Anatomie sitzt sie teils am unteren Ende des 1. Mittelfußknochens, teils am Anfang des 1. Keilbeins, erstreckt sich aber ausschließlich über diese beiden Knochen, nicht wie links bis zur Mitte des Fußgewölbes.

In der Mitte der rechten Fußsohle herrscht die große *Leberzone* vor. Sie beginnt gleich nach den Gelenken des 2.–5. Mittelfußknochens am Vorderfuß und erstreckt sich bis etwa zur Mitte des Fußgewölbes bis kurz vor der 2. Quer-(Rippenbogen)linie. An der rechten Seite erfaßt sie auch noch einen kleinen Abschnitt des 1. Mittelfußknochens, links endet sie etwa mit dem äußeren Rand des 5. Mittelfußknochens. Die Leberzone wird im Anschluß an die Bauchspeicheldrüsenzone durchgearbeitet.

Dabei darf auch die *Gallenblasenzone* nicht vergessen werden, die sich fast bei der 2. Querlinie jeweils zum Teil auf dem 3. und 4. Mittelfußknochen befindet. Die Gallenblase wird zum Abschluß auch über die Zone auf dem rechten Fußrücken (rechte Fußaußenseite) zwischen 3. und 4. Mittelfußknochen beeinflußt.

Die Reflexzonen des Dünn- und Dickdarms, die anatomisch den Bauchraum weitgehend ausfüllen, befinden sich an den Fußsohlen.

Man beginnt an der rechten Sohle mit der Massage der *Zwölffingerdarmzone,* die von der Innenseite des Fußes als schmaler Streifen über das 1. Keilbein in einem leichten Bogen bis etwa zur Mitte des 2. Keilbeins verläuft und hier am Gelenk des 1. und 2. Mittelfußknochens bei der Zone des Magenausgangs endet. Sie wird teilweise von der Bauchspeicheldrüsenzone überlappt. An der linken Fußsohle setzt sich die Zwölffingerdarmzone fort. Sie beginnt innen am Fuß als breiterer Streifen etwa auf der Mitte des 1. Keilbeins und erstreckt sich in einem leichten Bogen über das 2. und 3. Keilbein bis zur gelenkigen Verbindung des 3. und 4. Mittelfußknochens.

Im Anschluß an den Zwölffingerdarm massiert man zuerst links, dann rechts die *Fußsohlenzonen des restlichen Dünndarms.* Sie beginnen innen am Fuß auf dem Kahnbein und Sprungbein und ziehen bis über die Mitte der Fußsohle hinaus zum Würfel- und Fersenbein.

An der rechten Fußsohle wird die Behandlung auf der *Zone des Wurmfortsatzes* weitergeführt, die zwischen Würfel- und Fersenbein liegt. Diese Zone taucht auch nochmals an der rechten Fußaußenseite über dem Würfelbein auf und wird hier gleich mitbehandelt.

Nun kehrt man zur rechten Fußsohle zurück, wo am Fersenbein die *Zone des aufsteigenden Dickdarms* beginnt, die über das Würfelbein bis zum 5. Mittelfußknochen aufsteigt, hier einen rechten Winkel beschreibt und als Zone des 1. Teils des *querverlaufenden Dickdarms* oberhalb der Dünndarmzone über die Kahnbeine zur Fußinnenseite zieht. An der linken Sohle setzt sich die Zone des querverlaufenden Dickdarms sinngemäß fort. Auf dem 5. Mittelfußknochen und dem Würfelbein biegt sie nach unten ab und bildet nun die *Zone des absteigenden Dickdarms.* Auf dem Fersenbein biegt sie als *Zone des S-förmigen Dickdarms* (Sigmoideum) unterhalb der Dünndarmzone Richtung Fußinnenseite ab, wo sie auf dem Sprungbein mit der *Enddarm-After-Zone* endet. Die Enddarmzone wird zusätzlich an der rechten Fußinnenseite hinten am Fersenbein, die Afterzone an der gleichen Stelle der linken Fußinnenseite massiert.

Zum Abschluß der Massage der Verdauungszonen behandelt man am Fußrücken die *Zonen des seitlichen Unterbauchs.* Sie ziehen als eine Art Viertelkreis über das Fersenbein und einen Teil des Sprungbeins jeweils von der Fußaußenseite nach innen unten zur Querlinie des Beckenbodens.

Die Massage der Verdauungsorgane ist langwierig und für Anfänger nicht ganz einfach. Im Lauf der Zeit gelingt sie aber immer leichter, und man verfügt dann über ein gutes Mittel zur Vorbeugung der heute verbreiteten Verdauungsstörungen.

Die Atemwegszonen

Im Vergleich zu den verschlungenen, zum Teil einander überschneidenden Verdauungszonen wirkt das Zonenbild der Atemorgane klar und übersichtlich.

Die Massage beginnt auf der Oberseite der Großzehe, wo sich die *Zone des Nasen-Rachenraums* befindet. Sie zieht von der Innenseite zum Zwischenzehenraum, es handelt sich um eine Art Halbkreis, der sich je etwa zur Hälfte auf dem 1. und 2. Zehenglied befindet.

Nach der Massage dieser Zonen behandelt man auf dem Fußrücken die *Luftröhren-Bronchien-Zone.* Sie verläuft vom Zwischenzehenraum zwischen Großzehe und 2. Zehe am Fußrücken aufwärts zwischen dem 1.

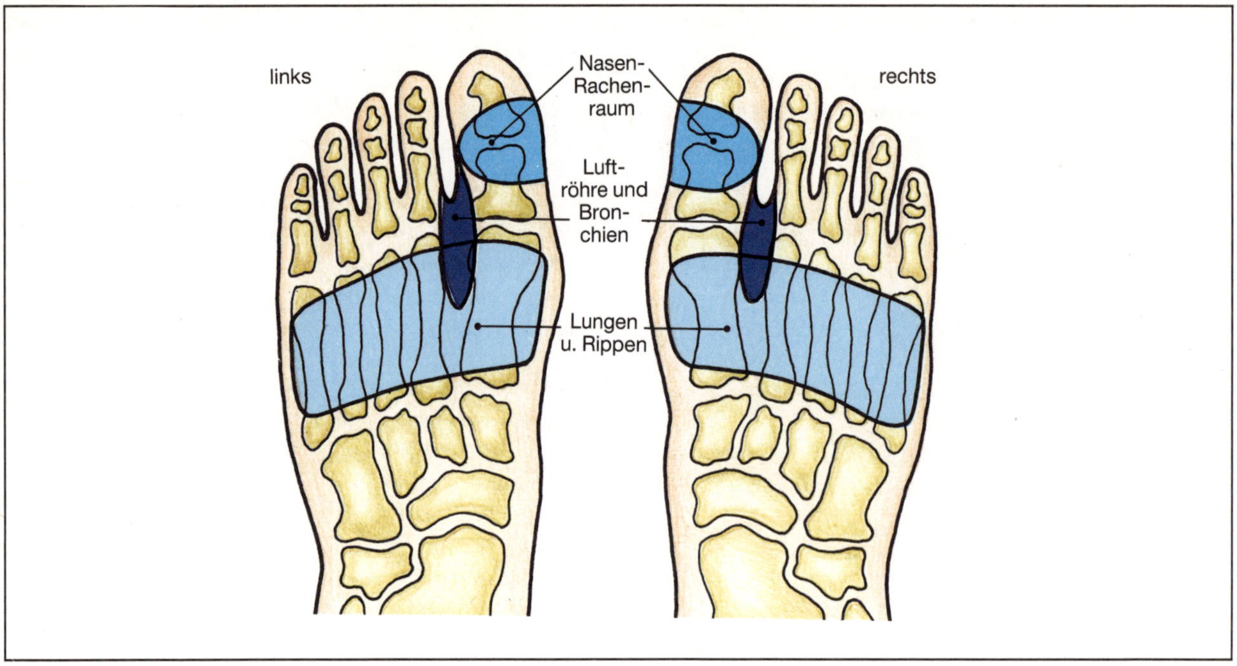

Abb. 22: Atemwegszonen auf dem Fußrücken

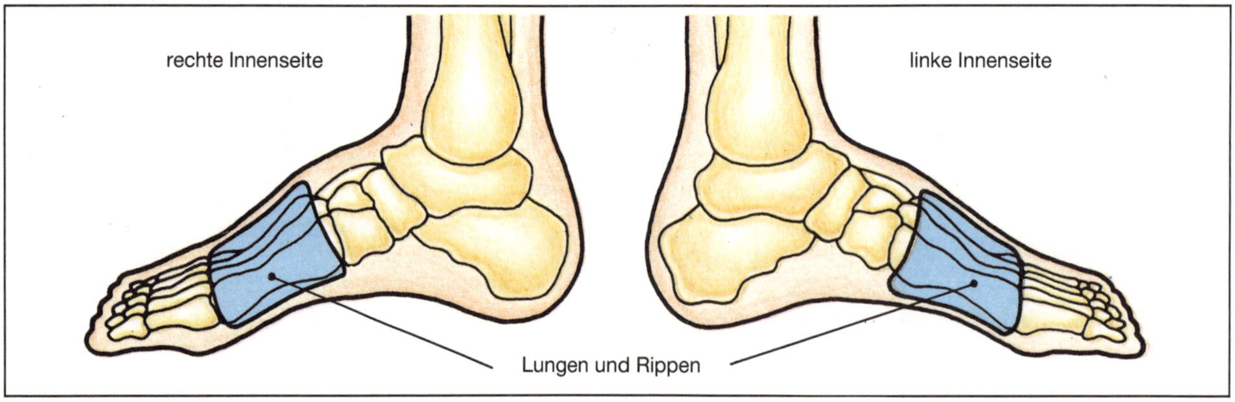

Abb. 23: Atemwegszonen innen am Fuß

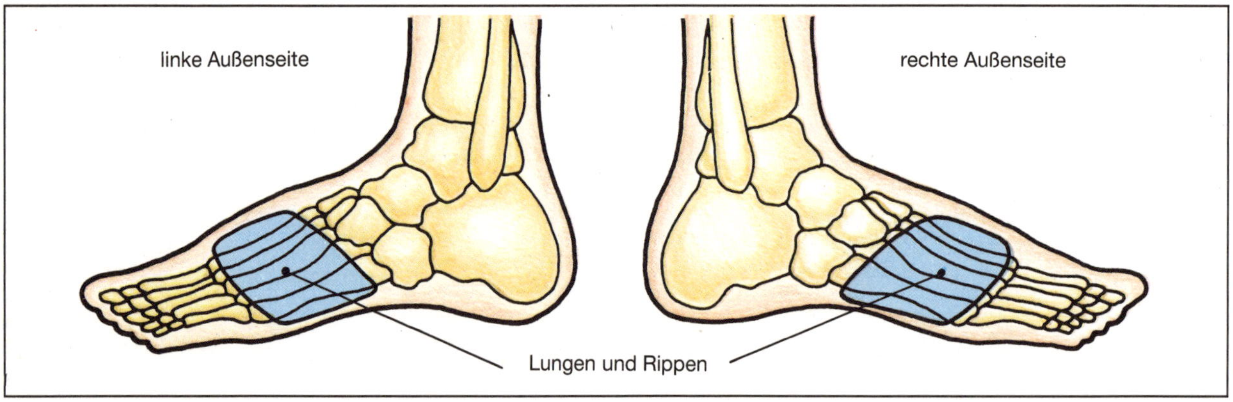

Abb. 24: Atemwegszonen außen am Fuß

und 2. Mittelfußknochen bis etwa zur Mitte dieser beiden Knochen.

Von hier aus geht man gleich weiter zur Therapie der *Lungen-Rippen-Reflexzonen.* Sie verlaufen auf den 5 Mittelfußknochen quer über den Fußrücken und setzen sich an den Innen- und Außenseiten der Füße fort.

Zum Abschluß der Massage werden die Fußsohlenreflexzonen der Atemorgane behandelt. Man beginnt mit der Luftröhren-Bronchien-Zone vom 1. Zwischenzehenraum abwärts zwischen dem 1. und 2. Mittelfußknochen bis etwa zur Mitte dieser beiden Knochen. Dann massiert man die *Lungenzone,* die ähnlich wie am Fußrücken weitgehend dem Mittelfuß entspricht. Dabei wird zugleich die *Zwerchfellzone* behandelt, die sich als Ellipse in der Mitte des 2. und 3. Mittelfußknochens befindet.

Die Herzzonen

Das Herz weist eine Besonderheit auf: Wir finden am Fuß nicht nur die der Anatomie entsprechenden Organreflexzonen, sondern auch noch Bezugszonen. Diese kommen nur am linken Fuß vor. Mit den Bezugszonen des Herzens an der linken Fußsohle und am linken Fußrücken trägt die Reflexzonentherapie der Tatsache Rechnung, daß Herzbeschwerden besonders häufig in die linke Brust bis zum Schultergelenk und in den linken Schultergürtel ausstrahlen.

Die Massage der Herzbezugszonen ist therapeutisch ebenso wirksam wie die der Organzonen. Zur Gesundheitsvorsorge wird man am besten beide Zonen behandeln; wer zu nervösen Herzbeschwerden neigt, sollte sich auf die Bezugszonen beschränken. Zur Soforthilfe bei akut auftretenden Herzbeschwerden sollte der Patient grundsätzlich nur die Bezugszonen behandeln. Welche Zonen zur Therapie angezeigt sind, bestimmt je nach Einzelfall immer der Therapeut.

Das Herz befindet sich bekanntlich nicht genau in der Körpermitte, sondern weicht mit dem größeren

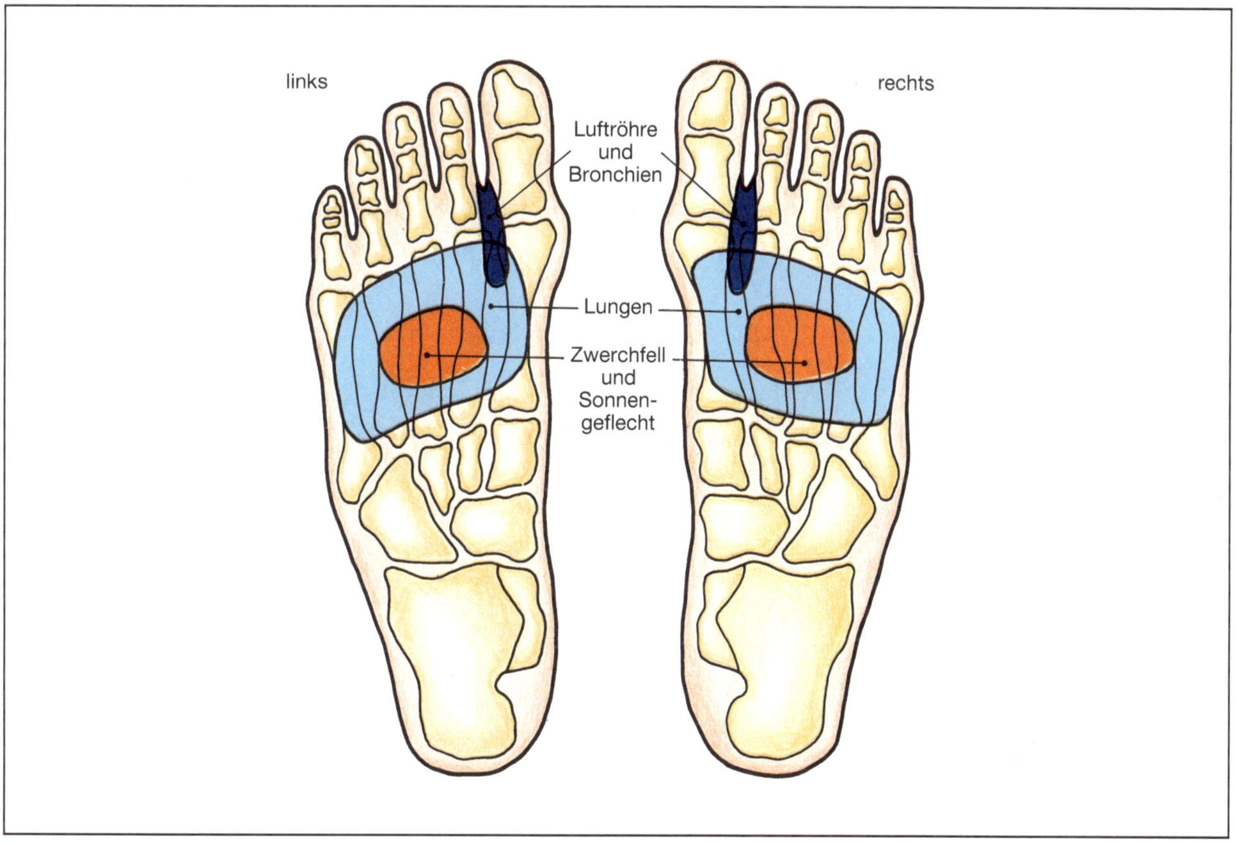

Abb. 25: Atemwegszonen an den Fußsohlen

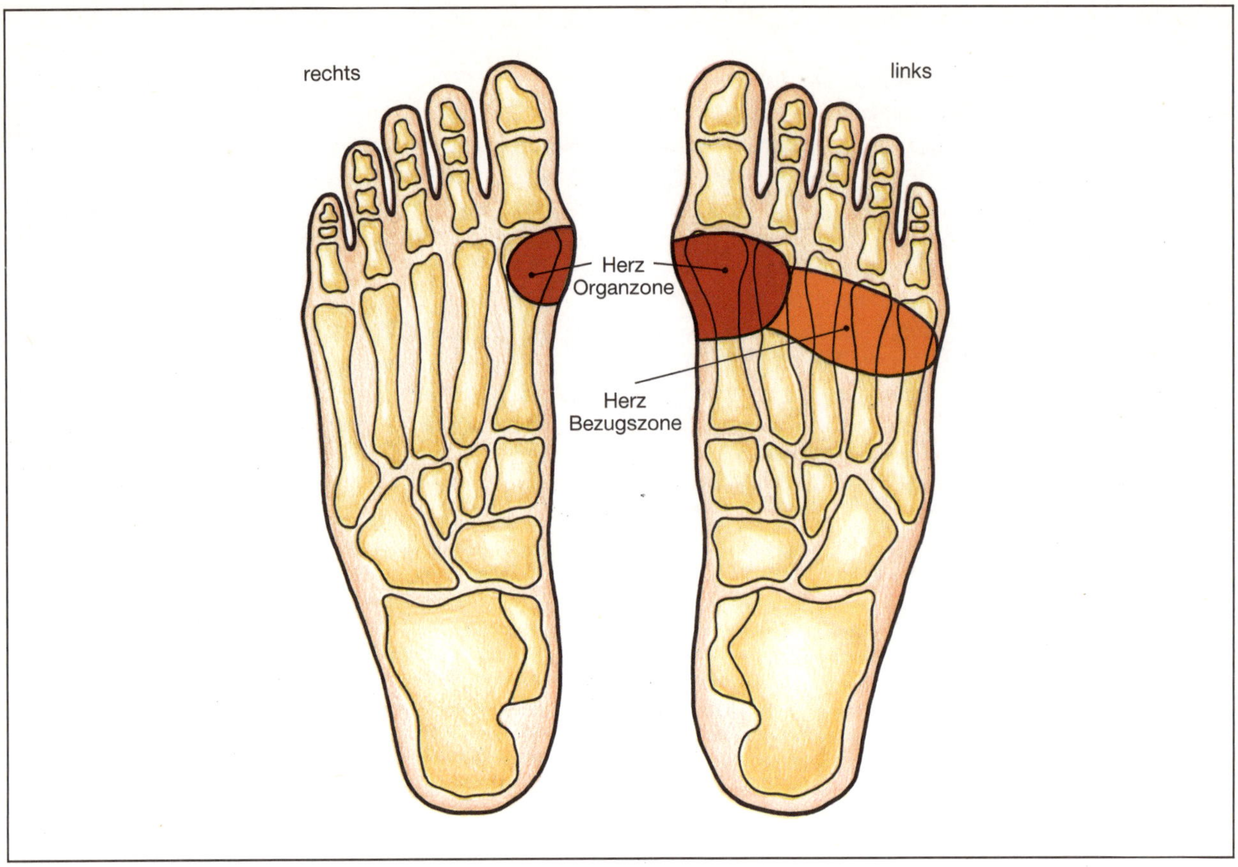

Abb. 26: Herzzonen an den Fußsohlen

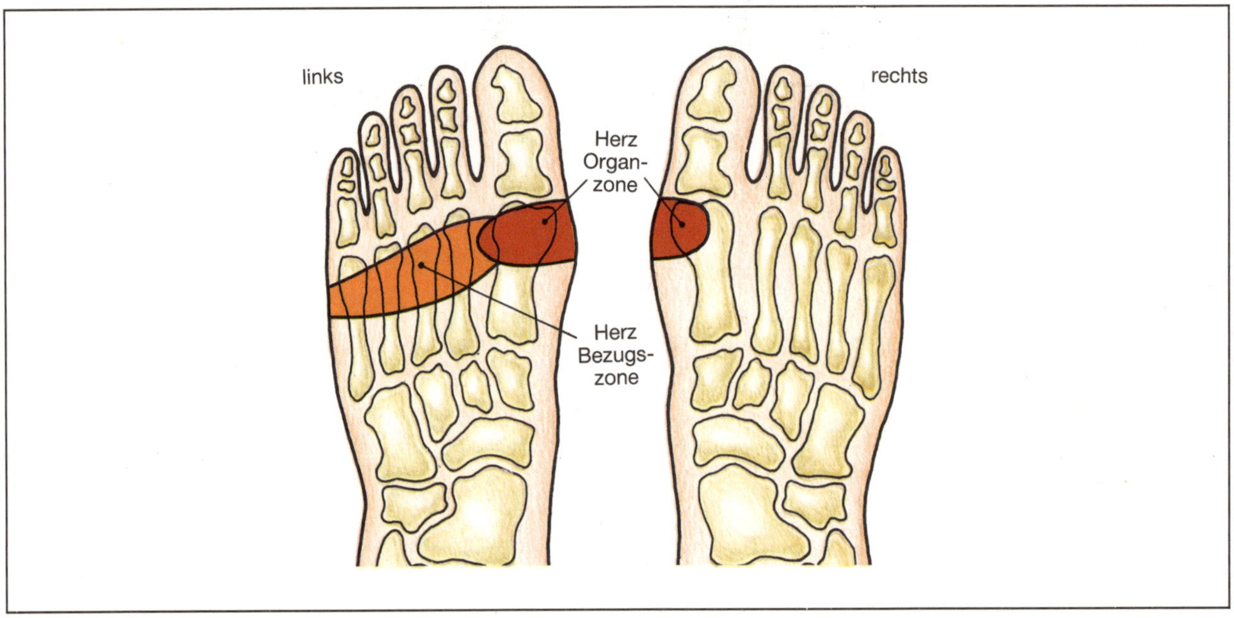

Abb. 27: Herzzonen am Fußrücken

Teil nach links ab. Deshalb sind auch die Organzonen am linken Fuß größer.

Die Behandlung der Reflexzonen beginnt an der Bezugszone der linken Fußsohle. Sie zieht ellipsenförmig vom Rand des 2. Mittelfußknochens in der vorderen Hälfte des Mittelfußes quer hinüber bis über den 5. Mittelfußknochen hinaus zur Fußaußenseite. Anschließend massiert man die Bezugszone auf dem linken Fußrücken, die sich von der Fußaußenseite über die Mittelfußknochen 5–2 in der vorderen Hälfte des Mittelfußes erstreckt.

Wenn auch die Organzonen behandelt werden, kehrt man zur Fußsohle zurück. Zuerst massiert man an der rechten Fußsohle die Herzorganzone an der Innenseite über dem oberen Teil des 1. Mittelfußknochens, danach an der linken Fußsohle die große Herzzone, die bis zum 2. Mittelfußknochen reicht und über die Hälfte des 1. Mittelfußknochens bedeckt. Anschließend behandelt man am rechten Fußrücken die kleine Herzzone am Großzehenballen auf dem 1. Mittelfußknochen und links die größere Zone, die kurz vor dem 2. Mittelfußknochen endet.

Die Herz- und Herzbezugszonen sollten immer vorsichtig ohne starken Druck behandelt werden, um Überreaktionen zu vermeiden.

Drüsen- und Lymphzonen

Zum Abschluß der Massage des ganzen Fußes behandelt man die Drüsen- und Lymphzonen. Da sich diese Organe im gesamten Körper verteilt finden, kommen sie auch – immer entsprechend ihrer anatomischen Lage – an verschiedenen Fußabschnitten vor.

Die Massage der Drüsenzonen umfaßt Hirnanhangdrüse, Schilddrüse, Nebennieren, die Bauchspeicheldrüse sowie die weiblichen und männlichen Geschlechtsorgane.

Anatomisch korrekt beginnt die Massage mit der *Zone der Hirnanhangdrüse,* die sich an der Fußsohle etwa in der Mitte des Knochens des 1. Großzehenglieds befindet.

Anschließend wird die *Schilddrüsenzone* am Großzehenballen über der gelenkigen Verbindung zwi-

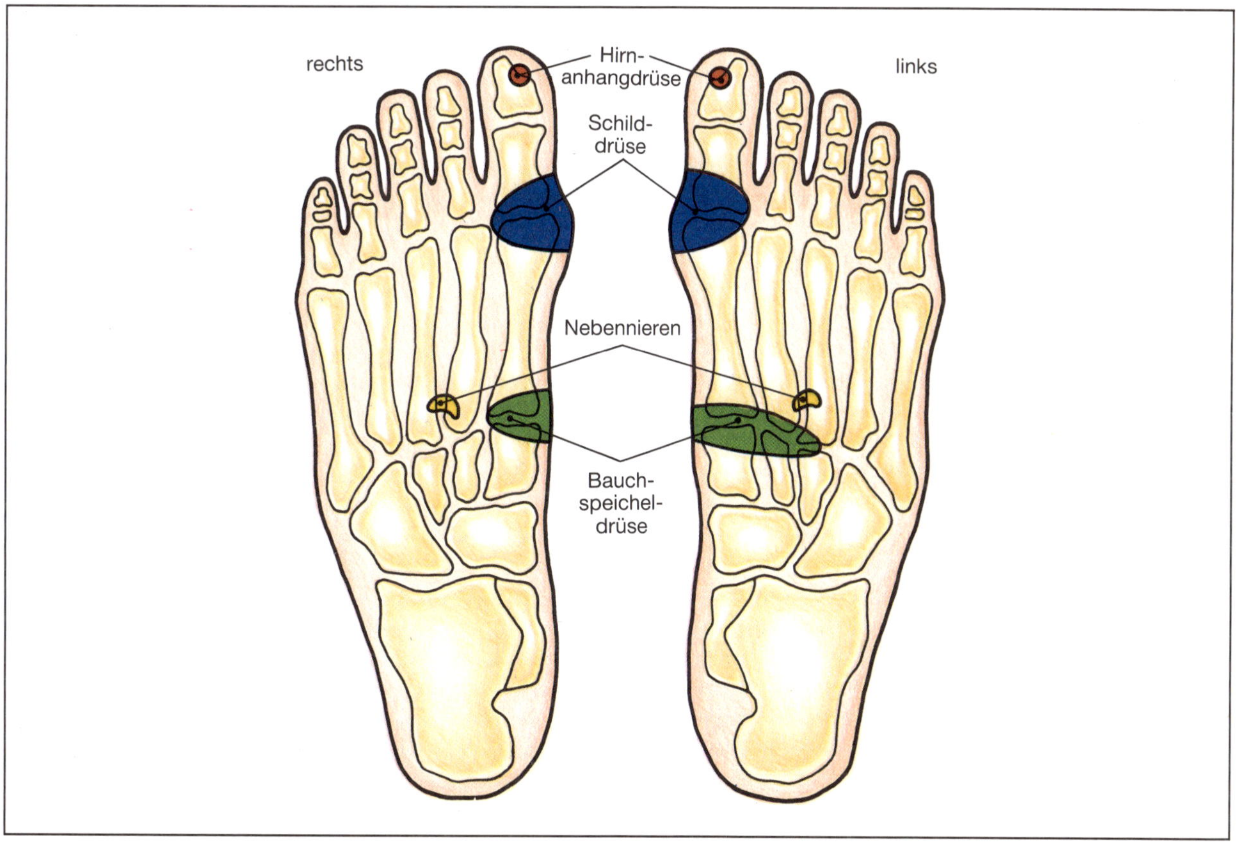

Abb. 28: Drüsenzonen an der Fußsohle

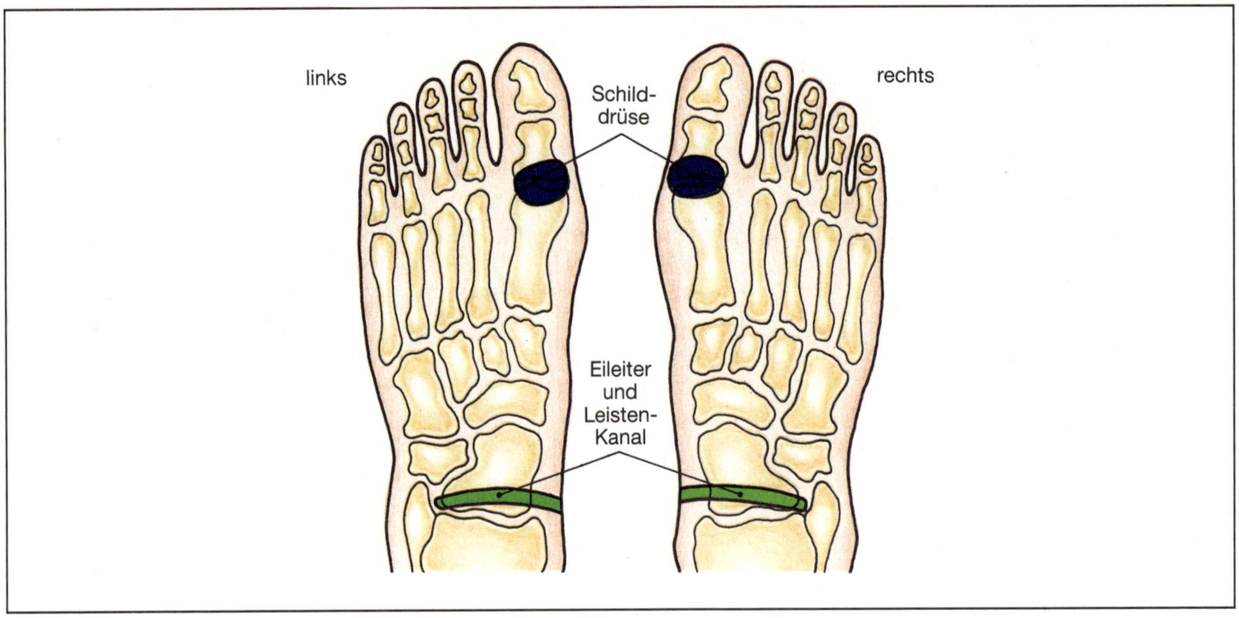

Abb. 29: Drüsenzonen am Fußrücken

schen Zehenglied und 1. Mittelfußknochen behandelt. Die Schilddrüsenzone finden wir verkleinert an der gleichen Stelle auch auf dem Fußrücken, wo sie anschließend behandelt wird.

Nun sucht man etwa in der Mitte des Fußgewölbes an der Fußsohle zwischen dem 2. und 3. Mittelfußknochen die *Nebennierenzone*.

Im Anschluß daran wird die Fußsohlenzone der Bauchspeicheldrüse behandelt. Wir lernten sie bereits bei den Verdauungsorganen kennen, und die Behandlung wird jetzt nochmals wiederholt.

Die weitere Massage beeinflußt an der Innenseite des Fußes Eileiter und Gebärmutter der Frau oder Hoden, Vorsteherdrüse und Leistenkanal des Mannes.

Die *Zone des Eileiters und Leistenkanals* beginnt oberhalb des Sprungbeins und zieht an dessen unterem Rand schräg nach unten auf das Fersenbein. Hier besteht die kreisförmige *Reflexzone für Gebärmutter, Vorsteherdrüse und Hoden.*

Über den Fußrücken herum zieht die *Zone der Eileiter und des Leistenkanals* und setzt sich an der Innenseite wie auf der Fußaußenseite zum Fersenbein fort. Die kreisförmige Reflexzone außen am Fersenbein entspricht den weiblichen Eierstöcken, indirekt werden darüber auch die Hoden des Mannes zusätzlich beeinflußt.

Die Massage endet mit der Behandlung der *Lymphzonen* am Fuß, die dem Lymphsystem entsprechen. Dieses heute oft noch vernachlässigte System von Lymphbahnen, Lymphknoten, Milz, Mandeln und Blinddarm mit Wurmfortsatz spielt eine lebenswichtige Rolle bei der Abwehr von Krankheiten und der Entgiftung des Körpers. Reflextherapie der Fußlymphzonen steigert die Abwehr- und Widerstandskraft und fördert die Ausscheidung von Schlacken und Giftstoffen. Das ist zur Gesundheitsvorsorge und zur Behandlung von Krankheiten wichtig.

Die Lymphzonenmassage beginnt in der Kopfzone der Fußsohlen und des Fußrückens. Zunächst massiert man an der Fußsohle die 4 kreisförmigen Reflexzonen der oberen Lymphbahnen in den Zehenzwischenräumen. Sie finden sich an der gleichen Stelle auf dem Fußrücken wieder, wo anschließend behandelt wird. Bei Fußpilzinfektionen muß diese Behandlung wegen der Gefahr der Verschleppung der Krankheit unterbleiben.

Anschließend behandelt man auf der Oberseite der Großzehen die halbkreisartig in der Zehenmitte über dem 1. Gelenk befindliche Zone des Nasen-Rachen-Raums.

Die Massage wird an der rechten Fußsohle über der *Zone der Achsellymphknoten* fortgesetzt. Diese kleine Zone befindet sich nahe der gelenkigen Verbindung zwischen Kleinzehe und 5. Mittelfußknochen auf diesem Knochen und beschreibt eine leichte Kurve nach oben. Ihr entspricht eine gleiche Zone auf dem Fußrücken, die danach behandelt wird. Sinngemäß massiert man die Zone der Achsellymphknoten an der

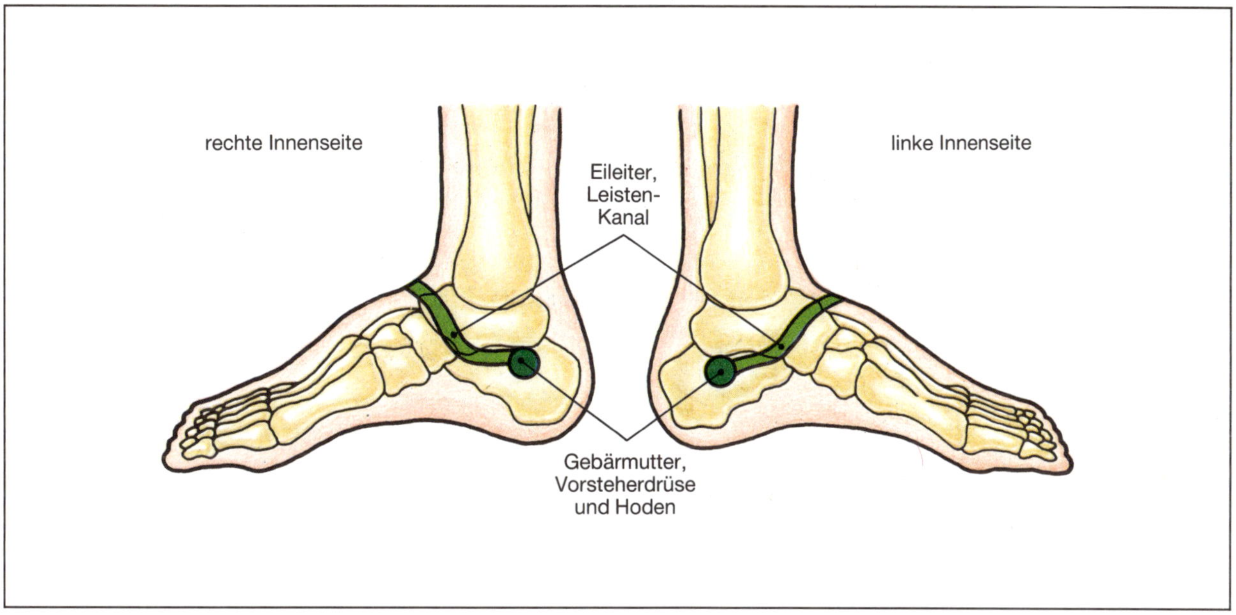

Abb. 30: Drüsenzonen innen am Fuß

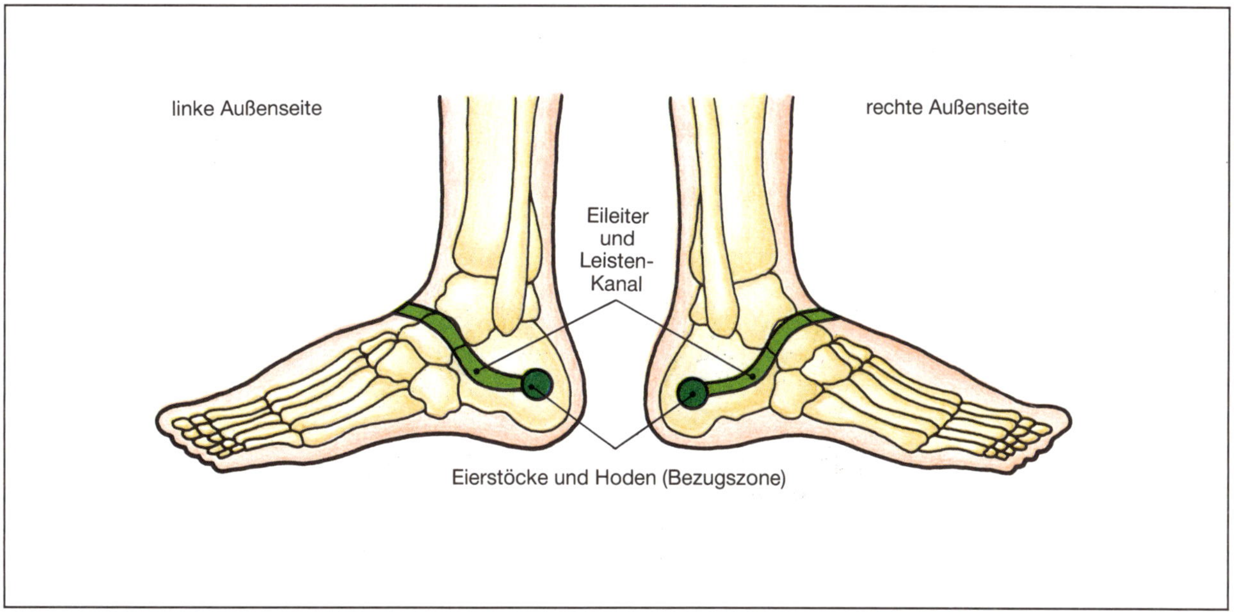

Abb. 31: Drüsenzonen außen am Fuß

linken Fußsohle, geht dann aber gleich zur *Milzzone* weiter.

Sie liegt als Kreis bei der 2. Quer-(Rippenbogen-)linie auf den Mittelfußknochen 3–5. Erst danach wird am linken Fußrücken die Achsellymphknotenzone massiert.

Von ihr aus setzt man die Massage auf der *Brustdrüsenzone* am Fußrücken (bei Mann und Frau) fort. Diese Zone hat eine ellipsenähnliche Form. Sie liegt im Mittelteil des Mittelfußes und bedeckt in diesem Gebiet ungefähr den mittleren Teil der Mittelfußknochen 2–4.

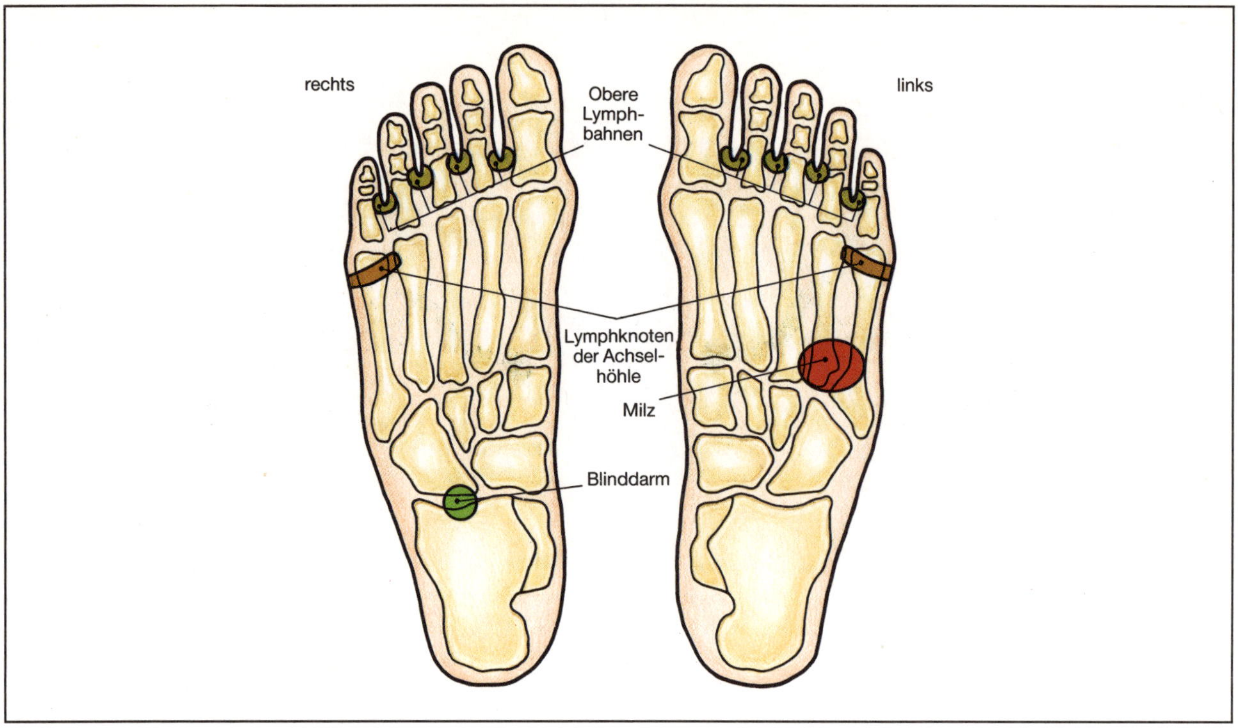

Abb. 32: Lymphzonen an der Fußsohle

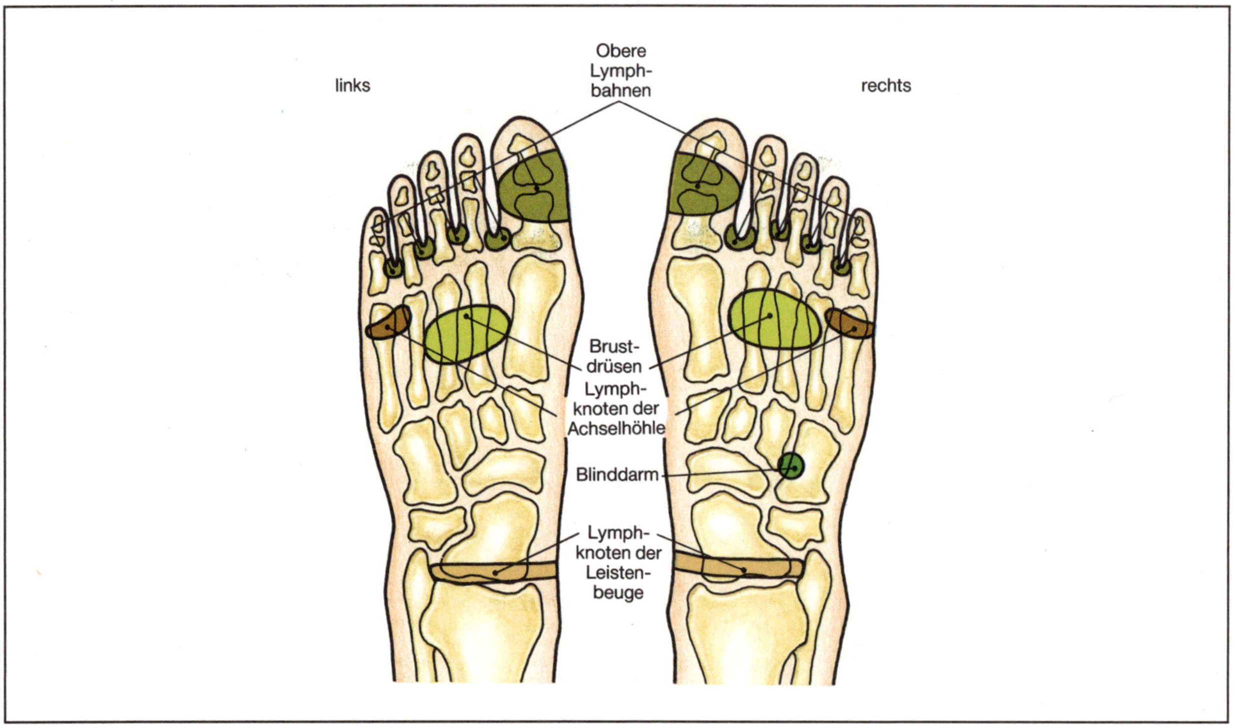

Abb. 33: Lymphzonen auf dem Fußrücken

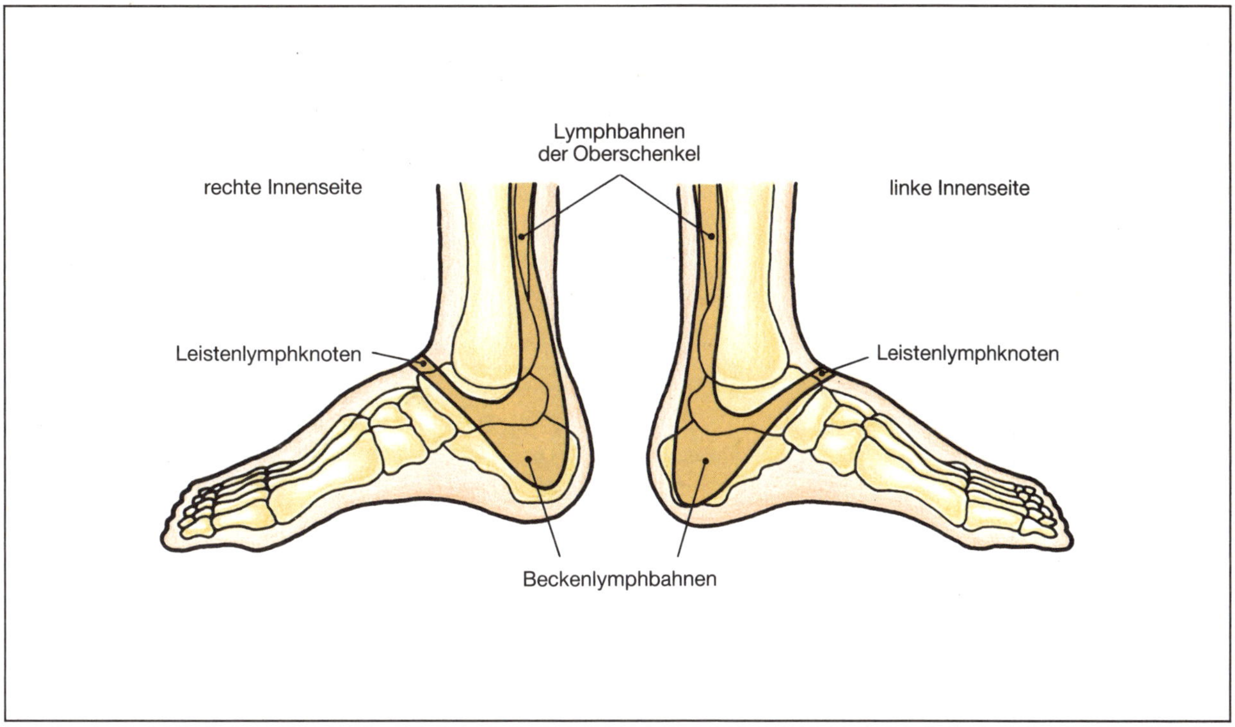

Abb. 34: Lymphzonen innen am Fuß

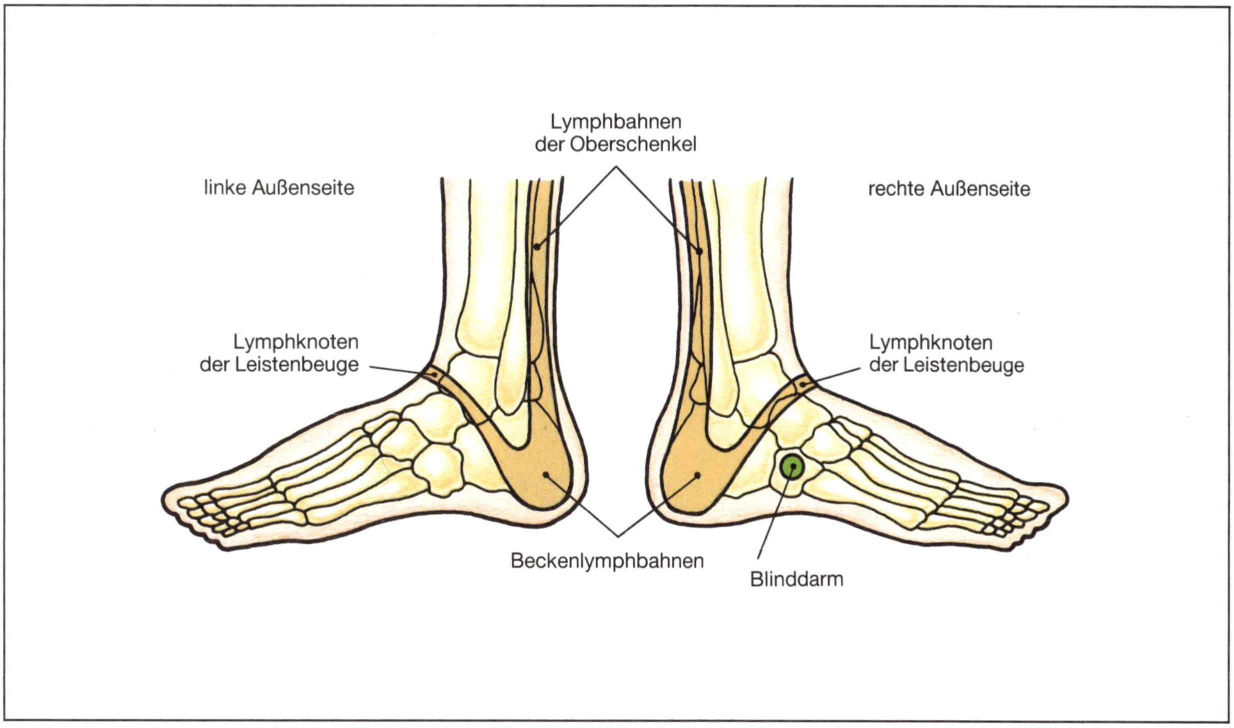

Abb. 35: Lymphzonen außen am Fuß

Anschließend massiert man an der rechten Fußsohle zwischen Würfel- und Fersenbein die kreisförmige *Reflexzone des Wurmfortsatzes,* danach die gleiche Zone auf dem Fußrücken (Fußaußenseite) beim Würfelbein.

An der Innenseite des Fußes verläuft über das Sprungbein die *Lymphzone der Leistenbeugegegend.* Sie setzt sich nach unten in das Fersenbein fort und entspricht hier den Lymphgebieten des Beckens. Zwar enden die Reflexzonen mit der Querlinie durch die Knöchel, an der Innenseite des Unterschenkels hinten zieht aber noch eine Zone, die indirekt die Beeinflussung der Lymphbahnen der Oberschenkel ermöglicht.

Von der Innenseite des Fußes zieht die Reflexzone der Leistenbeuge beim Sprungbein quer über den Fußrücken zur rechten Außenseite, wo sich das Reflexzonenbild der Innenseite wiederholt.

Mit der Massage der Lymphzonen endet die Reflexzonenarbeit am ganzen Fuß. Die systematische Reihenfolge muß nicht unbedingt eingehalten werden, der Therapeut weicht im Einzelfall auch davon ab. Zur Selbstbehandlung empfiehlt es sich aber, den systematischen Aufbau zu befolgen.

Erstes Abtasten der Fußzonen zur Diagnose

»Vor die Therapie haben die Götter die richtige Diagnose gesetzt«, dieser alte Spruch gilt auch für die Reflexzonenarbeit am Fuß. Das erste Abtasten der Fußzonen dient hauptsächlich dieser Aufgabe. Außerdem werden dabei die Reaktionen des Patienten ermittelt, die für die weitere Behandlung wichtig sind.

Der erste diagnostische »Eindruck«

Ein erstes Bild vom Gesundheitszustand gewinnt man bei der Reflexzonentherapie auf zweierlei Weise: durch den Tast- und durch den Sichtbefund.

Der Tastbefund wird nach dem Schema, das im vorangegangenen Kapitel über den Ablauf der Reflexzonenmassage beschrieben wurde, systematisch von den Kopfzonen bis zu den Lymphzonen erhoben. Das Abtasten erfolgt durch den weiter vorne erklärten Grundgriff (s. Grifftechnik).

Beim ersten Abtasten achtet man vor allem auf die abnormen Reflexzonen, durch deren Betastung Mißempfindungen und Schmerzen ausgelöst werden. Das weist auf Funktionsstörungen oder Erkrankungen der zugehörigen inneren Organe hin. Diese Reflexzonen müssen bei den weiteren Sitzungen unbedingt behandelt werden, wenn man es zur Selbsthilfe nicht vorzieht, den ganzen Fuß systematisch zu beeinflussen, um die Energie im gesamten Organismus zu harmonisieren.

Mit etwas Fingerspitzengefühl stellt man nicht selten in der Tiefe des Gewebes abnorme Verhärtungen, Verspannungen oder Ablagerungen fest. Das weist ebenfalls auf Erkrankungen der zur Reflexzone gehörenden Organe hin.

Der Tastbefund sagt wenig oder überhaupt nichts über die Art der bestehenden Krankheit aus, sondern gibt nur einen allgemeinen Hinweis darauf, daß im betreffenden Organ energetische Störungen vorliegen. Diese können aus verschiedenen Ursachen entstehen. Vielfach zeigen sich abnorme Reflexzonenbefunde schon einige Zeit vor dem Auftreten erster spürbarer Beschwerden, weil die Energiestörungen erst die Voraussetzungen für eine Erkrankung schaffen. In solchen Fällen kann die Reflexzonentherapie noch zur Vorbeugung angewendet werden.

Durch Harmonisierung der Energieversorgung gelingt es oft, eine sich anbahnende Krankheit noch im Vorstadium zu heilen. Sogar eine vererbte oder im Lauf des Lebens erworbene Veranlagung zu bestimmten Krankheiten drückt sich frühzeitig in abnormen Reflexzonenbefunden aus. Auch dann besteht die Möglichkeit, durch Reflexzonenmassage die Krankheitsbereitschaft abzuschwächen oder sogar vollständig zu beseitigen.

Schmerzen und andere abnorme Tastbefunde entstehen ferner bei Erschöpfungs- und Überlastungszuständen einzelner Organe oder des gesamten Körpers, seelisch-nervösen Funktionsstörungen, abnormen Abnutzungserscheinungen (zum Beispiel an den Gelenken), Erschlaffung und Verlagerung von Organen und natürlich bei allen akuten und chronischen Krankheiten. Innerhalb kürzester Zeit können nach Unfällen krankhafte Tastbefunde am Fuß auftreten.

Der Tastbefund sollte bei bestehenden Krankheiten allerdings noch durch andere klinische Symptome abgesichert werden, die eindeutig angeben, welche Erkrankung besteht.

Abnorme Reflexzonen geben den Organbereich an, in dem Störungen vorliegen, die normale medizinische Diagnose ergänzt diese Aussage. Das ist besonders bei unklaren Beschwerden wichtig, wenn auch der Fachmann nicht auf Anhieb sagen kann, wo welche Erkrankung besteht. Der Fußzonenbefund zeigt ihm, in welchem Körperbereich er suchen muß. Das erspart viel Zeit und unnötige Untersuchungen.

Zur Selbsthilfe eignet sich die Diagnose durch Reflexzonenabtastung allerdings nur, wenn der Betroffene selbst anhand anderer Symptome eindeutig eine einfache Krankheit feststellen kann, zum Beispiel eine Erkältung oder harmlose Spannungskopfschmerzen. Bei allen unklaren oder ernsteren Krankheitszeichen kommen Selbstdiagnose und -therapie nicht in Frage.

Eine gewisse Rolle bei der Diagnose spielt auch die Betrachtung des Fußes, weil abnorme Veränderungen an Knochen, Haut und Gewebe auf Störungen der Reflexzonen hinweisen, die sich reflektorisch den zugehörigen Organen mitteilen. Im Gegensatz zur allgemeinen medizinischen Diagnose kommt es dabei aber nicht nur auf die Art der Störung, sondern vor allem auf ihren Sitz im Raster der Fußreflexzonen an.

Am Knochengerüst des Fußes stellen wir häufig folgende Veränderungen fest:

- Senk- und Plattfuß, der sich reflektorisch nachteilig vor allem auf die gesamte Wirbelsäule auswirkt;
- Spreizfuß mit reflektorischen Folgen für Atmungsorgane, Leber-Gallenblasen-System, Herz und Schultergürtel;
- Abknickung der Großzehe im Grundgelenk nach der Kleinzehenseite hin (Hallux valgus) mit reflektorischer Belastung der Halswirbelsäule, des Nakkens, der Schilddrüse und des Herzens;
- andere Zehenveränderungen mit reflektorischer Wirkung vor allem auf die Kopforgane einschließlich der Zähne;
- Knochenveränderungen an den hinteren Teilen des Fußskeletts und nach oben bis zu den Knöcheln führen reflektorisch zu Störungen der Bauch-Bekken-Organe, vor allem des Darms.

An der Haut der Füße können wir in den Reflexzonen vor allem Rötungen, Einrisse, Hühneraugen, abnorme Verhornungen (Schwielen), Warzen, Frostbeulen und Fußpilzinfektionen feststellen, die sich reflektorisch auf die zugehörigen Organe auswirken. Umgekehrt ist es auch möglich, daß solche Erscheinungen an der Haut durch Störungen innerer Organe erst möglich werden. Natürlich müssen solche Veränderungen im Rahmen der Fußreflexmassage mitbehandelt werden. Bei Fußpilzinfektionen ist Reflexzonentherapie der befallenen Stellen wegen der Gefahr einer Verschleppung der Infektion nicht möglich, bevor die Pilzkrankheit fachmännisch beseitigt wurde.

Schließlich können am Gewebe der Füße in den verschiedenen Reflexzonen auch noch Schwellungen durch Blut- und Lymphstauungen bestehen. Sie gehen häufig von Herz und Nieren aus, aber auch andere, nur vom Fachmann sicher nachzuweisende Krankheiten können dahinter stehen. Sie bedürfen gesonderter Therapie.

Zuletzt empfiehlt es sich, einen kritischen Blick auf das Schuhwerk zu werfen. Es kann zu eng oder zu weit sein, zu dicke, unbewegliche Sohlen oder zu hohe Absätze aufweisen. Das führt oft zu Reizungen bestimmter Reflexzonen, auch wenn dort kein Sichtbefund erhoben werden kann. Aus der Sicht der Reflexzonentherapie kann man sogar sagen, daß die Heilung von Krankheiten mit dem richtigen Schuhwerk beginnt. Überprüfen Sie deshalb in jedem Fall einmal Ihre Fußbekleidung.

Die Reaktionen auf die Abtastung

Die Fußreflexzonenmassage wirkt nicht wie ein chemisches Arzneimittel, das Beschwerden vielleicht nur unterdrückt, die Ursachen aber nicht beeinflußt. Sie heilt Krankheiten hauptsächlich, indem sie eine Reaktion des Körpers herbeiführt.

Diese Reaktion versetzt den Organismus dann in die Lage, die Krankheitsursachen aus eigener Kraft zu überwinden. In erster Linie besteht diese Reaktion in einer Normalisierung der Energieverhältnisse im Körper, deren Störungen die Grundlagen für Krankheiten geschaffen haben.

Wie in der allgemeinen Biomedizin – vor allem in der Homöopathie – kennen wir auch bei der Fußreflexzonenmassage die Erstverschlimmerung. Sie tritt nicht bei allen Menschen auf; die vorübergehende Verschlimmerung von Symptomen ist aber als Zeichen dafür zu werten, daß der Körper jetzt damit beginnt, die Erkrankung aus eigener Kraft zu bekämpfen. Auch bei chronischen Krankheiten tritt häufig eine zeitweise Verschlimmerung auf, weil der alte Krankheitsprozeß, gegen den die Abwehr bisher machtlos war, zunächst ins akute Stadium tritt, in dem dann die Selbstheilungsregulationen wieder wirksam werden können.

Reaktionen auf die Reflexzonenmassage am Fuß treten während der Therapie und in der Zeitspanne zwischen 2 Sitzungen auf. Sie sind für den weiteren Verlauf der Therapie wichtig.

Akute Reaktionen während der Massage

Schmerzen bei der Durcharbeitung der Fußsohlen mit dem Grundgriff sind die häufigste, deutlichste und aufschlußreichste Reaktion.

Normalerweise wird die Abtastung als normaler Druck auf den Fuß ohne Schmerzen erlebt. Erst wenn Störungen in bestimmten Reflexzonen als Zeichen von

Funktionsveränderungen oder Erkrankungen der zugehörigen inneren Organe vorliegen, löst die Massage Schmerzen aus.

Bei der Selbstbehandlung wird dieser Schmerz innerhalb einer oder mehrerer Reflexzonen sofort als schneidend, stechend oder mehr dumpf und ausgedehnt empfunden. Der Therapeut ist auf die Beobachtung der Reaktionen des Patienten angewiesen, die nicht unterdrückt werden sollten. Typisch sind zum Beispiel kurze Seufzer, erschrecktes Zurückziehen des Fußes, Veränderungen des Gesichtsausdrucks, manchmal auch lautes Aufstöhnen, kurzes Aufschreien oder (als angenehmste Reaktionsform) ein Lachen. Die Zonen, über die solche Reaktionen ausgelöst werden, müssen bei der weiteren Therapie unbedingt behandelt werden, sofern man nicht ohnehin die ganzen Fußzonen massiert.

So unangenehm die akuten Schmerzreaktionen im Einzelfall auch einmal ausfallen können, sie dürfen nicht durch zu schwache Massage verhindert werden, sonst gelangt man weder zu einer zuverlässigen Diagnose, noch erzielt man ausreichende Wirkungen. Wie schon bei der Grifftechnik erklärt, sollte der Massagegriff aber so dosiert werden, daß die Schmerzreaktionen erträglich bleiben. Zu starke Schmerzen deuten auf »Überdosierung« hin, die bei der weiteren Behandlung durch sanftere, individuell besser angepaßte Massage vermieden werden sollte.

Manchmal ist der akut auftretende Schmerz in einer Reflexzone so heftig, daß er Schmerzen in anderen Zonen überdeckt, also die Diagnose verfälschen kann. Es empfiehlt sich daher, einen starken Schmerz zunächst abklingen zu lassen, ehe man mit mäßiger Stärke die Massage fortsetzt, damit andere schmerzende Zonen nicht übersehen werden.

Abgesichert wird die Diagnose durch allgemeinmedizinische Krankheitszeichen. Sie müssen aber nicht immer vorliegen, da die Reflexzonentherapie auch Vorstadien von Krankheiten, die überhaupt noch keine Symptome verursachen können, nachweisen kann. Das Fehlen von Beschwerden spricht also nicht gegen das positive diagnostische Ergebnis der ersten Abtastung der Fußzonen.

Neben den aufschlußreichen Schmerzreaktionen löst die Reflexzonentherapie auch verschiedene andere Reaktionen aus, die Auskunft über ihre Wirkung geben. Dazu gehören vor allem:

- Schweißausbruch an Händen, Füßen, anderen Körperbezirken oder am ganzen Körper, der vor allem bei geschwächten Menschen mit Fehlsteuerungen des Nervensystems beobachtet wird; der Schweißausbruch aus bestimmten Hautzonen kann auch darauf hinweisen, daß die Reflexzonentherapie reflektorisch die zu den Hautzonen gehörenden inneren Organe beeinflußt hat.
- Allgemeines Kältegefühl, das meist in den Gliedern beginnt und zum Rumpf fortschreiten kann; es entsteht in der Regel bei Überdosierung der Massage (meist durch zu kräftige Grifftechnik), weil es dadurch zur übermäßigen Reaktion der Blutgefäße mit Mangeldurchblutung der Haut kommt. Davor schützt man sich durch eine warme Decke, die übermäßige Wärmeverluste verhindert, und durch individuell angepaßte Massage. Wenn es trotzdem zum Kältegefühl kommt, muß die Reflexzonentherapie nach einer Pause, in der sich die Durchblutung wieder normalisieren kann, mit sanfterem Griff fortgesetzt oder unterbrochen werden. Der Therapeut muß während der Behandlung vom Kältegefühl unterrichtet werden, damit er die Massage entsprechend anpaßt.
- Ernstere Nebenwirkungen treten nur sehr selten auf; dazu gehören Muskelverkrampfungen in bestimmten Körpergebieten oder im ganzen Körper, inneres »Zittern« und Zähneklappern, manchmal auch Versagen der Kreislaufregulation bis hin zur Ohnmacht. Herz-Kreislaufkranke Menschen sollten wegen dieser möglichen Nebenwirkungen die Selbstmassage der Reflexzonen nur nach Anweisung des Fachmanns durchführen, zumindest die erste Behandlung muß bei ihnen fachmännisch verabreicht werden, damit bei möglichen Überreaktionen sofortige Hilfe möglich ist. Auch wenn solche Reaktionen bei der Selbstmassage später irgendwann einmal auftreten, empfiehlt es sich, bis zur Klärung durch den Fachmann auf weitere Anwendungen zu verzichten.

Auf keinen Fall darf nach solchen heftigen Reaktionen gleich weiterbehandelt werden, sobald eine Besserung eingetreten ist. Man legt sich am besten ruhig und möglichst entspannt nieder, bis die Beschwerden verschwunden sind. Sanfte Streichmassage beider Füße kann die Erholung beschleunigen. Der Therapeut hat die Möglichkeit, die Beschwerden gezielt über bestimmte Reflexzonen zu beeinflussen, zur Selbsthilfe eignet sich das nicht. Durch ruhige Tiefatmung wird das Herz-Kreislauf-System meist rasch wieder harmonisiert.

Reaktionen zwischen den Behandlungen

Auch nach der Reflexzonentherapie treten Reaktionen auf, die als Zeichen der Wirkung erwünscht sind und zum Teil bei der nächsten Anwendung berücksichtigt werden müssen. Bei richtig durchgeführter Therapie sind diese Reaktionen ungefährlich. Der Patient muß vor Beginn der nächsten Behandlung seinen Therapeuten von den Reaktionen unterrichten, bei der Selbsthilfe wird er die nächste Massage bei Bedarf entsprechend den Reaktionen verstärken oder abschwächen.

Typische und häufig auftretende Reaktionen sind:

- Abnorme Veränderungen des Stuhls und Urins durch vermehrte Ausscheidung von Gift- und Schlakkenstoffen über Darm und Nieren: Die Reflexzonenmassage regt die Ausscheidungsorgane kräftig an und führt zu häufigeren, übelriechenden, schleimigen und verfärbten Stühlen und trübem, unangenehm stark riechendem Urin. Normalerweise deuten solche Veränderungen auf behandlungsbedürftige Krankheiten hin, die bald fachmännische Untersuchung erfordern, im Verlauf der Reflexzonenmassage dagegen sind sie als Folge der erwünschten natürlichen Selbstreinigung zu verstehen und dürfen deshalb keinesfalls unterdrückt werden.

Viele Menschen leiden heute unter Ablagerung von Schlacken und Giften in den Geweben, die Krankheiten begünstigen und die Körperabwehr unterdrücken. Mit Hilfe der Reflexzonentherapie erzielt man eine gründliche Entgiftung und Entschlackung, die auch zur Vorbeugung von Krankheiten sehr wichtig ist.

- Veränderungen der Haut und der Schleimhäute: Auch über die Haut, das größte Ausscheidungs- und Entgiftungsorgan des Körpers, und über die Schleimhäute von Nase, Rachen, Bronchien und Scheide findet als Reaktion auf die Reflexzonenmassage eine vermehrte Ausscheidung von Schadstoffen statt. An der Haut treten Ausschläge, kleine Eiterbläschen, manchmal sogar Furunkel auf, sie wirkt bald wieder besser durchblutet und weist eine verstärkte natürliche Spannkraft auf. Die Schweißdrüsen produzieren vermehrt Schweiß, der durch Gift- und Schlackenausschwemmung übelriechend werden kann. Aus der Scheide kann es zum Ausfluß kommen, der unter Umständen scharf brennt, weil er konzentrierte Schadstoffe enthält. Nase, Rachen und Bronchien produzieren als Reaktion mehr Schleim, der ebenfalls Gifte und Schlacken in hoher Konzentration enthalten kann. Diese Selbstreinigungsprozesse dürfen nicht unterdrückt werden, denn sie sind zur Vorbeugung und Heilung von Krankheiten unentbehrlich.
- Manchmal erhöht sich nach der Reflexzonentherapie vorübergehend die Körpertemperatur, ein gutes Zeichen der allgemeinen Steigerung der Körperabwehr, wie man es auch nach anderen umstimmenden Maßnahmen zur Aktivierung der Selbstheilungsregulationen oft erlebt. Das Fieber hat also keinen Krankheitswert, sondern ist ebenfalls eine erwünschte Heilreaktion.
- Aktivierung bisher vernachlässigter chronischer Krankheiten (wie Rheuma) oder beschwerdearmer dauernder Entzündungsherde (vor allem an Zahnwurzeln, Mandeln und Nasennebenhöhlen), die durch Reflexzonentherapie ins akute Stadium übergeführt werden und dabei vorübergehend stärkere Schmerzen verursachen. Auch diese Reaktion ist erwünscht und schafft die Voraussetzungen für die Heilung solcher Krankheiten, darf also nicht medikamentös unterdrückt werden.
- Seelische Reaktionen: Als ganzheitliche Therapie wirkt Fußzonenreflexmassage in den geistig-seelischen Bereich hinein und erzeugt auch hier heilsame Reaktionen. Häufig erlebt man zum Beispiel das Abreagieren innerer Spannungen und Konflikte durch Weinen oder in Gesprächen. Die Harmonisierung der Energie bringt offenbar auch seelische »Verhärtungen« in Bewegung, die oft maßgeblichen Anteil an körperlichen Funktionsstörungen und Krankheiten haben.

Auf alle diese Reaktionen nach der Reflexzonenmassage, die einer vorübergehenden Verschlechterung des Allgemeinbefindens entsprechen, muß man vorbereitet sein, sonst kommt es leicht zum Mißtrauen gegen die Therapie, die scheinbar »alles nur noch schlimmer macht«. Zweifellos können diese Reaktionen sehr unangenehm werden, zur Heilung sind sie aber unentbehrlich und müssen deshalb durchgestanden werden.

Alle stärkeren Reaktionen bespricht man mit dem Fachmann, denn nur er kann sie richtig beurteilen. Heftige Reaktionen erfordern im Einzelfall eine sanftere Grifftechnik bei der nächsten Behandlung oder längere Abstände zwischen 2 Anwendungen, ein Abbruch der Therapie wegen zu starker Reaktionen ist nicht erforderlich. Sie dürfen nicht mit den unerwünschten Nebenwirkungen von Arzneimitteln verwechselt werden, die sehr wohl ein Absetzen der Behandlung erfordern können, sondern schaffen die natürlichen Voraussetzungen für die Heilung.

Schwachen, nur wenig belastenden Reaktionen schenkt man möglichst wenig Beachtung. Erfahrungsgemäß gewinnen viele Beschwerden nämlich erst durch übersteigerte Selbstbeobachtung an Intensität.

Übrigens müssen deutliche Reaktionen im Sinne einer Erstverschlimmerung keineswegs immer auftreten, und es gibt auch angenehme Reaktionen. Viele Menschen erleben nach der Reflexzonentherapie, wie sie ruhiger und entspannter werden und besser schlafen, ihre körperlich-geistige Leistungsfähigkeit kann bald deutlich zunehmen. Gelegentlich wird der Schlaf durch die anregende Wirkung allerdings auch vorübergehend gestört, aber das dauert nicht lange. Chemische Schlaftabletten dürfen dagegen nicht verwendet werden, allenfalls natürliche Kräutermittel aus Baldrian und/oder Hopfen.

Fußmassage zur Gesundheitsvorsorge und Therapie von Erkrankungen

Im alten China galten nicht die Ärzte mit den meisten Kranken als die besten – im Gegenteil. Ziel ärztlichen Handelns war es damals, den Menschen vor Krankheit zu bewahren. Deshalb erhielten die Ärzte auch kein Honorar, wenn ihr Patient krank war, sondern nur so lange, wie er gesund blieb. Vermutlich erklärt diese Regelung auch, weshalb die alten chinesischen Mediziner in der Akupunkturlehre so großen Wert auf die Harmonisierung der Energien im Körper als Grundlage der Gesundheit legten.

Manchmal wünschte man sich diese chinesischen Verhältnisse zurück, denn bei uns macht die präventive (Vorsorge-)Medizin nur etwa 20% ärztlichen Handelns aus, während die restlichen 80% der kurativen Medizin (Behandlung von Krankheiten) dienen. Das liegt nicht zuletzt daran, daß die europäische Schulmedizin über keine Vorsorgeuntersuchungen verfügt, die bereits die ersten Energiestörungen als Vorstufen des Krankheitsvorstadiums erfassen, zu einem Zeitpunkt also, zu dem noch keine nachweisbaren organischen Veränderungen oder gar Beschwerden zu erkennen sind.

Die Diagnose über die Fußreflexzonen gehört zu den wenigen Außenseitermethoden moderner Biomedizin, die anlagebedingte oder im Lauf des Lebens erworbene Energieschwäche, seelisch-nervöse Funktionsstörungen und Vorstadien von Krankheiten nachweisen und gezielt behandeln kann. Unter Umständen ist es gleich nach der Geburt möglich, einen angeborenen Defekt zu erkennen, der vielleicht erst nach Jahrzehnten zur Krankheit führen kann, und zu beseitigen.

Deshalb bildet die Reflexzonenarbeit am Fuß eine unserer wichtigsten Methoden zur Gesundheitsvorsorge. Zu diesem Zweck wird sie meist zur Selbsthilfe verwendet. Am besten behandelt man dabei den ganzen Fuß, damit eine umfassende Harmonisierung des gesamten Organismus erreicht wird. Der Therapeut kann über einzelne Reflexzonen auch gezielt innere Organe und Körperteile mit erhöhtem Krankheitsrisiko vorbeugend stärken und ihre Funktionen normalisieren.

Die vorbeugende Selbstmassage kann ein Leben lang regelmäßig jeden Tag als gute Gewohnheit so selbstverständlich wie die Körperpflege durchgeführt werden. Dazu ist es nie zu spät, und die positiven Auswirkungen auf die Gesundheit werden bald spürbar. Vor allem die gründliche Entgiftung wirkt sich sehr günstig aus.

Statt dessen kann man aber auch mehrmals jährlich kurmäßig einige Wochen lang Reflexzonenmassage durchführen. Dazu bieten sich besonders die biologischen Krisenzeiten Frühjahr und Herbst an, in denen man traditionell ohnehin blutreinigende, abwehrsteigernde Kuren mit Kräutern und Säften anwendet. Diese Frühjahrs- und Herbstkuren werden durch Reflexzonentherapie sinnvoll ergänzt.

Die Möglichkeiten der Selbstbehandlung von Krankheiten durch Reflexzonentherapie beschränken sich auf einfache, erkennbar harmlose und eindeutige Gesundheitsstörungen. Das heißt nicht, daß Reflexzonenmassage nur bei banalen Krankheiten hilft, der Fachmann kann viele Erkrankungen allein oder ergänzend über die Fußzonen günstig beeinflussen, weil er auf Grund seiner Ausbildung und Erfahrung die richtige Diagnose stellt und alle notwendigen therapeutischen Maßnahmen ausschöpft.

Der Laie, dem tiefere medizinische Kenntnisse fehlen, kann durch Reflexzonentherapie aber allenfalls zufällige Heilergebnisse erzielen. Es genügt nämlich nicht, beispielsweise bei einer Magenkrankheit nur die Magenzone zu behandeln, das lindert nur Symptome. Erst die kombinierte Therapie verschiedener Reflexzonen, die teils gegen die Beschwerden, teils gegen die Ursachen gerichtet ist, heilt eine Krankheit vollständig aus.

Die Beschränkung der Selbsthilfe auf einfache, eindeutige Erkrankungen und auf Soforthilfe bei akut auftretenden Beschwerden bis zur Konsultation des Fachmanns gilt nicht nur für die Fußreflexzonentherapie, sondern für jede Form der Selbstbehandlung. Zu groß ist die Gefahr, durch Selbsthilfe für einige Zeit zum »eingebildeten Gesunden« zu werden, weil Symptome nur zugedeckt werden, bis es für wirksame fachmännische Therapie vielleicht zu spät ist.

Auch die Selbsthilfe bei einfachen Krankheiten sollte sich möglichst nicht auf die Massage einer (oder einiger) schmerzenden Reflexzone(n) beschränken, sondern den Fuß insgesamt durcharbeiten. Der Organismus bildet eine Ganzheit, Störungen eines Teils wirken sich direkt oder indirekt auf den übrigen Körper aus. Die Massage aller Reflexzonen nach dem im Kapitel über den Ablauf der Reflexzonenmassage beschriebenen Schema und mit dem richtigen, individuell angepaßten Grundbegriff bewirkt eine allgemeine Harmonisierung der Körperfunktionen im Sinne der ganzheitlichen Therapie. Ergänzt wird diese Behandlung bei Bedarf durch den bei der Grifftechnik beschriebenen Sedierungsgriff gegen akute Beschwerden.

Auf die einzelnen Heilanzeigen der Massage und die einzelnen Reflexzonen, die zur Linderung von Symptomen und Beseitigung von Krankheitsursachen angewendet werden, kommen wir später noch ausführlich zu sprechen.

Bei der Fußreflexmassage müssen stets die individuellen Reaktionen beachtet werden. Darüber berichteten wir weiter vorne schon ausführlich.

Hilfsmittel für die Fußreflexzonentherapie

Im Gegensatz zur üblichen Massage der Muskulatur und des Gewebes verwendet die Reflexzonentherapie keine Massageöle. Sie sind überflüssig, unter Umständen könnten sie die Wirkung sogar behindern. Erst nach beendeter Massage kann man die Füße mit einem guten, durchblutungsfördernden Hautfunktionsöl oder einer entsprechenden Salbe pflegen. Die bessere Durchblutung steigert den Effekt der Reflexzonentherapie.

Die Öle oder Salben sollten keine chemischen Zusätze enthalten, sondern aus pflanzlichen Wirkstoffen bestehen. In Reformhäusern, Apotheken und Drogerien erhält man solche natürlichen Pflegemittel in großer Auswahl.

Fußsprays mit geruchs- und schweißhemmender Wirkung sind nicht angezeigt. Zu den erwünschten Heilreaktionen der Fußmassage gehört unter anderem die Ausscheidung von Schlacken und Giftstoffen mit dem Fußschweiß. Sprays behindern diese Ausscheidung und können die Wirkung der Reflexzonentherapie vermindern. Auch am übrigen Körper sollten keine schweißhemmenden Deos gebraucht werden (zumindest nicht für die Dauer der Therapie, besser niemals), weil sich die vermehrte Schweißproduktion nicht auf die Füße beschränken muß. Gegen unangenehmen Schweißgeruch, der durch bakterielle Zersetzung entsteht, helfen seifenfreie Waschmittel (Syndets), die dem natürlichen Hautsäurewert (pH-Wert) entsprechen und biologisch desodorieren, ohne die Schweißbildung zu hemmen. (Ich verordne in der Praxis »Eubos« oder »Sebamed«, beides in Apotheken oder Drogerien erhältlich.)

Inzwischen gibt es auch mechanische Hilfsmittel zur Fußmassage in Form von Rollen, Kugeln, Matten und Platten aus unterschiedlichem Material. Sie werden zur Selbsthilfe angeboten und versprechen eine ähnliche Wirkung wie die Reflexzonenmassage mit der Hand. Dabei wird die einfachere Anwendung und die Zeitersparnis hervorgehoben, weil diese Hilfsmittel praktisch nebenbei unter den Fußsohlen hin- und herbewegt werden können.

Grundsätzlich gibt es gegen solche Hilfen keinen Einwand, allerdings kann man davon auch nicht die Wirkung der Reflexzonentherapie erwarten. Der tastende, fühlende und individuell dosierende Finger läßt sich nicht so einfach ersetzen. Die Massage mit Hilfsmitteln läuft zu schematisch ab und beeinflußt oft nur oberflächlich die Symptome, aber nicht gezielt die individuellen Zonenkombinationen, die zur Beseitigung von Krankheitsursachen behandelt werden müßten. Deshalb haben diese Hilfsmittel ihre Berechtigung nur zur vorbeugenden Behandlung. Sie bewirken eine bessere Durchblutung, Erwärmung und Entspannung der Füße, die sich reflektorisch harmonisierend auf innere Organe auswirkt. Ob das zur täglichen Gesundheitsvorsorge ausreicht, kann nur im Einzelfall beurteilt werden. Am besten läßt man sich vor dem Kauf eines solchen Hilfsmittels von einem Fachmann beraten.

Falsch wäre es in jedem Fall, vor der Reflexzonentherapie mit dem Finger ein solches Hilfsmittel anzuwenden, weil dadurch der Tast- und Sichtbefund verfälscht werden könnte.

Ergänzende biologische Heilverfahren

Die Reflexzonentherapie am Fuß erhebt nicht den Anspruch, ein Allheilmittel zu sein. Sie kann nicht mehr und nicht weniger, als Störungen der Energie im Körper zu harmonisieren, Blut- und Lymphversorgung anzuregen, die Ausscheidung von Schlacken und Giften aus dem Körper zu verstärken und die Abwehrkraft zu erhöhen, so daß entweder keine Krankheiten auftreten oder bestehende Krankheiten beseitigt werden. Ob das allein ausreicht, ist immer nur individuell vom Fachmann zu beurteilen.

Es ist leicht einzusehen, daß tägliche oder kurmäßig einige Wochen lang durchgeführte Reflexzonentherapie am Fuß auf Dauer Gesundheitsschäden nicht verhindern kann, wenn nicht durch sinnvolle Reform falscher Lebens- und Ernährungsgewohnheiten für günstige Voraussetzungen gesorgt wird.

Wer in der Fußreflexzonenmassage nur ein Mittel sucht, um andere schwerwiegende Fehler auszugleichen, wird zwar nicht gänzlich enttäuscht, kann aber keinen optimalen und dauerhaften Erfolg erwarten. Der Entschluß, durch Reflexzonenmassage Krankheitsrisiken zu vermindern, sollte deshalb von einer selbstkritischen Bestandsaufnahme gesundheitsschädlicher Verhaltensweisen – wie falsche Kost, Bewegungsmangel und Genußmittelmißbrauch – begleitet werden. Alles, was dabei als Risikofaktor entlarvt wird, muß dann konsequent verändert werden, nur so tut man wirklich alles, um gesund zu bleiben.

Bei bestehenden Krankheiten muß der Therapeut je nach Einzelfall entscheiden, ob die Fußreflexzonentherapie allein genügt oder durch andere Heilmethoden, die entweder gleichzeitig, vorher oder nachher verabreicht werden, ergänzt werden muß.

In erster Linie eignen sich zur Unterstützung andere naturgemäße Heilverfahren, wie Homöopathie, Pflanzenheilkunde, Diät, Neuraltherapie oder Wasserbehandlung nach Pfarrer Kneipp. Aber auch andere Massagetechniken, Lymphdrainage, Chiropraktik und Akupunktur sind zur Ergänzung angezeigt. Manchmal wird eine Behandlung vielleicht auch durch chemische Arzneimittel eingeleitet werden müssen, wenn eine Krankheit rasche Linderung von Beschwerden erfordert oder drohende Komplikationen verhindert werden müssen. Dann schließt sich die gegen die eigentlichen Krankheitsursachen wirksame Reflexzonenmassage an, die zugleich auch mögliche Therapieschäden mildern kann.

Zur Selbsthilfe bei einfachen Erkrankungen genügt oft die Reflexzonenmassage, bei Bedarf ergänzt man durch Naturheilmittel, nicht durch chemische Arzneimittel. Wenn das nicht ausreicht, sollte bald der Fachmann aufgesucht werden.

Heilanzeigen der Reflexzonentherapie

Die Reflexzonen der Füße stellen ein verkleinertes Abbild des gesamten Körpers und seiner Organe dar. Außerdem stehen praktisch alle inneren Organe mit Reflexzonen der Haut in Verbindung. Daher kann man über die Körper- und/oder Fußreflexzonen nahezu jedes innere Organ reflektorisch beeinflussen. Hinzu kommt die allgemeine Wirkung der Massage durch Anregung der Körperabwehr, Ausscheidung von Schlacken- und Giftstoffen.

Deshalb steht uns in der Reflexzonentherapie ein natürliches Heilmittel mit zahlreichen Anwendungsgebieten und Heilanzeigen zur Verfügung. Als Allheilmittel freilich darf man auch diese Therapie nicht mißverstehen; es gibt verschiedene Erkrankungen, bei denen sie nicht helfen kann oder überhaupt nicht angewendet werden darf. Ohnehin bleiben viele Heilanzeigen dem Fachmann vorbehalten.

Die Gegenanzeigen der Reflexzonenmassage

Es gibt kein Heilmittel, das in jedem Fall angezeigt ist, praktisch jede Behandlungsmethode eignet sich in bestimmten Fällen weniger gut oder überhaupt nicht. Diese Regel gilt auch für die Reflexzonentherapie, bei der aber nur einige wenige Gegenanzeigen zu beachten sind.

Gegenanzeigen und Vorsichtsmaßnahmen bei der Eigenbehandlung der Körperreflexzonen

Die Reflexzonenmassage am Körper und/oder an den Füßen kann fast alle Gesundheitsstörungen, also auch ernstere Erkrankungen, allein oder unterstützend neben anderen Heilverfahren behandeln. Dieses erstaunlich breite Anwendungsspektrum erklärt sich daraus, daß die Therapie nicht nur örtlich gegen bestimmte körperliche und/oder körperlich-seelische Funktionsstörungen wirksam ist, sondern ganzheitlich auf den gesamten Organismus wirkt und meist auch noch das Seelenleben günstig beeinflußt. Es kommt dabei hauptsächlich zur natürlichen Anregung der Selbstheilungsregulationen von Körper und Psyche mit Normalisierung aller gestörten Körperfunktionen und Harmonisierung ihres Zusammenspiels.

Mit dieser umfassenden Wirkung erfüllt die Reflexzonentherapie zwei Grundforderungen jeder naturgemäßen Therapie:

- Sie wirkt ganzheitlich auf Körper, Geist und Seelenleben, eine unabdingbare Voraussetzung, weil man Krankheiten nicht isoliert als örtliche Störungen betrachten darf; stets ist der Mensch als Ganzes krank und muß deshalb auch als Ganzheit behandelt werden.
  Die zum Teil erstaunlichen Heilerfolge der modernen Biomedizin erklären sich nicht zuletzt daraus, daß sie diesem Ganzheitsprinzip konsequent folgt, während sich die Schulmedizin vorwiegend auf die Beseitigung des örtlichen Krankheitsgeschehens beschränkt. Das führt zwar zur raschen Unterdrükkung von Symptomen, aber es führt nicht zur vollständigen Ausheilung der Krankheitsursachen. Deshalb kehren bei einseitiger schulmedizinischer Therapie die gleichen Krankheitserscheinungen oft bald zurück, oder die nach wie vor bestehenden Krankheitsfaktoren führen schließlich zu anderen Erkrankungen.
- Sie bedient sich zur Heilung des »inneren Arztes«, das heißt der natürlichen Selbstheilungskräfte des Körpers, die universell gegen alle Krankheiten wirksam sind. Durch die Anregung dieser natürlichen Regulationsvorgänge werden die Ursachen von Erkrankungen – nicht nur die Symptome – beseitigt, und das bildet die Grundvoraussetzung für jede dauerhafte Heilung.
  Auch die schulmedizinische Behandlung durch chemische Arzneimittel kann nicht ausreichend helfen, wenn man daneben nicht die Abwehrfunktionen des Körpers aktiviert. Leider wird das aber immer noch oft in maßloser Selbstüberschätzung »vergessen« und statt dessen nur an den Symptomen »herumgedoktert«.

Diese zwei Wirkungsprinzipien der Reflexzonentherapie – überhaupt jeder biologischen Behandlung – bedeuten aber zugleich, daß sie nicht bei jeder Erkrankung (zumindest nicht zur alleinigen Therapie) angezeigt ist. Es dauert immer einige Zeit, bis die Selbstheilungskräfte des Körpers so stark aktiviert sind, daß sie die Krankheitsursachen aus eigener Kraft überwinden können. Und manchmal ist die natürliche Abwehr- und Widerstandskraft kaum vorhanden, so daß der Körper mit einer Erkrankung überhaupt nicht mehr fertig werden kann. Deshalb schließt die Reflexzonentherapie andere, auch chemische Heilmittel nicht aus, kann sie jedoch meist von Anfang an wirkungsvoll ergänzen und nach einer Besserung der Erkrankung allein zur vollständigen Heilung führen.

Daraus ergibt sich, daß die Selbstmassage der Reflexzonen in folgenden Fällen grundsätzlich nicht erlaubt ist:

- Bei akuten Erkrankungen, die von Anfang an das Allgemeinbefinden stärker in Mitleidenschaft ziehen und/oder andere, offensichtlich ernstere Beschwerden verursachen, nicht binnen 2–3 Tagen durch die Selbstbehandlung deutlich gebessert werden, sich trotz Behandlung sogar verschlimmern oder nach einer vorübergehenden Besserung oder scheinbaren Ausheilung in alter Stärke zurückkehren.
- Bei allen unklaren akuten und chronischen Krankheiten, deren genaue Diagnose dem Patienten selbst nicht möglich ist.
- Bei allen chronischen Leiden, die wegen der möglichen, vom Patienten nicht voraussehbaren Komplikationen unbedingt unter ständiger fachmännischer Verlaufskontrolle zu behandeln sind.
- Bei allen Krankheiten, die mit höherem Fieber, Bewußtseinsstörungen bis hin zur Bewußtlosigkeit, stärkeren Schmerzen und/oder Verkrampfungen oder Blutungen (ausgenommen eindeutig harmloses Nasenbluten) einhergehen; in solchen Fällen darf die Reflexzonenmassage allenfalls anstelle von Arzneimitteln zur Soforthilfe (vor allem zur Schmerzlinderung) durchgeführt werden, der Therapeut muß aber anschließend auch dann rasch konsultiert werden, wenn die Beschwerden rasch gelindert wurden.
- Bei allen Erkrankungen, die eine chirurgische Behandlung erfordern, denn die Reflexzonentherapie macht einen notwendigen operativen Eingriff natürlich nie überflüssig; unter fachmännischer Anleitung kann man durch natürliche Heilverfahren aber manche Operation, die nicht dringend erforderlich ist, doch noch vermeiden.
- Ferner ist die Reflexzonenmassage nicht erlaubt an entzündeten oder eiternden Hautpartien, über entzündeten Gelenken, an geschwollenen Körperpartien, über Krampfadern, Geschwüren, Leberflecken (Muttermalen) und Warzen.
- Strikt untersagt ist die Selbstmassage bei Krebspatienten, insbesondere dann, wenn die Gefahr besteht, daß Tochtergeschwülste (Metastasen) in andere Körperpartien »ausgesät« werden.
- Vorsicht ist schließlich auch noch geboten bei geschwächten, älteren Menschen und Patienten, die gerade eine schwere Krankheit oder Operation überstanden haben, sowie während der Schwangerschaft, insbesondere bei drohenden Fehl- und Frühgeburten und bei jenen Schwangeren, die in der Vergangenheit schon einmal Fehl- oder Frühgeburten erlitten haben. In solchen Fällen kann Reflexzonenmassage zwar nützlich sein, vorsorglich sollte man vorher aber stets den Therapeuten befragen.

Nach fachmännischer Anweisung kann im Einzelfall allerdings von den oben genannten Anwendungsbeschränkungen und Gegenanzeigen abgewichen und doch Reflexzonentherapie betrieben werden. So ist es zum Beispiel sogar bei Krebskrankheiten möglich, über Reflexzonen wenigstens die Schmerzen zu lindern; dazu wird die einfache Massage jedoch oft nicht genügen, sondern vom Therapeuten muß eine andere Form der Reflexzonentherapie angewendet werden. Und auch Gelenkentzündungen kann man reflektorisch gut beeinflussen, jedoch nicht direkt über dem Gelenk, sondern an weiter entfernten speziellen Reflexzonen; auch dabei wird der Fachmann aber häufig nicht (oder nicht allein) die Massage der Reflexzonen verordnen, sondern auch andere Methoden der Reflexzonentherapie (zum Beispiel Einreibungen und Injektionen) anwenden.

Bei allen oben aufgeführten Gegenanzeigen der Reflexzonentherapie vermag also immer nur der erfahrene Fachmann je nach individuellem Befund zu beurteilen, ob die Reflexzonenbehandlung nicht doch angezeigt sein kann und auf welche Weise sie erfolgen soll. Vor allem wird er dem Patienten auch zeigen, welche Reflexzonen durch welche Massagegriffe behandelt werden dürfen. Der Kranke führt dann also praktisch nur die Verordnungen seines Therapeuten aus, so wie er auch ein verschriebenes Medikament einnehmen würde.

Gegenanzeigen und Vorsichtsmaßnahmen bei der Massage der Fußreflexzonen

Da die Füße ein verkleinertes Abbild des ganzen Körpers darstellen, wirkt die Massage der dort befindlichen Reflexzonen auch auf den gesamten Organismus. Deshalb gelten im Prinzip auch dafür sinngemäß die bei der Körperreflexzonenmassage genannten Vorsichtsmaßnahmen und Gegenanzeigen. Hinzu kommen noch die folgenden, speziell für die Reflexzonenarbeit am Fuß geltenden Einschränkungen. Diese Einschränkungen sollten Sie unbedingt beachten; im Zweifelsfall muß vor einer Selbstbehandlung immer erst der Fachmann befragt werden.

Fußpilzinfektionen
Viele Menschen leiden unter solchen oft stark juckenden Pilzinfektionen, die meist zwischen den Zehen beginnen und sich auf Zehennägel und andere Fußbezirke ausbreiten können. Aus der Sicht der Reflexzonentherapie sind solche Infektionen auch diagnostisch bedeutsam, denn oft besteht in den Zonen, an denen sie auftreten, eine Störung, die sich reflektorisch den zugehörigen inneren Organen mitteilt oder die umgekehrt durch Erkrankungen solcher Organe verursacht wurde.

Die Häufigkeit solcher Infektionen steht mit der heute üblichen Ernährung, die zu viel Zucker in verschiedener Form enthält, in Zusammenhang, weil dadurch die Anfälligkeit für Hautpilz erhöht wird. Hinzu kommen synthetische Strümpfe und Schuhe, die zu vermehrtem Fußschweiß führen, was günstige Voraussetzungen für Pilzinfektionen schafft. Schließlich kann der häufige Besuch öffentlicher Bäder und Saunen eine Rolle spielen, wenn die Desinfektionsmöglichkeiten nicht genutzt werden.

Fußpilzinfektionen sind keineswegs so harmlos, wie oft angenommen wird. Ernste Hautschäden können dadurch entstehen, schlimmstenfalls wird die Infektion in innere Organe verschleppt. Deshalb dürfen infizierte Fußzonen nie behandelt werden. Ob man bei Fußpilz ganz auf Reflexzonentherapie verzichten muß, bis die Infektion fachmännisch ausgeheilt wurde, oder nur die erkrankten Zonen bei der Massage ausspart, hängt von der Ausdehnung ab. Jedenfalls müssen Füße und Hände nach der Massage sehr sorgfältig desinfiziert werden.

Durch Vermeidung der oben genannten Risikofaktoren, täglichen Wechsel von Schuhen und Strümpfen, durch Verzicht auf synthetisches Material und durch häufiges Barfußlaufen kann man Fußpilz vorbeugen.

Infektionskrankheiten mit Fieber
Hier muß man unterscheiden zwischen banalen Infektionen mit erhöhter Körpertemperatur – zum Beispiel Erkältung – und ernsteren Infektionskrankheiten mit höherem Fieber. Im ersten Fall darf durch Reflexzonenmassage behandelt werden, bei schwereren Infektionen dagegen ist die Therapie im akuten Stadium nicht angezeigt. Das erklärt sich vor allem aus den möglichen Reaktionen auf die Fußmassage, die den durch Infektion und Fieber ohnehin schon stark belasteten Körper vollends überfordern könnten.

Venen- und Lymphentzündungen
Akute Entzündungen der Venen, Lymphgefäße und Lymphknoten verbieten die Reflexzonentherapie. Bekanntlich führt die Massage der Fußzonen unter anderem zur Anregung der Durchblutung und des Lymphflusses. Bei den genannten Krankheiten, die immer fachmännisch behandelt werden müssen, ist diese Wirkung im akuten Stadium unerwünscht und könnte unter Umständen sogar zu Komplikationen führen. Mit fachmännischer Erlaubnis darf Reflexzonentherapie aber zur Nachbehandlung verabreicht werden.

Brand am Fuß
Absterbendes und sich zersetzendes Gewebe am Fuß mit bräunlich-schwarzer Verfärbung verbietet die Reflexzonenmassage. Solche Gangräne entstehen häufig an den Zehen als Folge von Durchblutungsstörungen, bevorzugt sind ältere Menschen mit Arterienverkalkung betroffen. Sie müssen unbedingt fachmännisch behandelt werden, wegen der Gefahr von Komplikationen ist jede eigenmächtige Manipulation strikt zu unterlassen.

Sudecksche Krankheit
Diese Krankheit betrifft häufig einen Fuß. Sie geht mit krankhaften Veränderungen des Gewebes und der Knochen einher. Verursacht wird sie durch Nervenfehlfunktionen bei zusätzlicher Einwirkung anderer schädlicher Einflüsse (wie Entzündung, Verletzung, Hormonstörungen).

Die Krankheit verläuft in 3 Stadien: Zunächst kommt es zur Rötung und Schwellung der Haut mit Hitzegefühl und Schmerzen bei Bewegungen, im 2. Stadium wird der Fuß kalt und verfärbt sich bläulich, die Haut wirkt glänzend und beginnt ebenso wie die Muskulatur zu schwinden, die Beweglichkeit ist eingeschränkt. Das letzte Stadium wird durch fortschreitenden Schwund des Gewebes, Knochenentkalkung und Gelenkversteifung gekennzeichnet. Bei Verdacht auf Morbus Sudeck muß der Fachmann aufgesucht und jeglicher Therapieversuch an den Reflexzonen unterlassen werden.

Risikoschwangerschaften
Grundsätzlich stellen Schwangerschaften keine Kontraindikation der Reflexzonentherapie dar. Die Anwendung sollte aber mit dem Fachmann abgesprochen werden, denn bei bestimmten Schwangerschaftsrisiken ist die Fußmassage verboten. Das gilt vor allem bei drohender Frühgeburt und für Frauen, die früher schon Fehlgeburten erlitten.

Die wenigen Kontraindikationen der Fußreflexzonentherapie beschränken sich also auf Krankheiten, die grundsätzlich immer fachmännisch behandelt werden müssen. Bei allen anderen Erkrankungen ist die

Fußmassage grundsätzlich – zumindest unterstützend – erlaubt, sofern der Therapeut im Einzelfall aus besonderen Gründen nicht davon abrät. Er muß immer befragt werden und sollte bei Bedarf auch die erste Anwendung durchführen, unter Umständen rät er aber auch von jeglicher Selbsthilfe ab und wendet die Massage selbst als Heilmittel an oder überweist den Patienten zu einem ausgebildeten Reflexzonentherapeuten.

Reflexzonentherapie zur Vorbeugung von Krankheiten

Die Reflexzonenmassage verbessert bei Gesunden die Widerstandskraft gegen viele Krankheiten, weil sie Energiestörungen beseitigt, die Körperfunktionen harmonisch aufeinander abstimmt und die Abwehrregulationen anregt und stärkt. Hinzu kommt die vermehrte Ausscheidung von Schlacken und Giften mit Stuhl und Harn, über die Haut und die Schleimhäute. Diese Wirkungen empfehlen vor allem die Reflexzonenarbeit am Fuß als hochwirksames, unschädliches und natürliches Mittel zur regelmäßigen Gesundheitsvorsorge in Selbsthilfe.

Neben der einfacheren und auch etwas kürzeren Reflexzonenmassage am Fuß spielt für die Gesundheitsvorsorge auch die Therapie an den Reflexzonen des Körpers eine Rolle. Sie kann, muß aber nicht unbedingt jeden Tag durchgeführt werden, sondern sollte die Behandlung an den Fußreflexzonen mindestens 1mal wöchentlich ergänzen.

Da wir über die Besonderheiten der vorbeugenden Massage an den Körperreflexzonen weiter vorne bereits mehrfach ausführlich berichtet haben, beschränken wir uns an dieser Stelle darauf, die Reflexzonenarbeit an den Füßen, die im Vordergrund der täglichen Gesundheitsvorsorge steht, nochmals zusammenfassend darzustellen.

Die vorbeugende Behandlung umfaßt am besten alle Fußreflexzonen, denn Vorsorge sollte ganzheitlich erfolgen. Dazu werden die Füße nach dem Schema, das beim Ablauf der Reflexzonenmassage beschrieben wurde, von den Kopf- bis zu den Lymphzonen systematisch mit dem Grundgriff durchgearbeitet. Selbstverständlich kann die Therapie auch gezielt über einzelnen Zonen angewendet werden, wenn die erste diagnostische Abtastung in bestimmten Bereichen besondere Krankheitsrisiken ergab. Eine solche gezielte Vorsorge überläßt man aber besser dem Fachmann.

Zur Vorbeugung kann auch die Anwendung eines Reflexzonenrollers oder anderer Hilfsmittel genügen. Allerdings wird dadurch keine Reflexzonentherapie im eigentlichen Sinn möglich, sondern nur eine indirekte Wirkung auf die Fußzonen, vor allem auf die Fußsohlen. Wir verweisen dazu auf das Kapitel über die Hilfsmittel für die Fußreflexzonentherapie.

Gesundheitsvorsorge durch Fußreflexzonenmassage kann täglich betrieben werden. Es genügt, die Fußzonen einmal durchzuarbeiten; das bedeutet einen Zeitaufwand von ungefähr 10–15 Minuten, den wohl jeder für seine Gesundheit erübrigen kann. Allerdings ist die tägliche einmalige Massage der Fußreflexzonen nur eine Mindestanforderung. Verbessert wird die vorbeugende Wirkung der Therapie an den Füßen, wenn man sie 2mal am Tag jeweils etwa 5–8 Minuten lang durcharbeitet. Falls bei täglicher Behandlung zu heftige Reaktionen auftreten, reduziert man die vorbeugende Anwendung auf 2- bis 3mal wöchentlich.

Statt dessen ist es auch möglich, mehrmals jährlich kurmäßig je 4–6 Wochen lang täglich oder 2- bis 3mal wöchentlich vorbeugend Reflexzonentherapie durchzuführen. Günstigste Zeiten dazu sind Frühjahr und Herbst, wenn die Umstellungen erheblich belasten. Die Therapie hilft dann auch, diese körperlichen Veränderungen besser zu ertragen. Auch bei der Intervallkur zur Gesundheitsvorsorge empfiehlt es sich, wenigstens 1mal wöchentlich vorsorglich die Fußreflexzonen und am besten zusätzlich auch den gesamten Körper zur Diagnose durchzuarbeiten. Dann kann man beginnende Erkrankungen frühzeitig erkennen und behandeln, ehe daraus eine akute ernstere Krankheit entsteht.

Vorbeugende Reflexzonentherapie ist praktisch in jedem Alter möglich, sogar bei Kleinkindern und alten Menschen. Gerade Kinder sprechen meist ausgezeichnet darauf an, wie sie überhaupt auf biologische Heilmethoden in der Regel schneller als Erwachsene positiv reagieren. Kleinkinder und alte Menschen bedürfen allerdings einer besonders einfühlsamen Anwendung, um Überreaktionen zu vermeiden. Dazu braucht man Fingerspitzengefühl, das ein Buch nicht vermitteln kann, sondern das aus praktischer Erfahrung entsteht. Zur Selbstbehandlung im höheren Alter muß gewährleistet sein, daß die Beweglichkeit noch ausreicht, um die Füße mühe- und schmerzlos in die richtige Behandlungsposition zu bringen.

Im Verlauf der vorbeugenden Fußmassage kann es vorkommen, daß stärkere Schmerzen in einzelnen Zonen auf beginnende Erkrankungen hinweisen. Durch Fortsetzung der Therapie im gewohnten Rhythmus oder häufiger kann es gelingen, die Krankheit im Vorstadium wieder zu beseitigen. Unklare Beschwerden sollten aber Anlaß zur baldigen fachmännischen Untersuchung sein, damit eine Krankheit nicht unnötig verschleppt wird. Auch alle anderen unklaren Beschwerden und Begleiterscheinungen der Reflexzonenvorbeugung erfordern Klärung durch den Therapeuten, ehe man die Anwendung fortsetzt.

Gesundheitsvorsorge darf sich nicht auf Reflexzonenmassage beschränken, sondern muß auch andere Risikofaktoren ausschalten. Unentbehrlich ist zusätzlich vor allem vollwertige Ernährung, Einschränkung oder Verzicht auf Genußmittelkonsum und ausreichend Bewegung. Die tägliche Ernährung soll mindestens 30%, besser bis zu 50% Rohkost und genügend vollwertige Getreideprodukte enthalten, der übliche übermäßige Fleisch-, Wurst- und Fettkonsum sollte aber stark eingeschränkt werden.

Zur Bewegungstherapie gilt als Mindestmaß täglich 2mal 5 Minuten Gymnastik und wöchentlich 3mal je mindestens 30 Minuten Bewegung im Freien. Zusammen mit regelmäßiger Reflexzonenmassage wirkt sich das bald deutlich auf Gesundheit und Leistungsvermögen aus.

Einzelne Heilanzeigen

Reflexzonenmassage ist bei den meisten Krankheiten zumindest zur Ergänzung anderer Behandlungsmethoden und zur Soforthilfe bei akut auftretenden Beschwerden angezeigt. Die zahlreichen einzelnen Heilanzeigen können hier unmöglich auch nur annähernd vollständig aufgezählt werden, wir beschränken uns auf die wichtigsten und häufigsten Krankheiten. Manche der nachstehend genannten Krankheiten kann man selbst behandeln, andere nur entsprechend der fachmännischen Anweisung.

Zur therapeutischen Reflexzonenmassage am Körper kommen alle vier Massagegriffe, die weiter vorne zur Selbstbehandlung beschrieben wurden, in Frage. Wir werden später bei den einzelnen Krankheiten angeben, welcher Massagegriff sich am besten eignet. Da aber jeder Mensch anders auf die Reflexzonentherapie reagiert, müssen Sie sich nicht unbedingt strikt an diese Angaben halten. Am besten wenden Sie zunächst die im Buch empfohlene Massagetechnik an. Wenn dadurch nicht bald eine spürbare Wirkung erzielt wird, können Sie es auch mit einem der anderen Massagegriffe versuchen, vielleicht wirkt er speziell in Ihrem Fall besser als bei den meisten anderen Menschen.

Bevor Sie mit der Behandlung der angegebenen Körperzonen beginnen, vergewissern Sie sich, daß Sie alle weiter vorne beschriebenen Voraussetzungen geschaffen haben und vor allem auch die Massagetechnik richtig beherrschen. Falls Sie sich unsicher fühlen, lesen Sie besser noch einmal im Buch nach, ehe Ihnen Fehler bei der Massage unterlaufen. (Das gilt sinngemäß natürlich auch für die Reflexzonenarbeit am Fuß.)

In Ausnahmefällen kann es vorkommen, daß die im Buch bei einer Krankheit angegebenen Körperzonen beim diagnostischen Abtasten weder Druckschmerzen noch Verhärtungen aufweisen und die Massage dieser Zonen zu keiner spürbaren Wirkung führt. Auch das erklärt sich dann aus den individuellen Reaktionen des Körpers, die in diesem Buch unmöglich alle berücksichtigt werden können. Wir beschränken uns darauf, jene Reflexzonen anzugeben, die bei den meisten Menschen zur Behandlung der einzelnen Krankheiten nützlich sind. Wer also individuell anders reagiert, verfährt zunächst so, wie es weiter vorne zur Diagnose von unbekannten Krankheiten beschrieben wurde (auch wenn die Erkrankung genau bekannt ist), um beim Durcharbeiten des ganzen Körpers die individuell richtigen Reflexzonen zu ermitteln. Durch deren Massage kann die Krankheit dann gezielt behandelt werden.

Bei der Reflexzonentherapie am Fuß, die am besten gemeinsam mit der Massage der Körperzonen angewendet wird, um die Wirkung zu verstärken, gelten im Prinzip ebenfalls die genannten Grundregeln. Zur Behandlung der folgenden Krankheiten hat sich fast immer der weiter vorne ausführlich beschriebene Sedierungsgriff über den am meisten schmerzenden Fußreflexzonen zur Soforthilfe bewährt, um die Beschwerden möglichst rasch zu lindern. Die Sedierung bedeutet aber noch keine Ausheilung. Deshalb behandelt man nach Besserung mit dem weiter vorne ebenfalls beschriebenen Grundmassagegriff bis zur völligen Heilung fort.

An den Füßen unterscheidet man zwei Arten von Reflexzonen, die – abhängig vom individuellen Tastbefund – zur erfolgreichen Therapie gemeinsam beeinflußt werden sollen, und zwar:

- *Symptomzonen,* die unmittelbar auf das kranke Organ wirken (bei Magenbeschwerden also zum Beispiel die Magenreflexzone) und durch normale Grifftechnik oder den Sedierungsgriff behandelt werden. In diesen Zonen treten bei der ersten diagnostischen Abtastung oft auch die stärksten Schmerzen auf.
- *Kausalzonen,* über die Krankheitsursachen und Körperfunktionen, die durch Fernwirkung einer Krankheit in Mitleidenschaft gezogen werden, zu beeinflussen sind. Auch in diesen Reflexzonen treten bei der ersten diagnostischen Abtastung oder unter Umständen auch erst im weiteren Verlauf der Therapie meist Schmerzen auf.

Umfassende Reflexzonentherapie erfordert Massage beider Zonenarten, um eine Krankheit auszuheilen. Zur Selbsthilfe bei einfachen Erkrankungen wird in der Regel der ganze Fuß (wie bei der Vorbeugung) systematisch von den Kopf- bis zu den Lymphzonen behandelt. Dadurch massiert man mit Sicherheit die entsprechenden Kausal- und Symptomzonen, während bei gezielter Anwendung der Therapie über einzelnen Zonen leicht eine wichtige Kausalzone vergessen werden kann.

Nur wer über einige Erfahrung verfügt oder vom Therapeuten dazu angeleitet wurde, kann auch die entsprechenden einzelnen Reflex-Symptom- und Kausalzonen erkrankter innerer Organe behandeln. Die folgenden Therapievorschläge geben dazu Orientierungshilfen.

Allerdings müssen die hier aus praktischer Erfahrung zu den verschiedenen Krankheiten genannten einzelnen Zonen nicht unbedingt stimmen, individuelle Abweichungen sind möglich. Die Angaben dürfen also nicht als »Rezept« mißverstanden werden; die im Einzelfall richtigen Reflexzonen ergeben sich immer aus dem individuellen Tast- und Sichtbefund und können sich auch im Verlauf der Therapie verändern. In der Mehrzahl der Fälle aber genügen die hier angeführten Reflexzonen zur Soforthilfe oder Therapie.

Die Dauer der Selbstbehandlung richtet sich nach dem individuellen Krankheitsverlauf. Grundsätzlich gilt: Solange durch Reflexzonenmassage noch Reaktionen ausgelöst werden können oder die Symptome nicht vollständig verschwunden sind, setzt man die Behandlung fort. Wenn die Besserung zu lange auf sich warten läßt, sollte die fachmännische Untersuchung auch bei einfachen Erkrankungen nicht zu lange verzögert werden, vielleicht hilft Reflexzonentherapie nicht ausreichend und muß durch andere Heilverfahren unterstützt werden.

Die verschiedenen Krankheiten wurden nach den Organsystemen in große Gruppen unterteilt, um die rasche Orientierung zu erleichtern. Innerhalb jeder Gruppe erfolgt die Gliederung in alphabetischer Reihenfolge.

Zu den meisten hier vorgestellten Erkrankungen lernen Sie die Körper- und Fußreflexzonen kennen, die sich zur erfolgreichen Therapie bei fast allen Patienten bewährt haben. Wenn bei einer Krankheit ausnahmsweise nur die Körper- oder Fußreflexzonen angegeben werden, dann gibt es dazu entweder keine anderen Zonen mehr oder die darüber hinausgehende Behandlung kommt nicht zur Selbsthilfe in Frage.

Herz-Kreislauf-Krankheiten

Funktionsstörungen und Erkrankungen am Herzen und am Blutgefäßsystem sind weit verbreitet. Häufig stehen sie mit falscher Ernährung, Bewegungsmangel, Übergewicht und Streß in Zusammenhang und gelten daher auch als »Zivilisationsseuchen«. Die Ursachen solcher Krankheiten können durch Reflexzonentherapie allein nur selten vollständig beseitigt werden, meist ist dazu auch eine Reform falscher Lebens- und Ernährungsgewohnheiten erforderlich. Wer das nicht beachtet, kann die Erkrankungen durch Fußmassage allenfalls bremsen und lindern, aber nicht heilen.

In der Fachliteratur berichten Ärzte und Heilpraktiker vor allem über gute Erfolge mit der Reflexzonenmassage bei Blutdruckstörungen, verschiedenen Herzkrankheiten, Durchblutungs- und Kreislaufstörungen sowie bei Gefäßerkrankungen. Diese Ergebnisse können aus eigener Erfahrung bestätigt werden.

Hoher Blutdruck

Zu hoher Blutdruck gilt als Risikofaktor für Herz- und Gefäßkrankheiten, da er Herz und Blutgefäße ständig überlastet. Deshalb muß er konsequent behandelt werden, notfalls lebenslang. Fachmännische Überwachung des Krankheitsverlaufs ist immer erforderlich. Die sichere Diagnose ergibt sich aus der Messung des Blutdrucks mit einem medizintechnischen Gerät.

Von Hochdruck spricht man, wenn mehrere Messungen zu unterschiedlichen Tageszeiten regelmäßig Werte über 150–155/90–95 ergeben. Da der Blutdruck als individuelle Größe vielen Schwankungen unterliegt, sind mehrere Messungen, die man auch zu Hause durchführen kann, unerläßlich. Als allgemeine Warnzeichen treten vor allem Kopfschmerzen, Schwindel, Ohrensausen und gerötetes oder blasses Gesicht auf. Diese Symptome werden oft lange Zeit auf die leichte Schulter genommen, und die Behandlung unterbleibt, bis die Beschwerden dann doch so stark werden, daß der Therapeut konsultiert werden muß. Nicht selten entdeckt man den Bluthochdruck auch nur zufällig bei einer Untersuchung aus anderem Anlaß (die Blutdruckmessung gehört ja zur Routinekontrolle bei jeder Konsultation des Fachmanns). So vergeht unnötig viel Zeit, in der die Arterien (Verkalkung) und Nieren erheblich geschädigt werden können. Als Spätfolgen drohen hauptsächlich Herzinfarkt und Schlaganfall.

Übrigens dürfen auch schwankende Blutdruckwerte (labiler Hochdruck) nie als harmlos mißverstanden werden. Auch der häufige Wechsel zwischen normalem und zu hohem Blutdruck belastet Herz und Gefäße erheblich.

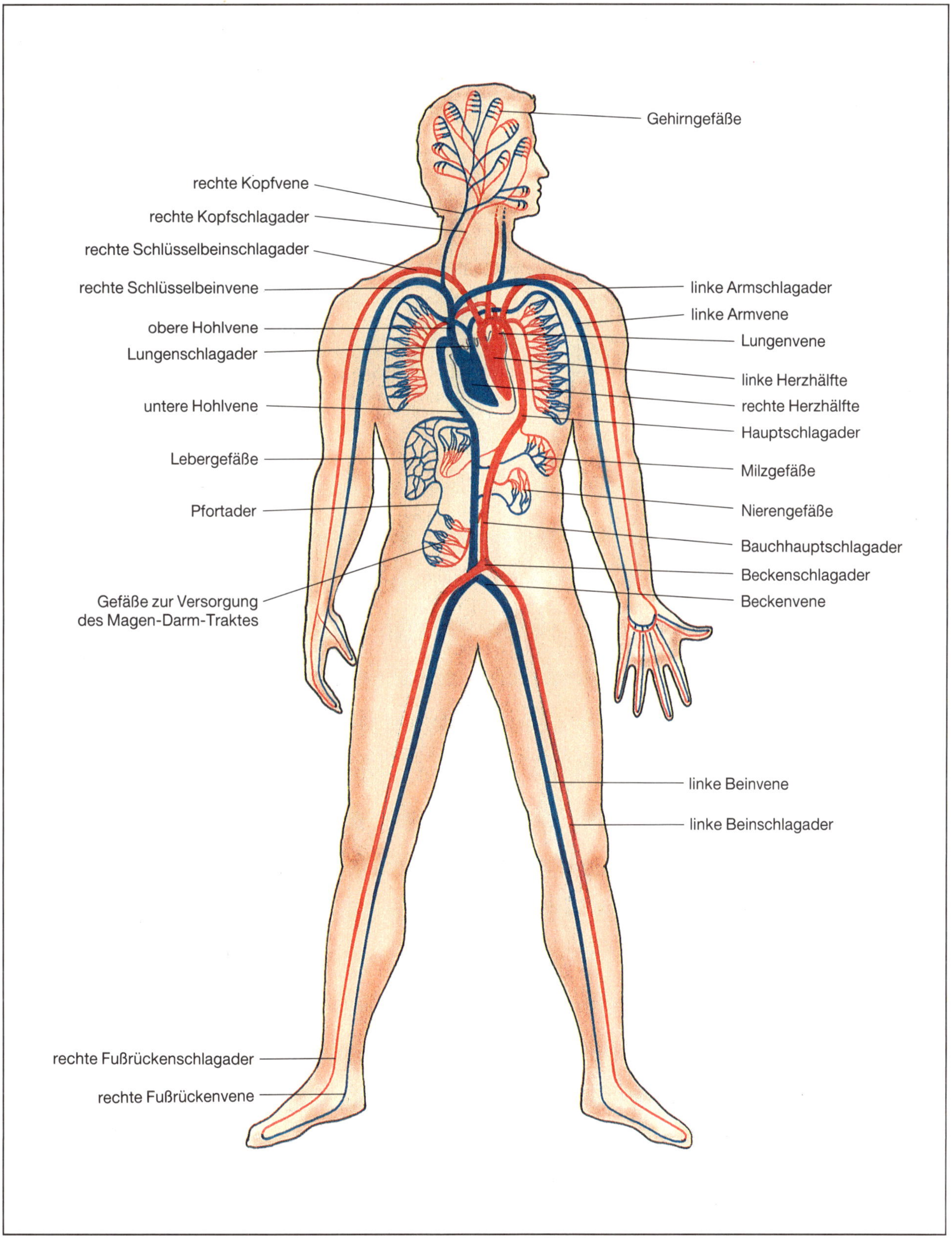

Abb. 36: Herz-Kreislauf-System

Die Ursachen des Hochdrucks lassen sich nicht immer genau ermitteln. Ungesunde Lebensführung mit häufigem übermäßigem Streß, Nikotinmißbrauch, Übergewicht und der heute übliche zu hohe Kochsalzkonsum tragen in vielen Fällen maßgeblich dazu bei. Auch Arterienverkalkung kann Bluthochdruck verursachen und wird dann durch ihn weiter verschlimmert. Außerdem kann es durch Allergien, Infektionskrankheiten, Nierenleiden, Störungen der Schilddrüsenfunktionen und anderer Hormondrüsen sowie bei ungünstigen seelisch-nervösen Einflüssen zur Erhöhung der Blutdruckwerte kommen. Oft wird vergessen, daß auch chronische Entzündungsherde, die vornehmlich an den Zahnwurzeln, Mandeln und Nebenhöhlen der Nase bestehen und selbst keine nennenswerten Beschwerden verursachen müssen, zu hohen Blutdruck begünstigen.

Da viele Faktoren zum Hochdruck beitragen, empfiehlt sich zur Selbstbehandlung die Massage aller Reflexzonen. Gezielte Behandlung ist durch Massage der Symptomzonen von Herz, Kopf, Nacken oder Zwerchfell (Sonnengeflecht) möglich. Zur Beseitigung der Ursachen werden die Kausalzonen des Schultergürtels, der Wirbelsäule, Nieren, Verdauungsorgane, Geschlechts- und anderen Drüsen behandelt. Unter Umständen müssen auch Krankheitsherde an Zähnen, Mandeln oder Nasennebenhöhlen zusätzlich über die entsprechenden Kopfzonen beeinflußt werden. Die Massage der Körperreflexzonen erfolgt beim Bluthochdruck am Rücken. Gut bewährt hat sich dabei das Ausstreichen, bei dem die Finger beider Hände locker über den Rücken gleiten. Behandelt wird durch Querstriche, die oben bei den Schultern beginnen und oberhalb des Gesäßes enden. Man fängt rechts oben auf der Schulter an und streicht mit den Unterseiten der Finger hinüber zur linken Schulter. Von dort streicht man etwas tiefer mit den Oberseiten der Finger zurück zur rechten Seite des Rückens, dann etwas tiefer wieder mit den Unterseiten der Finger nach links und so fort, bis der gesamte Rücken sanft behandelt wurde. Dadurch beeinflußt man gleichzeitig verschiedene Reflexzonen, die günstig auf die Ursachen des Bluthochdrucks wirken können.

Nach individueller Anweisung des Therapeuten können im Einzelfall auch noch andere Reflexzonen am Körper massiert werden.

Ergänzend ist salzarme Ernährung mit viel Rohkost und Entspannungstherapie angezeigt, oft müssen auch Arzneimittel eingenommen werden.

Niedriger Blutdruck

Ähnlich wie hoher Blutdruck verursachen auch zu niedrige Werte vor allem Kopfschmerzen und Schwindel. Die Messung ergibt einen systolischen Druck (1. Meßwert) unter 100. Typisch ist oft, daß sich die Beschwerden im Liegen abschwächen und beim Aufstehen schlagartig verstärken.

In der Regel ist niedriger Blutdruck unbedenklich (es gibt aber auch gefährliche Formen), aber meist sehr lästig. Fachmännische Untersuchung empfiehlt sich immer, um ernste Ursachen frühzeitig zu erkennen. Häufig stehen dahinter angeborene, nur schwer zu beeinflussende Ursachen. Aber auch Blutarmut, chronische Erschöpfungszustände, Unterernährung, seelisch-nervöse Störungen (vor allem Depressionen) und hormonelle Veränderungen können eine Rolle spielen. Sie müssen dann bei Bedarf zusätzlich gezielt behandelt werden.

Am Körper hilft gegen Blutunterdruck wieder das Ausstreichen der Reflexzonen am Rücken. Im Gegensatz zum Bluthochdruck wird aber nicht der gesamte Rücken behandelt, sondern nur die Herzzonen. Sie befinden sich auf der linken Körperhälfte. Zunächst massiert man oben auf der linken Schulter die eine Zone, die sich ungefähr in der Mitte zwischen Halsansatz und äußerer Schulterspitze befindet, um die Herzkraft zu verbessern. Danach sucht man innen neben dem linken Schulterblatt die zweite Herzzone, deren Massage günstig auf die Herzkranzgefäße und die große Körperhauptschlagader (Aorta) wirkt.

Die Fußreflexzonentherapie sollte wie beim Bluthochdruck am ganzen Fuß durchgeführt werden. Zur gezielten Behandlung kommen die beim Hochdruck genannten Symptom- und Kausalzonen in Frage, weil darüber eine Normalisierung aller Blutdruckstörungen (zu hoch wie zu niedrig) erzielt wird. Die Therapie soll durch mild abhärtende Wasseranwendungen (vor allem Wassertreten), viel Gymnastik und Bewegung im Freien ergänzt werden.

Durchblutungsstörungen – Kreislaufbeschwerden

Wir kennen einfache, harmlose Durchblutungs- und Kreislaufstörungen, die akut auftreten oder chronisch bestehen, und ernste bis lebensbedrohliche Zustände, die rasche ärztliche Hilfe erfordern. Reflexzonentherapie eignet sich besonders gut zur Besserung der chronisch kalten Hände und/oder Füße mit Blässe oder bläulicher Verfärbung der Haut, Mißempfindungen (wie Kribbeln, Taubheit) und Muskelschmerzen beim Gehen. Solche Beschwerden deuten oft auf Arterienverkalkung, seelisch-nervöse Gefäßkrämpfe oder allgemeine Schwäche- und Erschöpfungszustände hin. Als weitere Symptome treten oft Blutdruckschwankungen, Herzbeschwerden, Schwindelanfälle und Neigung zur Ohnmacht (Kollaps) auf.

Wenn keine Arterienverkalkung besteht, lassen sich die Ursachen oft nur schwer sicher nachweisen. Häufig muß man dann davon ausgehen, daß seelisch-nervöse Störungen oder ein hormonelles Ungleichgewicht (besonders in der Pubertät und während der Wechseljahre) die Beschwerden hervorrufen. Dagegen muß bei Bedarf dann zusätzlich gezielt nach fachmännischer Anweisung behandelt werden.

Die Selbstbehandlung über Körperreflexzonen kommt bei Durchblutungsstörungen nur dann in Betracht, wenn chronisch kalte Hände und/oder Füße mit anderen Mißempfindungen (Kribbeln, Ameisenlaufen, Taubheit) in den Gliedmaßen bestehen. Darüber informiert das nächste Kapitel ausführlich. Ansonsten behandelt man Durchblutungsstörungen über die Fußreflexzonen, sofern der Therapeut nichts anderes verordnet hat. (Siehe auch Schwindel.)

Die beste Wirkung erzielt man durch Harmonisierung aller Körperfunktionen über die gesamten Fußreflexzonen. Zur Besserung der Symptomatik werden gezielt vor allem die Symptomzonen der Wirbelsäule, der Lymphgebiete des Beckens oder des Schultergürtels beeinflußt. Hinzu kommen zur Langzeitbehandlung die Kausalzonen des Darms, des Leber-Gallenblasen-Systems, des Zwerchfells (Sonnengeflecht) oder der Drüsen (dabei vor allem der Bauchspeicheldrüse).

Der Therapeut, der Durchblutungsstörungen unbedingt untersuchen muß, verordnet bei Bedarf zusätzlich Arzneimittel, Kneippsche Wasseranwendungen, viel Bewegung, bei Arterienverkalkung eine fettarme, rohkostreiche Ernährung. Genußmittel, vor allem das Gefäßgift Nikotin, sind strikt zu meiden.

Glieder, chronisch kalte

Chronisch kalte Hände und/oder Füße sind weit verbreitet, vor allem Frauen leiden recht häufig darunter. Besonders unangenehm werden die kalten Füße nachts im Bett empfunden, weil dadurch der Schlaf erheblich gestört werden kann. Außerdem erhöht sich wegen der reflektorischen Zusammenhänge zwischen der Durchblutung der Füße und Nasenschleimhaut die Anfälligkeit für Infektionskrankheiten (Erkältung, Grippe) der Atemwege, und bei Frauen treten zudem vermehrt Katarrhe der Harnblase und Entzündungen anderer Unterleibsorgane auf.

Neben dem Kältegefühl kommt es häufig auch noch zu anderen Mißempfindungen in den betroffenen Gliedmaßen, insbesondere zum unangenehmen Kribbeln (»Ameisenlaufen«) und/oder Taubheitsgefühl. Die Haut wirkt wegen des Blutmangels weißlich oder bläulich verfärbt. In schweren Fällen kann es beim Gehen zu Wadenschmerzen und -krämpfen kommen; da davon häufig Raucher betroffen sind, spricht man volkstümlich auch vom »Raucherbein«.

Die Ursachen sind vor allem bei jüngeren Menschen in Regulationsstörungen der Blutgefäße durch seelisch-nervöse Faktoren zu suchen. Sie führen zur Verkrampfung der Blutgefäße, so daß weniger Blut in die betroffenen Körperpartien gelangt. Auch hormonelle Veränderungen können eine Rolle spielen, insbesondere die Umstellungen des Hormonhaushalts während der Pubertät und der Wechseljahre oder Störungen der Schilddrüsenfunktionen. Schließlich deuten chronisch kalte Glieder auch oft auf organische Erkrankungen der Blutgefäße, vor allem auf Arterienverkalkung, Blutarmut oder Herzschwäche, hin. Darüber hinaus können sowohl Nikotinmißbrauch als auch Bewegungsmangel die chronischen Symptome erheblich verschlimmern.

Wegen der unklaren Ursachen empfiehlt es sich immer, bei entsprechenden Beschwerden so bald wie möglich den Therapeuten zu konsultieren, damit eine gezielte Behandlung eingeleitet wird. Selbsthilfe durch Reflexzonentherapie ist erst dann erlaubt, wenn die Ursachen genau feststehen, sonst kann das Krankheitsbild derart verschleiert werden, daß auch dem Fachmann die Diagnose sehr schwerfällt.

Am besten hilft wieder die Massage aller Reflexzonen am Fuß, weil auf diese Weise die Durchblutungsstörungen umfassend beeinflußt werden können. Besondere Aufmerksamkeit bei der Therapie widmet man dabei den Symptomzonen der Halswirbelsäule bei Durchblutungsstörungen in Armen und Händen oder den Symptomzonen der unteren Wirbelsäule bei chronisch kalten Füßen. Über diese Fußzonen lassen sich die Durchblutungsverhältnisse reflektorisch günstig beeinflussen.

Die Reflexzonentherapie am Körper wird am besten durch Auskneten durchgeführt. Bei Durchblutungsstörungen der Arme und Hände erfolgt die Massage am Nacken rechts und links, der Halswirbelsäule und von dort seitlich nach rechts und links außen zu den Schulterspitzen. Zusätzlich werden noch rechts und links von der oberen Wirbelsäule die Reflexzonen unterhalb der Schultern nach außen durchgeknetet.

Bei Durchblutungsstörungen der unteren Gliedmaßen behandelt man die Reflexzonen rechts und links seitlich der unteren Wirbelsäule, etwa ab Hüfthöhe bis zum Gesäß, durch Knetmassage.

Außerdem empfehlen sich bei chronischen Durchblutungsstörungen der Gliedmaßen besonders die kreislauffördernden Wasseranwendungen nach Pfarrer Kneipp. Anfangs eignen sich vor allem warme Arm- und Fußbäder sehr gut, später sollte man dann auf kalte Wasseranwendungen (Arm-, Knie-, Schenkelgüsse) umstellen, weil sie nicht passiv Wärme zuführen, sondern durch verbesserte Durchblutung die Eigenwärmeproduktion in den Gliedern anregen.

Ferner muß täglich 2mal je 5–10 Minuten Gymnastik und mindestens 3mal wöchentlich zusätzlich etwa 1/2 Stunde Sport an der frischen Luft betrieben werden (Radfahren bessert die Durchblutung der Beine und Füße besonders gut). Auf das Gefäßgift Nikotin sollte man strikt verzichten, denn es führt zur Verkrampfung der Blutgefäße mit schlechterer Durchblutung. Bei seelisch-nervösen Ursachen hilft zusätzlich das autogene Training gut, Arterienverkalkung wird nach fachmännischer Anweisung gezielt behandelt.

Herzkrankheiten

Reflexzonentherapie beeinflußt seelisch-nervöse Funktionsstörungen des Herzens ebenso wie organische Herzkrankheiten, Herzanfälle werden durch Fußmassage mit dem Sedierungsgriff oft rasch unterbrochen. Allerdings muß auch bei gelegentlichen leichten Herzbeschwerden unbedingt der Fachmann aufgesucht werden, denn dahinter können ernste Krankheiten stehen. Auch seelisch-nervöse Herzbeschwerden darf man nie auf die leichte Schulter nehmen; unbehandelt können daraus nämlich organische Herzleiden entstehen.

Obwohl die Reflexzonenmassage bei den meisten Herzbeschwerden Besserung bringt, dürfen nur die vorher vom Therapeuten eindeutig als seelisch-nervöse Symptome diagnostizierten Beschwerden selbst behandelt werden. Dazu gehören Druck, Enge und Schmerzen in der Herzgegend, zum Teil begleitet von Angstgefühlen, Übelkeit, Schwindel und Atembeklemmung. Die Betroffenen verhalten sich während der Anfälle oft sehr unruhig, während organisch Herzkranke bei akuten Herzanfällen meist instinktiv richtig eine ruhige Schonhaltung einnehmen. (Diese einfache Unterscheidung genügt jedoch nicht, um organische und funktionelle Herzkrankheiten sicher gegeneinander abzugrenzen; auch die Stärke der Beschwerden gibt darüber noch keine Auskunft, weil rein seelisch-nervöse Symptome mindestens so schwer wie organisch verursachte ausfallen können.)

Die Ursachen der funktionellen Herzstörungen lassen sich oft nur schwer genau feststellen. Eine angeborene oder im Lauf des Lebens zum Beispiel durch chronische Überforderung (Streß) und ungesunde Lebensweise erworbene Schwächung des Nervensystems mit Störungen des harmonischen Zusammenspiels seiner einzelnen Teile (siehe auch vegetative Dystonie) kann ebenso eine Rolle spielen wie ungelöste Konflikte, Probleme, Sorgen, Aufregungen und andere seelische Störungen.

Zur Soforthilfe bei akuten seelisch-nervösen Herzbeschwerden, die anfallsweise auftreten, empfiehlt es sich, direkt auf die Herzgegend (linke Brustseite) eine kühle Kompresse zu legen; bei organisch verursachten Herzbeschwerden dagegen helfen warme Kompressen meist besser. Dadurch werden die Herzfunktionen reflektorisch normalisiert.

Genügt das noch nicht, führt man über der Herzzone an der linken Rückenhälfte neben dem Schulterblatt eine sanfte Vibrationsmassage durch, bis die Symptome verschwunden sind.

Zusätzlich kann es noch angezeigt sein, die Herzzone am Rücken und entlang des linken Arms bis hinab zur Kleinfingerseite der linken Hand mit fertiger Arnikatinktur einzureiben, das wirkt reflektorisch ebenfalls harmonisierend auf die Herzfunktionen.

Ergänzend oder anstelle der Körpermassage behandelt man am Fuß vor allem die Zonen des Herzens selbst, des linken Schultergürtels und des linken Oberarms bis zum Ellbogen, außerdem die Symptomzone des Brustbeins.

Die Kausalzonen beeinflussen die Ursachen; geeignet sind je nach Einzelfall Massagen der Magen-, Dünn-, Dickdarmzonen, des Zwerchfells, des Leber-Gallenblasensystems, der Milz, der Halswirbelsäule oder der oberen Lymphwege. Im Einzelfall muß auch an chronische Entzündungen (Herdinfektionen) der Zahnwurzeln gedacht werden, die über die Kopfzonen behandelt werden sollten.

Krampfadern – Venenentzündungen

Die bläulichen, geschlängelten Venen an den Beinen erklären sich meist aus anlagebedingter Bindegewebsschwäche, hinzu kommen ungünstige andere Einflüsse, wie häufiges Stehen, chronische Darmträgheit oder Schwangerschaft. Durch Blutstau in den Beinen werden die Venen erweitert, es kommt zur Mangeldurchblutung, schließlich kann die Haut geschwürig aufbrechen (offenes Bein). Auch Venenentzündungen treten schon frühzeitig auf und begünstigen die Bildung von Blutgerinnseln (Thrombosen), die sich ablösen und im Körper Blutgefäße verstopfen können (Embolie). Die Venenentzündung führt zu stechenden oder dumpfen Schmerzen am betroffenen Bein, schmerzhafter Rötung und Schwellung der Venen, die von außen als dicker Strang tastbar sind, und unangenehmem Hitzegefühl.

Zur Vorbeugung von Krampfadern sollte das Bett am Fußende dauernd um etwa 30 cm erhöht werden, damit sich das Blut wenigstens nachts aus den Venen entleert; an diese Körperhaltung gewöhnt man sich bald. Zusätzlich muß viel Beingymnastik durchgeführt werden, damit die Muskulatur dabei die Venen kräftig massiert und so den Blutfluß Richtung Herz verbessert. Darmträgheit wird durch vollwertige, ballaststoffreiche Ernährung vermieden. Läßt sich längeres Stehen aus beruflichen Gründen nicht umgehen, wird die Belastung wenigstens zwischendurch mit gymnastischen Beinübungen ausgeglichen.

Schließlich darf man bei Krampfadern auch die Bindegewebsschwäche nicht vergessen. Sie kann gezielt durch Kieselsäure beseitigt werden, die man als Arzneimittel in reiner Form oder durch den kieselsäurereichen Ackerschachtelhalmtee monate- bis jahrelang einnimmt.

Direkte Körperreflexzonenmassage an den Beinen ist bei Krampfadern nicht erlaubt. Die Vorbeugung erfolgt indirekt über die Reflexzonen, die sich zu beiden Seiten der unteren Wirbelsäule oberhalb des Gesäßes befinden. Hier legt man die Hände nahe bei der Wirbelsäule auf die Haut und streicht die Zonen gleichzeitig nach rechts und links aus.

Wenn bereits Krampfadern bestehen, müssen die vorgenannten Maßnahmen noch konsequenter und häufiger als zur Vorbeugung durchgeführt werden. Die Therapie sollte so früh wie möglich beginnen, ihr Ziel ist die Förderung der Durchblutung und Vermeidung von Komplikationen. Die Reflexzonenmassage am Fuß zur Vorbeugung und Therapie von Krampfadern erfolgt vor allem über den Symptomzonen des Bekkens und der Leber, ursächliche Behandlung ist über die Kausalzonen von Herz, Wirbelsäule, Zwerchfell, Milz, Dünndarm, Dickdarm, Mastdarm und After möglich. Hinzu kommen nach fachmännischer Anweisung Arzneimittel und ausreichend Bewegung zur Kräftigung der Beinmuskulatur.

Wenn starke Krampfadern, Venenentzündungen oder Thrombosen bestehen, darf Reflexzonenmassage nie zur Selbsthilfe (bei Thrombosen grundsätzlich überhaupt nie) angewendet werden. In solchen Fällen wird das betroffene Glied hochgelagert und ruhiggehalten. Kalte Wickel, denen Quark oder Lehm zugefügt werden können, dürfen zur Soforthilfe bis zum Eintreffen des Fachmanns angewendet werden, ansonsten ist keine Eigenbehandlung erlaubt.

Der Therapeut wird oft Blutegel oder Blutegelsalben, andere Salben und Gels mit gerinnungshemmender Wirkung, Enzymsalben, zum Teil auch Antibiotika verordnen oder homöopathische Mistel- und/oder Schlangengiftzubereitungen einspritzen. In schweren Fällen läßt sich auch die Behandlung in der Klinik nicht umgehen.

Bei Blutungen aus Krampfadern, die man am heraussickernden dunklen Blut von hellrot-spritzenden Arterienblutungen unterscheiden kann, genügt es, das betroffene Bein hochzulagern und eine sterile Kompresse unter leichtem Zug mit einer elastischen Binde auf der Blutung zu fixieren. Wenn diese erste Kompresse durchblutet, legt man darüber eine zweite und fixiert sie unter leicht verstärktem Zug mit einer weiteren elastischen Binde; dabei darf die Durchblutung aber nicht abgeschnürt werden. Auf diese Weise kommt fast jede Krampfaderblutung zum Stehen, andernfalls jedoch muß sofort der Therapeut konsultiert werden.

Kreislaufstörungen
siehe Durchblutungsstörungen

Offenes Bein
(Krampfader-, Unterschenkelgeschwür)
Der geschwürige Zerfall der Haut und des Gewebes kann bis auf den Knochen durchfressen und ernste Komplikationen erzeugen, deshalb muß diese Erkrankung im frühesten Stadium fachmännisch behandelt werden. Sie erklärt sich aus der Mangeldurchblutung von Haut und Gewebe bei Krampfadern und führt zu einem offenen, unterschiedlich weit ausgedehnten Geschwür am Unterschenkel, das häufig nur geringe Heilungstendenz zeigt. Manche Patienten leiden jahre- bis jahrzehntelang darunter, wobei das Geschwür zwischendurch immer wieder fast ganz verheilen kann, dann aber doch erneut aufbricht, wenn die schweren Durchblutungsstörungen als Ursachen nicht gleichzeitig weitgehend beseitigt werden können.

Unmittelbar an einem Krampfadergeschwür darf selbstverständlich niemals massiert werden, das könnte zu ernsten Komplikationen führen, und auch an den Krampfadern ist die Reflexzonentherapie verboten. Die Hautzonen, die das offene Bein reflektorisch günstig beeinflussen können, befinden sich, wie bei der Therapie von Krampfadern, beidseits der unteren Wirbelsäule oberhalb des Gesäßes. Während man gegen Krampfadern diese beiden Zonen aber nur mit beiden Händen nach rechts und links gleichzeitig ausstreicht, empfiehlt es sich beim Krampfadergeschwür, von der Wirbelsäule aus gleichzeitig nach rechts und links außen beide Reflexgebiete durch kräftige Vibrationsmassage so intensiv zu behandeln, daß sich die Haut rötet.

Zusätzlich sollten beim offenen Bein unbedingt auch die Reflexzonen der Füße massiert werden, um die Wirkung der Körperreflextherapie und anderer vom Therapeuten verordneter Heilverfahren zu verstärken. Als Symptomzonen werden die Reflexzonen der Lymphbahnen des Beckens behandelt, zur ursächlichen Therapie die Kausalzonen des Darms vom Dünndarm bis zum After, der Leber, der Harnwege, der Bauchspeicheldrüse oder anderer Drüsen. Mit Einwilligung des Therapeuten eignen sich örtlich auch noch Beinwickel mit kieselsäurereichem Ackerschachtelhalmtee oder Lehm; in sehr hartnäckigen Fällen erzielt man oft noch überraschend gute Wirkungen durch das Auftragen reiner Kieselsäure. Zuweilen läßt sich aber eine chirurgische Behandlung dennoch nicht umgehen.

Rechtzeitige Behandlung von Krampfadern und fachmännische Überwachung des Krankheitsverlaufs beugen dem offenen Bein vor. Auch regelmäßige vorbeugende Reflexzonenmassage des ganzen Fußes kann diese Komplikation oft verhindern.

Schlaganfall

Dazu kommt es durch Reißen eines Hirnblutgefäßes oder Verschluß einer Hirnarterie. Die Symptome hängen vom Sitz der Schädigung im Gehirn ab, typisch sind leichte bis schwere Bewußtseinstrübungen, Sprachstörungen und Lähmungen. Häufigste Ursache des Schlaganfalls sind Bluthochdruck und Verkalkung der Hirnarterien. Die Blutgefäße werden durch Verkalkung verengt und brüchig, so daß schließlich entweder überhaupt kein Blut mehr in die Gehirnbezirke gelangt, die von der geschädigten Arterie versorgt werden sollen, oder die Gefäßwände dem hohen Blutdruck nicht mehr standhalten und einreißen.

Ausgelöst wird ein Schlaganfall oft durch Aufregungen mit plötzlichem Anstieg des Blutdrucks, durch körperliche Überanstrengungen, zum Beispiel das plötzliche Anheben einer zu schweren Last, zu reichliche Mahlzeiten mit Versacken des Bluts im Bauchraum oder bei übermäßigem nächtlichem Blutdruckabfall, der meist in der »biologischen Krisenzeit« zwischen zwei und vier Uhr erfolgt; zuweilen genügt sogar schon ein kräftiger Hustenstoß, Lachen oder Niesen, um einen akuten Schlaganfall auszulösen.

Unter Umständen endet der Schlaganfall sofort oder in kürzester Zeit tödlich; bei vielen Patienten, die ihn überleben, hinterläßt er bleibende, unterschiedlich starke Behinderungen, die im schlimmsten Fall dazu führen, daß die Betroffenen für den Rest ihres Lebens überhaupt nicht mehr aus der Bewußtlosigkeit erwachen oder ans Bett gefesselt bleiben.

Die akute Krankheit muß in der Regel in der Klinik behandelt werden, um lebensgefährliche Komplikationen zu vermeiden. Reflexzonentherapie am Fuß eignet sich vor allem zur Nachbehandlung. Als Symptomzonen behandelt man die Zonen des Kopfes, vor allem die großen Zehen, bei Bedarf zusätzlich die Zwerchfellzone. Als Kausalzonen kommen die Zonen von Nacken, Halswirbelsäule, Herz, Nieren, Darm, Milz oder der Geschlechtsorgane in Frage. Grundsätzlich sollte zumindest die erste diagnostische Abtastung und Massage vom Fachmann durchgeführt werden. Ob auch Körperreflexzonen behandelt werden sollen, entscheidet je nach Einzelfall stets der Therapeut. Grundsätzlich kommen dazu die bei Durchblutungsstörungen und Schwindel genannten Hautgebiete am Körper in Frage, wenn nichts anderes verordnet wird.

Zur Soforthilfe beim Verdacht auf einen akuten Schlaganfall lagert man den Patienten mit leicht erhöhtem Kopf ruhig und legt ihm kühle Auflagen auf den Kopf. Zur Erwärmung der Beine empfehlen sich zunächst warme Fußwickel, anschließend kalte Wadenwickel. Mehr kann und darf der Laienhelfer im allgemeinen nicht tun, alle anderen notwendigen Maßnahmen verordnet der Notarzt, der sofort gerufen werden muß.

Ein Schlaganfall entsteht nicht aus heiterem Himmel, sondern wird schleichend über lange Zeit vorbereitet. Dabei treten verschiedene unklare Warnzeichen auf, insbesondere Kopfschmerzen, Ohrensausen und Schwindelgefühl. Auch Nasenbluten ohne erkennbaren anderen Anlaß ist verdächtig, denn im Einzelfall verhindert es unter Umständen als »Entlastungsblutung« sogar das Reißen einer Arterienwand im Gehirn.

Wenn solche unklaren Beschwerden, die natürlich auch auf ganz andere Ursachen hindeuten können, häufiger vorkommen, sollte eine frühzeitige fachmännische Untersuchung Klarheit über die dahinter stehenden Gesundheitsstörungen schaffen. Dann kann ein Schlaganfall durch gezielte Vorsorge meist recht zuverlässig verhindert werden. Dazu gehört auch die regelmäßige Massage der Symptom- und Kausalzonen am Fuß, ergänzt durch Behandlung der bei Bluthochdruck genannten Zonen, fleisch-, fett- und kochsalzarme, rohkostreiche Diät und Verzicht auf Genußmittel (vor allem Alkohol und Nikotin). Der Therapeut verordnet zur Vorbeugung und Behandlung durchblutungsfördernde, gefäßstärkende Naturheilmittel.

Schwindel

Das unangenehme Schwindelgefühl tritt unterschiedlich stark als unklares, vieldeutiges Warnzeichen einer Störung des Gleichgewichtsorgans im Innenohr auf. Zu den häufigsten Ursachen gehören Durchblutungsstörungen im Kopf als Folgen von Arterienverkalkung (dann besteht erhöhtes Schlaganfallrisiko), zu hoher oder zu niedriger Blutdruck. Oft stehen dahinter auch Erkrankungen im Bereich der Halswirbelsäule, vor allem vorzeitiger Verschleiß der Halsbandscheiben, die durch Fernwirkung die Durchblutung im Kopf stören. Ferner ist an Erkrankungen der Ohren und Augen, Entzündungen des Gehirns, Wetterfühligkeit, Vergiftungen, Reaktionen der Gefäßregulation auf Schmerzzustände in anderen Körperregionen, seelisch-nervöse Regulationsstörungen der Blutgefäße oder Reizungen des Gleichgewichtsorgans durch Bewegungen (Reise-, Seekrankheit) zu denken. Die vielfältigen Ursachen kann der Patient im allgemeinen nicht selbst erkennen, deshalb ist bei hartnäckigen oder häufig wiederkehrenden Schwindelanfällen stets bald durch fachmännische Untersuchung zu klären, wodurch sie verursacht werden. Danach richtet sich dann die weitere Therapie. Auf die leichte Schulter darf man auch gelegentliche Schwindelanfälle nicht nehmen, sonst wird vielleicht eine ernstere Krankheit unnötig verschleppt.

Bei der Reflexzonentherapie gegen Schwindel behandelt man zunächst die Muskulatur des Nackens und oberen Rückens. Massiert wird am besten durch Auskneten der Muskelpartien seitlich der Hals- und oberen Brustwirbelsäule. Dazu werden beide Hände gleichzeitig rechts und links unterhalb der Schädelbasis (ungefähr auf der Höhe des Haaransatzes) auf die Nackenmuskeln gelegt und diese dann nicht zu kräftig nach unten ausgeknetet. Danach arbeitet man vom Nackenansatz nach rechts und links außen zu den Schulterspitzen die Muskulatur auf den Schultern und dann darunter zwischen der Wirbelsäule und den beiden Schulterblättern die Muskulatur stärker durch.

Vorsicht ist immer geboten beim Verdacht auf Schädigungen der Halswirbelsäule und -bandscheiben, weil die Massage dann unter Umständen die Beschwerden noch verschlimmert. In solchen Fällen wird im Nackenbereich besonders behutsam und sanft – am besten nach Anleitung durch den Therapeuten – massiert, wenn man sich nicht darauf beschränken will, nur die Reflexzonen am Fuß zu behandeln.

Die beste Wirkung der Fußreflexzonenmassage erzielt man oft, wenn man regelmäßig die Füße insgesamt durcharbeitet. Dadurch werden die Durchblutungsverhältnisse im gesamten Organismus günstig beeinflußt; oft besteht ja nicht nur Schwindelgefühl durch Minderdurchblutung des Gehirns, sondern es kommt auch in anderen Körperregionen zu Durchblutungsstörungen.

Als Symptomzonen zur gezielten Besserung des Schwindels – insbesondere auch gegen akut auftretende stärkere Schwindelanfälle – werden die Fußreflexzonen des Kopfes behandelt, als Kausalzonen die des Nackens, der Halswirbelsäule, der Ohren, des Herzens, der Nieren und der Harnblase.

Die Massage der Fußreflexzonen des Kopfes und der Ohren kann auch angezeigt sein, um Schwindelanfällen auf Reisen vorzubeugen. Damit muß man aber rechtzeitig vor Antritt einer Reise beginnen, denn während der Reise besteht oft keine Möglichkeit, die Fußreflexzonen gezielt zu beeinflussen.

Neben der Reflexzonentherapie helfen bei Schwindelgefühlen auch noch durchblutungsfördernde pflanzliche und/oder homöopathische Arzneimittel nach fachmännischer Verordnung. Auf das Gefäßgift Nikotin muß strikt verzichtet werden, Alkohol kann bei guter Verträglichkeit in sehr geringen Mengen verabreicht werden und dann sogar die Durchblutung verbessern. Wichtig zur Verbesserung der Durchblutung im gesamten Körper ist ausreichende körperliche Bewegung.

Falls Krankheiten das Schwindelgefühl verursachen, werden sie zusätzlich gezielt nach fachmännischer Verordnung behandelt, das gilt vor allem für die häufigen Schäden an der Halswirbelsäule und ihren Bandscheiben.

Venenentzündung
siehe Krampfadern

Erkrankungen der Atmungsorgane

Kaum jemand bleibt lebenslang von leichten Infektionen der oberen Atemwege verschont, die man unter dem Oberbegriff Erkältung zusammenfaßt. Seit einiger Zeit nimmt auch die Zahl chronischer Atemwegserkrankungen als Folge der zunehmenden Umweltverschmutzung zu. Vorbeugung akuter leichter Infektionen ist möglich durch Stärkung der Abwehr durch Fußreflexzonentherapie am ganzen Fuß, bei Bedarf (Zeiten erhöhter Infektionsgefahr) ergänzt durch gezielte Behandlung der Symptom- und Kausalzonen. Zusätzlich sollte man abhärtende Kneippsche Wasseranwendungen (vor allem Wassertreten), ausreichend Bewegung an der frischen Luft, Schlafen bei offenem Fenster, richtige Bekleidung und vollwertige Ernährung zur Erhaltung der intakten Körperabwehr strikt einhalten.

Wenn es dennoch zu Infektionen kommt, kann Reflexzonenmassage den Verlauf abkürzen und die Schwere mildern.

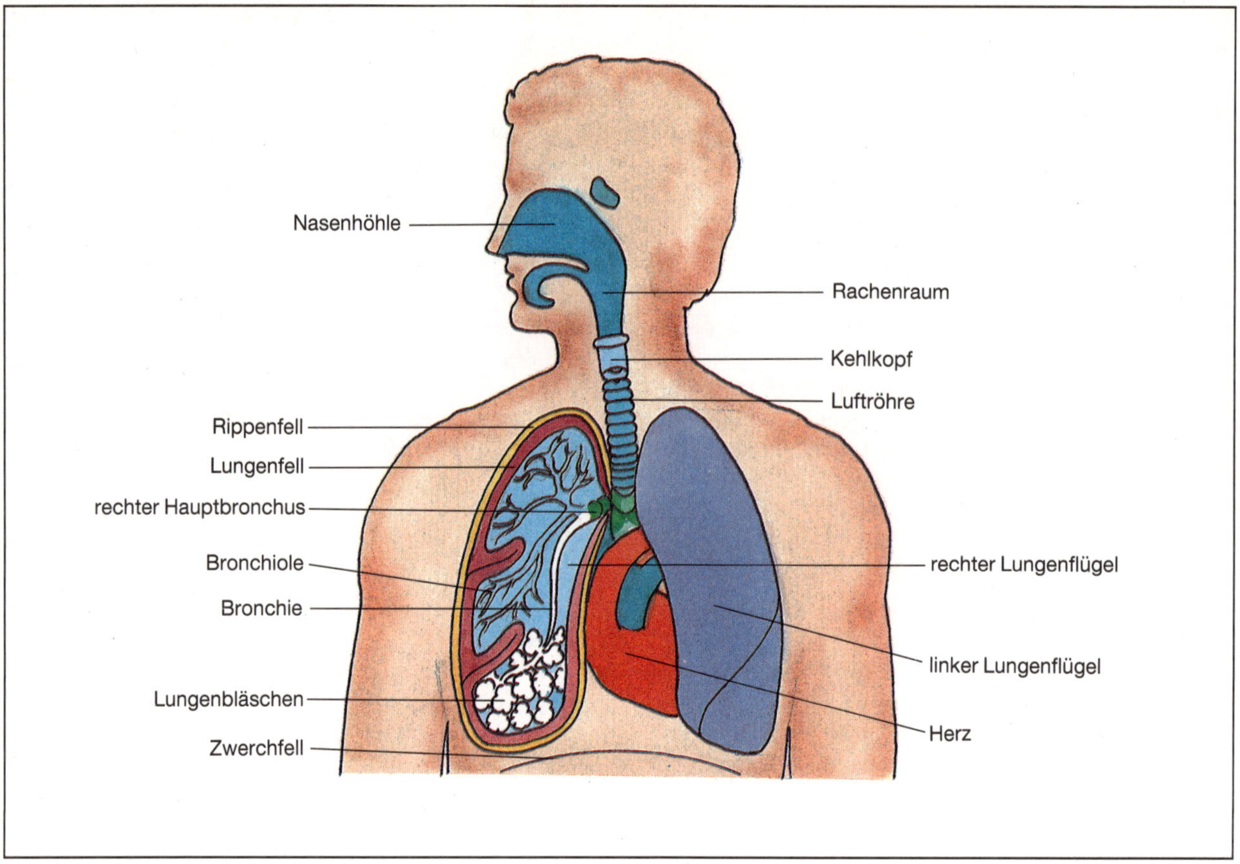

Abb. 37: Atmungsorgane

Bronchialasthma

Die Krankheit steht mit allergischen und seelisch-nervösen Ursachen in Zusammenhang, die zur Verkrampfung der kleinen Bronchien führen. Dadurch wird vor allem die Ausatmung behindert, die überfüllten Lungen können kaum noch Luft aufnehmen, und es entsteht quälender Lufthunger. Asthma tritt anfallsweise mit krampfhaft-ziehender Einatmung und oft pfeifender Ausatmung auf, gegen Ende des Anfalls und danach kommt es zu glasig-zähem Auswurf. Im Lauf der Zeit drohen ernste Komplikationen für Lungen, Herz und Kreislauf. Viele Asthmatiker leiden vor dem ersten Asthmaanfall bereits an anderen allergischen Krankheiten, insbesondere an Heuschnupfen und Ekzemen. Durch frühzeitige Behandlung dieser Allergien kann das Asthma oft verhindert werden. Nicht selten lernen die Patienten aber im Verlauf ihrer asthmatischen Erkrankung, unabhängig vom Kontakt mit Stoffen, die eine Allergie auslösen können, auf seelisch-nervöse Einflüsse mit akuten Asthmaanfällen zu reagieren. Das erschwert die Behandlung und erfordert manchmal eine fachmännische Psychotherapie.

Zwischen den Asthmaanfällen kann eine völlige Beschwerdefreiheit bestehen. Zum Teil leiden die Patienten aber unter chronischer Bronchitis und erhöhter Anfälligkeit für Erkältungskrankheiten, die dann weitere Asthmaanfälle begünstigen. Auch chronische Entzündungen der Nasennebenhöhlen bestehen oft, ohne daß deren Zusammenhänge mit dem Asthma bisher erklärt werden könnten.

Wenn es gelingt, die Stoffe, die die Allergie verursachen, im Allergietest genau zu ermitteln, kann eine gezielte Desensibilisierung durchgeführt werden. Dazu spritzt der Therapeut dem Patienten die Stoffe in winzigen Mengen ein, damit der Körper sich allmählich daran gewöhnt und schließlich auch die Dosen verträgt, die in der Umwelt vorkommen. Da aber sehr viele Stoffe, am häufigsten Blütenpollen, Staub, Schimmelpilze, Federn und Tierhaare, zum Asthmaanfall führen können, gelingt es oft nicht, die Überempfindlichkeit auf diese Weise vollständig abzubauen. Dann wird eine unspezifische Reizkörpertherapie durchgeführt, die ganz allgemein die Überreaktionen durch Normalisierung der körpereigenen Abwehrregulationen beseitigen soll. Im weitesten Sinn gehört dazu auch die Reflexzonentherapie am Körper und an den Füßen, die wegen der besseren Wirkung stets gemeinsam durchgeführt werden sollte. Die Reflexzonenmassage allein genügt aber nicht, um bei einem Asthmakranken ganzheitlich Körper und seelisch-nervöse Funktionen zu behandeln. Sie muß zusätzlich durch andere biologische Heilverfahren nach fachmännischer Anweisung unterstützt werden, sonst ist keine vollständige Ausheilung möglich.

Die Körperreflexzonen, die gegen Asthma behandelt werden sollen, befinden sich auf den Schultern und an der Brust unterhalb der Schlüsselbeine. Sie werden durch Vibrationsmassage behandelt. Zunächst legt man die Hände auf die Schultern, wo sich die Reflexzonen rechts und links jeweils etwa in der Mitte zwischen Halsansatz und äußerer Schulterspitze befinden. Anschließend führt man die Hände von den Schultern rechts und links herab, bis sie die beiden Zonen seitlich des Brustbeins unter den Schlüsselbeinen erreichen, und vibriert hier ebenfalls.

Bei akuten Asthmaanfällen wird die Körpermassage so lange durchgeführt, bis die Symptome nachlassen. Bei Bedarf wiederholt man sie später noch mehrmals, um den Asthmaanfall vollständig zu beseitigen.

Auch während der anfallsfreien Zeit sollen diese Körperreflexzonen möglichst regelmäßig behandelt werden, das setzt die Anfallshäufigkeit herab und lindert die oft bestehende Bronchitis.

An den Füßen können akute Asthmaanfälle zusätzlich durch Massage des Zehenraums zwischen der 2. und 3. Zehe an beiden Füßen und der Zwerchfellzone gemildert werden.

Zur Langzeittherapie eignet sich Reflexzonenmassage der Symptomzonen der Atemorgane, des Brustbeins, des Rachens, des Zwerchfells und der oberen Lymphbahnen. Die Kausalzonen entsprechen den Reflexzonen von Wirbelsäule, Hinterkopf, Nacken, Schultergürtel, Herz, Milz, der Verdauungsorgane und des Drüsensystems (vor allem der Nebennieren).

Auch diese Zonen werden in anfallsreichen Zeiten regelmäßig behandelt, um die Zeiträume zwischen den Anfällen zu verlängern. Auch vorbeugende Massage aller Reflexzonen des Fußes trägt zur Besserung bei, wirkt aber nicht so gezielt und kann daher nicht immer zufriedenstellen.

Bronchialkatarrh – Bronchitis

Katarrhe der Bronchialschleimhaut und die häufig eitrigen Entzündungen der Bronchien treten oft akut durch Infektion auf und gehen unbehandelt bald ins chronische Stadium über. Raucher leiden wegen der ständigen Reizung häufig unter chronischem Bronchialkatarrh, der unter Umständen schon als Vorkrebsstadium aufzufassen ist. Der Unterschied zwischen Bronchialkatarrh und Bronchitis besteht praktisch darin, daß die Bronchitis von Anfang an schwerer verläuft.

Einfache Bronchialkatarrhe entstehen meist durch Infektionen (vor allem Erkältung, Grippe), manchmal auch durch Rauchen, Staub, zu trockene Luft oder Einatmung bronchialreizender chemischer Dämpfe und Gase. Symptomatisch ist der trockene Husten mit zähem, weißlichem Auswurf, der vor allem morgens nur schwer abgehustet werden kann. Außerdem treten Schmerzen hinter dem Brustbein und rasselnde Geräusche beim Atmen auf. Der Katarrh kann unbehandelt bald chronisch werden und sogar in eine ernste chronische Bronchitis übergehen.

Die akute Bronchitis wird oft durch Infektion mit Bakterien verursacht, zum Teil auch durch Rauchen, Staub und bronchialreizende chemische Stoffe, die eingeatmet werden. Die chronische Form entsteht, wenn eine akute Bronchitis oder ein Bronchialkatarrh verschleppt wird, aber auch durch dauernde Einwirkung der oben genannten Reizungen. Schüttelfrost, danach hohes Fieber, heftiger Husten mit gelblichem bis dunkelgrünem Auswurf (je nach Erregerart), Brust- und Seitenstechen kennzeichnen die akute Form, während in chronischen Fällen geringes Fieber, krampfartiger Husten und mäßiges allgemeines Krankheitsgefühl bestehen. Daran gewöhnen sich die Patienten oft bald und vernachlässigen die Therapie, bis es schlimmstenfalls zur Frühinvalidität kommt. Außerdem kennen wir die spastische Bronchitis mit krampfartigen Zuständen ähnlich wie bei Asthma.

Selbstbehandlung ist nur bei leichten Bronchialkatarrhen als Folge einer Erkältung erlaubt, alle anderen Bronchialkrankheiten müssen fachmännisch behandelt werden; das gilt vor allem dann, wenn höheres Fieber besteht. Auch einfache Katarrhe, die sich nicht innerhalb von etwa 5 Tagen deutlich bessern, müssen vom Therapeuten untersucht werden. Neben Reflexzonenmassage werden auswurffördernde, entzündungshemmende und hustenlindernde Kräutermittel verabreicht, bei eitriger Bronchitis kann man manchmal nicht auf chemische Antibiotika verzichten. Sie wirken allerdings oft nicht zufriedenstellend, weil viele Erreger heute infolge der zu häufigen unkritischen Anwendung dieser Medikamente schon weitgehend unempfindlich dagegen geworden sind. Dann kann Knoblauchsaft oft noch gute Dienste leisten, weil er natürliche antibakterielle Wirkstoffe enthält, gegen die Bakterien nicht unempfindlich werden können.

Unter den biologischen Heilmitteln haben sich vor allem Inhalationen mit Kamillentee und Hustentees aus Eibisch, Huflattich, Isländisch Moos, Lungenkraut, Spitzwegerich und Thymian bewährt. Am besten verwendet man sie in Form fertiger Arzneimittel, die zum Teil auch noch homöopathische Wirkstoffe enthalten.

Die Reflexzonenmassage am Körper findet über den Zonen an den Schultern und an der Brust unterhalb der Schlüsselbeine wie bei Bronchialasthma statt. Am Fuß behandelt man zusätzlich die Symptomzonen der Atmungsorgane, des Rachens, des Zwerchfells und der oberen Lymphwege, Kausalzonen sind die Fußreflexzonen von Herz, Milz, Schultergürtel, Harnblase, Geschlechtsorganen, Dünn-, Dickdarm oder Leber-Gallenblasen-System.

Erkältung

Durch örtliche Abkühlung und Durchnässung, vor allem auch durch naßkalte Füße, die man sich in der kühlen Jahreszeit leicht holt (siehe auch das Kapitel über chronisch kalte Glieder), wird die körpereigene Abwehrkraft bei nicht ausreichend abgehärteten Menschen vorübergehend so stark geschwächt, daß sich die Erkältungsviren rasch ausbreiten können. Als Folgen treten dann die bekannten Erkältungssymptome auf: Husten, Schnupfen, Kopf-, Gliederschmerzen, leichtes Fieber und ein beeinträchtigtes Allgemeinbefinden.

Zur Anregung der Abwehrfunktionen sollte man bereits im Sommer mit der Abhärtung durch kalte Wasseranwendungen und ausreichend Bewegung an der frischen Luft bei jedem Wetter beginnen. Zusätzlich kann man bei Bedarf fertige Arzneimittel mit Echinacea (Sonnenhut) zur weiteren Aktivierung der Abwehrkräfte einnehmen. Durch derartige Maßnahmen lassen sich Erkältungskrankheiten meist zuverlässig verhindern.

Besteht bereits eine Infektion, helfen in leichteren Fällen Holunder-, Lindenblütentee und Echinacea, um die Krankheit rasch mit Hilfe der körpereigenen Abwehrkräfte zu überwinden. Zusätzlich kann Vitamin C in einer Tagesdosis bis zu 1 g verabreicht werden.

Zur Reflexzonentherapie, die auch vorbeugend durchgeführt werden sollte, kommen die bei Bronchialkatarrh und Schnupfen genannten Maßnahmen in Frage.

Ältere oder schwächliche und kränkelnde Menschen suchen vorsorglich auch bei einer einfachen Erkältung den Therapeuten auf, um Komplikationen zu vermeiden.

Gewöhnlich heilt eine Erkältung innerhalb von 7–10 Tagen vollständig aus. Bestehen danach immer noch Beschwerden, muß unverzüglich der Therapeut konsultiert werden, weil dann der Verdacht auf Komplikationen besteht.

Grippe

Die echte Grippe (Influenza epidemica) muß als ernste Krankheit immer unter fachmännischer Verlaufskontrolle behandelt werden, sonst kann es zu schweren, unter Umständen tödlichen Komplikationen kommen. Bettruhe ist stets erforderlich, bis man zwei Tage lang fieberfrei bleibt. Zu frühes Aufstehen kann nämlich ebenfalls Komplikationen vor allem am Herz-Kreislauf-System verursachen.

Die Grippe tritt meist epidemieartig in folgenden Formen auf:

- Katarrhalische Form mit Husten, Schnupfen, Halsschmerzen und Bronchitis, also ähnlich wie bei einer Erkältung;
- Darmgrippe mit Übelkeit, Durchfall und Erbrechen;
- rheumatische Grippe mit Muskel-, Gelenk- und Gliederschmerzen;
- Kopfgrippe mit Benommenheit, Kopfschmerzen, Erbrechen und starkem Schwindelgefühl;
- toxische Form mit hohem Fieber, Kopf-, Gliederschmerzen und allgemeiner Hinfälligkeit.

Eine klare Unterscheidung der verschiedenen Verlaufsformen ist nicht immer möglich, weil die Symptome sich überschneiden können. Im Vordergrund steht aber bei allen Grippeformen immer das im Vergleich zur einfachen Erkältung viel stärkere allgemeine Krankheitsgefühl und das meist höhere Fieber.

Für die Vorbeugung und Grundbehandlung der Influenza gilt im Prinzip, was bereits zur Erkältung ausgeführt wurde. Zusätzliche therapeutische Maßnahmen verordnet der Arzt, der immer konsultiert werden muß, Selbstbehandlung ist wegen der häufigen Komplikationen nicht anzuraten. Das schließt aber nicht aus, daß auch bei Grippe Reflexzonenmassage durchgeführt wird. Sie richtet sich nach den Symptomen, hauptsächlich behandelt man also wie bei Bronchialkatarrh und Schnupfen.

Nach überstandener Grippe besteht oft noch wochenlang ein Gefühl der allgemeinen Schwäche mit niedrigem Blutdruck und seelisch-nervösen Symptomen. Daran wird deutlich, wie stark die Infektionskrankheit den gesamten Organismus in Mitleidenschaft gezogen hat. Zur rascheren Harmonisierung aller Körperfunktionen führt man dann täglich 2mal Reflexzonentherapie an allen Fußzonen durch, zusätzlich können die später im Kapitel über abnorme Ermüdung genannten Körperreflexzonen behandelt werden.

Heuschnupfen

Die allergische Krankheit entsteht bei Überempfindlichkeit gegen Blütenpollen. Meist beginnt sie im Frühjahr spontan mit heftigem Schnupfen, brennenden Augen, Tränenfluß, Kopfschmerzen, manchmal auch

Fieber. Die Krankheit wird vererbt und tritt im allgemeinen erstmals vor der Pubertät auf, nach dem 50. Lebensjahr läßt sie deutlich nach. Im Lauf von Jahren kann sich daraus Bronchialasthma entwickeln. Heute erlebt man in der Praxis aber immer häufiger, daß die allergische Erkrankung von diesem »klassischen« Verlauf abweicht, insbesondere auch im Erwachsenenalter. Oft beginnt sie ohne erkennbaren Zusammenhang mit Erbanlagen. Fachleute nehmen an, daß dies, ebenso wie die allgemeine Zunahme von Allergien, mit der zunehmenden Umweltverschmutzung in Zusammenhang steht, denn dadurch werden unsere körpereigenen Abwehrregulationen überlastet und empfindlich gestört.

Reflexzonenmassage reicht zur alleinigen Therapie des Heuschnupfens meist nicht aus, lindert aber vor allem die akuten Symptome oft so gut, daß man die Risiken chemischer Arzneimittel (Antihistaminika, Cortison) nicht mehr in Kauf nehmen muß. Wenn sich die Pollenarten, die im Einzelfall zur Allergie führen, sicher nachweisen lassen, kann wie beim Bronchialasthma eine Desensibilisierung durchgeführt werden, die jedoch nicht immer zufriedenstellend hilft. Neuerdings erzielt man auch durch die Einnahme von Pollen – anstelle der sonst üblichen Spritzen – einen guten Desensibilisierungseffekt, weil es im allgemeinen nicht zur allergischen Reaktion der Nasenschleimhaut kommen kann, wenn die Pollen in den Verdauungstrakt gelangen. Aber auch von dieser für die Betroffenen angenehmeren Langzeittherapie, die im Durchschnitt zwei Jahre lang jeweils von Februar bis Oktober durchgeführt werden muß, kann man nicht immer vollständige Heilung erwarten. Dann eignet sich wiederum die unspezifische Reizkörpertherapie wie bei Bronchialasthma einschließlich der Reflexzonenmassage am Körper und/oder Fuß. Die Behandlung sollte wegen der möglichen Komplikationen aber stets vom Fachmann überwacht werden.

Zur Reflexzonenmassage am Körper behandelt man die Leber-Gallenblasen-Zone am rechten Rücken, die sich unterhalb des Schulterblatts befindet. Sie wird durch kräftiges Auskneten massiert. (Die Behandlung dieser Zone ist übrigens auch bei anderen allergischen Krankheiten angezeigt.)

Am Fuß werden die Zonen des Nasen-Rachen-Raums und der Nebenhöhlen als Symptomzonen behandelt, zusätzlich die Kausalzonen der oberen Lymphbahnen, Nieren, Milz, Bronchien, Leber, des Dünn- und Dickdarms oder der Drüsen. Auch die Massage aller Reflexzonen bewährt sich (vor allem vorbeugend) gut.

Husten

Husten entsteht hauptsächlich durch Entzündung der Schleimhaut der Atemwege, also bei Erkältung und Grippe. Ferner können Nikotinmißbrauch, Reizung durch Fremdkörper, chemische Dämpfe und Gase oder Ansammlung von Schleim im Rachen, im Kehlkopf und in den Bronchien zum Husten führen. Schließlich kennen wir auch noch den Gewohnheitshusten aus seelisch-nervösen Ursachen, zum Beispiel bei Verlegenheit.

Bei der Behandlung muß unterschieden werden in Zweckhusten, der sinnvoll ist, weil er Fremdkörper und Schleim entfernt (er darf deshalb nicht übermäßig unterdrückt werden), und dem Gewohnheits- oder Reizhusten, der keinerlei Zweck erfüllt und massiv unterdrückt werden muß, weil es sonst bei jedem Hustenstoß erneut zur Reizung kommt, so daß der Husten sich schließlich selbst unterhält.

Die Therapie durch pflanzliche Heilmittel, Inhalationen und Reflexzonenmassage entspricht der gegen Bronchialkatarrh, die bereits ausführlich beschrieben wurde. Wenn es innerhalb von 5–7 Tagen nicht zur deutlichen Besserung kommt oder sich Blut im Auswurf befindet, muß der Therapeut konsultiert werden.

Gegen seelisch-nervösen Gewohnheitshusten helfen zusätzlich die später bei Nervosität genannten Maßnahmen, am besten Reflexzonenmassage kombiniert mit autogenem Training. Manchmal läßt sich aber auch fachmännische Heilpädagogik bei Kindern oder Psychotherapie für Erwachsene nicht umgehen, damit der nutzlose Husten endgültig ausheilt.

Mandelentzündung

Die akute Entzündung der Mandeln wird durch starke Schluckbeschwerden, Rötung des Gaumens oder des ganzen Rachens und stärker beeinträchtigtes Allgemeinbefinden (Schwäche, Glieder-, Kopfschmerzen) gekennzeichnet, das Fieber kann bis 40 Grad ansteigen. Die Krankheit entsteht meist nach Verkühlung oder Durchnässung. Immer wiederkehrende oder nicht richtig ausgeheilte akute Entzündungen führen zur chronischen Form, die als ständiger Krankheitsherd schwere Herz- und Nierenschäden sowie Rheuma verursachen kann. Je nach Schwere und Verlauf der Krankheit werden die folgenden Formen unterschieden:

- Katarrhalische Angina mit Schüttelfrost, Fieber, Kopf- und Gliederschmerzen, Rötung und Schwellung der Mandeln, des Gaumens und Rachens, Stechen und Schluckschmerzen im Hals, belegter Zunge, Appetitmangel und Krankheitsgefühl;

- bakterielle Angina mit hohem Fieber und schleierartigen Mandelbelägen, ansonsten den gleichen Symptomen wie bei der katarrhalischen Form;
- Mandelabszeß mit starker Gaumenschwellung, heftigen Schmerzen beim Schlucken, Speichelfluß und Kieferklemme, der fast immer einseitig auftritt;
- Diphtherie, eine akut lebensgefährliche Form mit weißlich-gelben Mandelbelägen und widerlich-süßlichem Mundgeruch;
- geschwüriger Zerfall der Mandeln mit Schwund der weißen Blutkörperchen, eine sehr ernste Allgemeinerkrankung (Agranulozytose) durch Infektionen, Allergien, Vergiftungen oder Arzneimittel; sie betrifft bevorzugt Mädchen und junge Frauen;
- chronisch vergrößerte Mandeln bei Kindern, die nicht voreilig chirurgisch entfernt werden sollten, solange das Mandelgewebe noch nicht unheilbar zerstört ist, denn die Mandeln spielen als Abwehrorgane ein sehr wichtige Rolle. Es müssen nicht immer chronische Entzündungen vorliegen, wenn die Mandeln dauernd vergrößert sind, nicht selten reagiert das Mandelgewebe auch nur vorübergehend mit Vergrößerung auf andere krankhafte Einflüsse und erholt sich wieder, sobald diese durch gezielte Behandlung ausgeschaltet wurden.

Mandelentzündungen gehören immer in fachmännische Behandlung, bei chronischen Entzündungen läßt sich operative Entfernung manchmal nicht umgehen. Durch rechtzeitige Reflexzonentherapie und andere Heilmethoden, die je nach Einzelfall verordnet werden, gelingt es aber oft, die Operation zu vermeiden, so daß die Mandeln ihre wichtigen Abwehrfunktionen wieder erfüllen können.

Die Massage erfolgt nur am Fuß über die Symptomzonen der Mandeln, des Nasen-Rachen-Raums und der seitlichen oberen Lymphbahnen. Als Kausalzonen werden alle Kopforgane, die oberen und unteren Lymphbahnen, Halswirbelsäule, Schultergürtel, Milz, Leber, Wurmfortsatz, Dünn-, Dickdarm und Herz behandelt.

Nasennebenhöhlenentzündung

Im Gesichtsschädel befinden sich je zwei Kiefer-, Stirn- und Keilbeinhöhlen und die Siebbeinzellen. Sie stehen durch Kanäle mit der Nasenhöhle in Verbindung und haben unter anderem die Aufgabe, den Schädel leichter zu machen; wäre er massiv aus Knochen aufgebaut, könnten wir ihn gar nicht aufrecht halten.

Entzündungen dieser Nebenhöhlen der Nase entstehen meist, wenn ein akuter Schnupfen nicht rechtzeitig (innerhalb von 10 Tagen) ausheilt. Schmerzen oberhalb der Nasenwurzel und/oder unter den Wangenknochen kommen zum chronischen Schnupfen hinzu, typisch ist die Zunahme der Schmerzen beim Bücken. Manchmal brechen Nebenhöhlenentzündungen in die Augen oder ins Gehirn durch, als chronische Krankheitsherde schädigen sie vor allem Herz und Nieren. Deshalb sollten sie rasch vom Therapeuten behandelt werden. Chronische Entzündungen gehen mit abgeschwächten Symptomen einher, oft kommen dann aber noch wechselnd starke Heiserkeit und Mundgeruch hinzu.

Die Behandlung muß die Ursachen ausheilen. Dazu eignen sich Inhalationen mit Kamillen-Thymian-Tee gut, zusätzlich wird der Therapeut geeignete Arzneimittel verordnen. Antibiotika wirken oft nicht zufriedenstellend, während homöopathische Medikamente durch Anregung der körpereigenen Abwehrkräfte allmählich auch hartnäckige Nebenhöhlenentzündungen überwinden können. Notfalls muß der Fachmann auch einmal Spülungen der Nasennebenhöhlen oder sogar eine operative Sanierung durchführen.

Reflexzonenmassage am Fuß unterstützt die medikamentöse Therapie. Sie erfolgt über die Symptomzonen der Stirn- und Kieferhöhlen und über die Kausalzonen von Kopf, Schultergürtel, oberen Lymphwegen, Bronchien, Milz, Leber, Bauchspeicheldrüse, Dünndarm, Dickdarm, Harnblase oder Geschlechtsorganen.

Schnupfen

Diese meist harmlose Infektion heilt durch Selbsthilfe gewöhnlich in 7–10 Tagen aus; wenn der Schnupfen länger dauert, kann er chronisch werden, oder es entsteht eine Nebenhöhlenentzündung, deshalb sollte dann unbedingt der Therapeut aufgesucht werden. Verursacht wird die Entzündung der Nasenschleimhaut durch Virusinfektionen. Kälte, Durchnässung, Zugluft und chronisch kalte Füße begünstigen die Infektion, weil dadurch vorübergehend die Abwehrkräfte des Körpers geschwächt werden. Zuweilen entsteht der Schnupfen auch unabhängig von Infektionen durch chemische Reizungen der Nasenschleimhaut (Dämpfe, Gase).

Zur Virusinfektion können noch bakterielle Infektionen hinzukommen und das Krankheitsbild verschlimmern. Oft dehnt sich der Infekt auf Rachen, Kehlkopf und Bronchien aus, was zum typischen Symptombild der akuten Erkältung mit Schnupfen, Husten und Heiserkeit führt.

Akuter Schnupfen beginnt mit Kribbeln und Kitzeln in der Nase, Niesreiz, vermehrter Absonderung von Schleim, verlegter Nasenatmung und (meist) nur leicht erhöhter Körpertemperatur. Wenn der akute Nasenkatarrh verschleppt wird oder die Nasenschleimhaut chronisch durch chemische Reize (dazu gehören auch viele Nasensprays, -salben und -tropfen mit schleimhautabschwellender Wirkung, wenn sie längere Zeit örtlich angewendet werden) geschädigt wird, kommt es zum chronischen Schnupfen. Er kann auch bei chronischen Entzündungen der Nasennebenhöhlen, gutartigen Wucherungen der Nasenschleimhaut (Polypen), durch chronisch kalte Füße oder aus nervöser Ursache entstehen. Symptomatisch ist die dauernd behinderte Nasenatmung und abwechselnd zu trockene Schleimhaut und übermäßige Absonderung von Schleim. Die chronisch geschädigte Nasenschleimhaut schwindet und neigt zu Blutungen, gutartige Polypen können entstehen (sofern sie nicht vorher bereits bestanden und den chronischen Schnupfen mit verursachten).

Der chronische Nasenkatarrh erfordert immer fachmännische Behandlung, um Komplikationen zu verhindern. Selbsthilfe ist nur beim einfachen akuten Schnupfen erlaubt. Dabei spielt auch die Reflexzonenmassage, die nur an den Füßen durchgeführt wird, neben Inhalationen mit Kamillentee eine wichtige Rolle. Zusätzlich soll die Abwehrkraft des Körpers durch Holunder- und Lindenblütentee, bei Bedarf ergänzt durch Echinacea-Tropfen, gesteigert werden. Der Verzicht auf Flüssigkeit für 1–2 Tage trägt dazu bei, den Schnupfen rasch »auszutrocknen«.

Die Anregung der Körperabwehr durch Echinacea empfiehlt sich auch schon zur Vorbeugung. In Zeiten, wenn alle Welt niest und hustet, gibt man Echinacea vorsorglich in höherer Dosis und zusätzlich täglich bis zu 0,5 g Vitamin C in Arzneimittelform.

Am Fuß massiert man die Symptomzonen des Nasen-Rachen-Raums, der Stirn- und Kieferhöhlen und der oberen Lymphbahnen. Als Kausalzonen behandelt man alle Kopfzonen, Schultergürtel, Bronchien und Milz.

Verschiedene Fachleute berichten, daß Schnupfen noch im Keim unterdrückt werden kann, wenn rechtzeitig beim Auftreten erster Symptome die Symptomzonen durch den Sedierungsgriff mehrmals in kurzem Abstand behandelt werden. Die Massage aller Reflexzonen des Fußes kann durch Steigerung der Abwehr die Anfälligkeit für Schnupfen vermindern.

Krankheiten der Verdauungsorgane und Stoffwechselfunktionen

Verdauungsorgane und -drüsen bilden eine Funktionseinheit, Störungen eines Organs können sich auf die anderen ausdehnen. Daher behandelt man in solchen Fällen grundsätzlich immer das gesamte Verdauungssystem von der Speiseröhre bis zum After. Zusätzlich muß bei den meisten Verdauungsstörungen Diät eingehalten werden. Vollwertige, gesunde Ernährung dient der Vorbeugung solcher Krankheiten.

Für die gute Wirkung der Reflexzonentherapie bei Erkrankungen des Verdauungssystems gibt es inzwischen viele Erfahrungen von Ärzten und Heilpraktikern. Gerade bei den häufigen chronischen Krankheiten dieses Organsystems wurden gute Erfolge erzielt.

Blähungen

Diese unangenehmen bis quälenden Gasansammlungen im Darm sind weit verbreitet. Häufig stehen sie mit übermäßigem nervösem Luftschlucken in Zusammenhang oder treten vorübergehend nach dem Verzehr blähender Speisen (dazu gehören vor allem Hülsenfrüchte und kohlensäurehaltige Getränke) auf. Ferner muß an Verkrampfungen im Bauchraum, Mangel an Verdauungssäften und Störungen der Darmflora (nützliche Darmbakterien) gedacht werden. Plötzliche Gasbildung mit völliger Verhaltung von Stuhl und Wind kennzeichnet den akut lebensbedrohlichen Darmverschluß, der im allgemeinen sofort chirurgisch behandelt werden muß.

Neben dem aufgetriebenen Leib mit Völlegefühl und kolikartigen Schmerzen führen Blähungen oft auch noch zum Kloßgefühl im Hals und Schmerzen unter dem Brustbein als Folgen der Verkrampfung der Speiseröhre. In schweren Fällen kann es durch das nach oben gedrängte Zwerchfell sogar zu Atemnot und Herzbeschwerden (Roemheldscher Symptomenkomplex) kommen. Schlimmstenfalls rufen Blähungen bei bereits herzkranken Menschen sogar einen schweren Herzanfall oder Infarkt hervor.

Häufiger wiederkehrende Blähungen als Warnzeichen einer Erkrankung erfordern baldige fachmännische Untersuchung, damit die Ursachen gezielt behandelt werden können. Grundsätzlich gilt, daß alle blähenden Speisen und Getränke strikt zu meiden sind. Regelmäßige Stuhlentleerung ist ebenfalls wichtig, um Fäulnis- und Gärungsprozesse der sonst zu lange im Darm verbleibenden Nahrung zu verhindern. Stehen hinter den Blähungen Störungen der Darmflora, helfen gesäuerte Milchprodukte (wie Joghurt, Quark, Sauermilch) und Milchzucker (aus dem Reformhaus oder der Apotheke) gut; genügt das nicht, muß der Therapeut geeignete Arzneimittel zum Aufbau der Darmflora verordnen.

Gut bewährt haben sich bei akut auftretenden Blähungen auch verschiedene pflanzliche Heilmittel, vor allem Kümmelöl, von dem man nach Bedarf 6–8 Tropfen in einer Tasse heißer Milch einnimmt. Weiter hilft auch eine warme Auflage auf den Leib, Koliken des Darms zu lindern. Ferner eignen sich vom Fach-

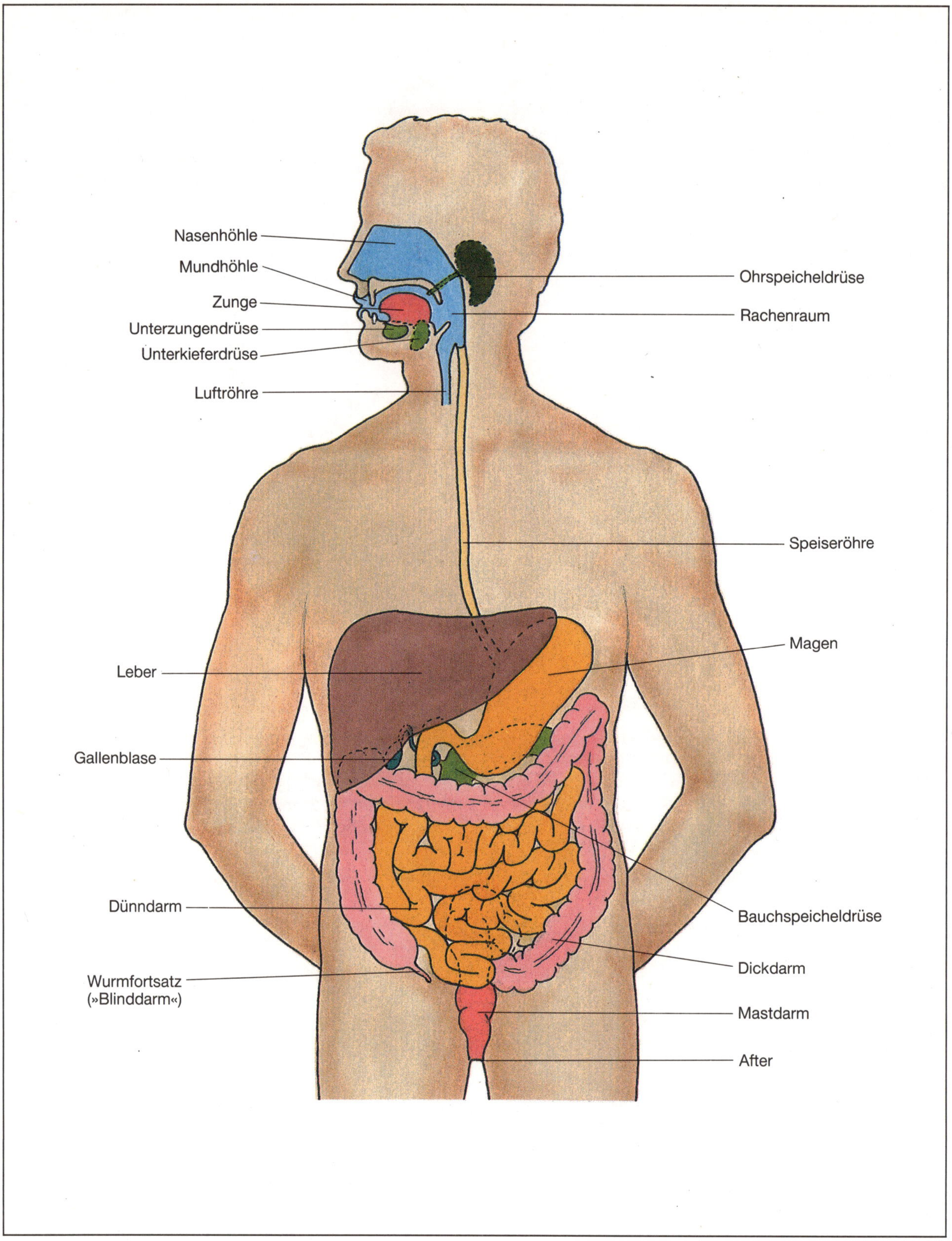

Abb. 38: Verdauungsorgane

mann je nach Einzelfall verordnete fertige Arzneimittel mit Fenchel, Kamille, Pfefferminze, Schafgarbe, Tausendgüldenkraut und Wermut gut.

Auch durch Reflexzonentherapie lassen sich Blähungen rasch lindern. Am Körper behandelt man die beiden Hautzonen rechts und links auf den Rippenbögen. Dazu legt man die Hände gleichzeitig auf beide Rippenbögen und führt jeweils nur beim Ausatmen (nie bei der Einatmung) eine kräftige Vibrationsmassage durch. Dadurch werden akute Blähungen meist rasch und deutlich gebessert. Die Therapie sollte bei bekannter Neigung zu Blähungen aber über längere Zeit regelmäßig unabhängig von den Blähungen durchgeführt werden, um auch die Ursachen zu beseitigen.

Ergänzt wird diese Behandlung durch Reflexzonenmassage am Fuß. Hauptsächlich behandelt man hier die Zonen des Magens und des Zwölffingerdarms, bei Bedarf zusätzlich die Darmreflexzonen. Gegen akute Blähungen hilft am Fuß der Sedierungsgriff am besten, zur Langzeittherapie verwendet man den Grundgriff der Fußmassage.

Obwohl die Reflexzonentherapie bei Blähungen gut wirksam ist, darf man bei chronisch wiederkehrenden Beschwerden die fachmännische Untersuchung nicht unnötig auf die lange Bank schieben. Es kommt nicht darauf an, allein die Symptome zu lindern, sondern die vom Therapeuten zu diagnostizierenden Ursachen auszuheilen. Dazu genügt Reflexzonentherapie allein oft nicht.

Durchfall

Zu häufige breiige oder flüssige, oft mit Koliken verbundene Stuhlentleerung kann als harmlose Folge von Ernährungsfehlern auftreten und innerhalb von 1–2 Tagen zum Stillstand kommen. Aber auch ernstere Infektionen, allergische Vorgänge und verschiedene Krankheiten führen zu Durchfall, der dann oft das Allgemeinbefinden stark beeinträchtigt oder mit Fieber einhergeht. Dazu gehören Überfunktionen der Schilddrüse, Funktionsschwäche der Bauchspeicheldrüse, Magenleiden, Störungen der Darmflora und seelisch-nervöse Faktoren. Schließlich kann auch noch der Mißbrauch von Abführmitteln (zu hohe Einzeldosen oder Langzeiteinnahme) durch Reizung der Darmschleimhaut zu heftigem Durchfall führen. Grundsätzlich gilt: Jeder Durchfall, der von Anfang an mit stärker gestörtem Allgemeinbefinden oder höherem Fieber einhergeht oder nicht in 2–3 Tagen völlig beseitigt ist, muß fachmännisch behandelt werden. Verschleppt man den Durchfall, entsteht daraus oft rasch eine chronische Darmentzündung, die nur schwer wieder vollständig zu heilen ist. Außerdem droht der übermäßige Verlust an Flüssigkeit und Salzen, der lebensbedrohlich werden kann und sofortige, meist klinische Behandlung erfordert. Als erstes Warnzeichen des Flüssigkeits- und Salzverlustes treten Krämpfe auf, die unverzügliche ärztliche Behandlung erfordern.

Zur Eigenbehandlung in einfachen Fällen hat sich am besten die Apfelkur bewährt. Dazu ißt man täglich in 4–5 Portionen über den Tag verteilt insgesamt etwa 1000 g rohe, jeweils frisch geraspelte Äpfel, deren Pektingehalt den Durchfall meist bald bessert. Auch Teefasten für 1–2 Tage kann sehr empfohlen werden. Dabei trinkt man täglich nur bis zu 6 Tassen entzündungshemmende und gerbstoffreiche Kräutertees (vor allem Eichenrinde, Kamillen, Tormentill), zusätzlich je nach Durstgefühl noch reichlich ungesüßten Schwarztee. Ferner können Heilerde oder reine Kieselsäure, bei Vergiftungen auch ein Arzneimittel mit Kohle, gut helfen. Der Therapeut verordnet je nach Ursachen bei Bedarf noch andere Heilmittel, bei ernsteren Infektionen lassen sich auch chemische Antibiotika nicht vermeiden.

Die Reflexzonentherapie wird bei Durchfall nur an den Füßen durchgeführt. Dazu massiert man zunächst die Symptomzonen des Magenausgangs, Dünn- und Dickdarms. Als Kausalzonen behandelt man Bauchspeicheldrüse, Magen, Leber-Gallenblasen-System, das Zwerchfell, die mittlere Wirbelsäule und die Drüsenzonen.

Gallenblasenleiden

Entzündungen der Gallenblase und Gallensteine bleiben oft lange Zeit symptomarm. Fettunverträglichkeit, dumpfer Druck im rechten Oberbauch und allgemeine Verdauungsschwäche als Warnzeichen werden oft nicht beachtet, bis es irgendwann zur heftigen Gallenkolik kommt. Schlimmstenfalls bricht die chronisch entzündete Gallenblase in den Bauchraum durch oder entartet krebsig. Daher müssen unklare Oberbauchbeschwerden und Verdauungsstörungen bald vom Therapeuten untersucht werden. Entzündungen der Gallenblase entstehen durch eine Infektion oder eine dauernde Reizung durch Gallensteine (diese können aber auch erst durch eine Gallenblasenentzündung entstehen). Neben unklarem Druckgefühl unter dem rechten Rippenbogen und allgemeinen Verdauungsstörungen (vor allem bei fettreicher Nahrung) treten oft leichtes Fieber und Erbrechen auf; manchmal kommt es durch Rückstau der Galle auch zur Gelbsucht. Schrumpft die chronisch entzündete Gallenblase, kann es zu heftigen Kolikschmerzen kommen.

Die sandkorn- bis eigroßen Gallensteine bestehen aus Eiweiß, Cholesterin und/oder Gallenfarbstoffen, die aus der konzentrierten Galle ausgefällt wurden. Neben Entzündungen der Gallenblase tragen zur Steinbildung auch noch verschiedene andere krankhafte Ursachen bei. Anfangs besteht oft nur ein unklares Druckgefühl unter dem rechten Rippenbogen, später kann sich ein Gallenstein dann im Gallengang verklemmen und zu heftigen Koliken führen; außerdem kommt es durch Rückstau von Galle zur Gelbsucht.

Alle Gallenblasenerkrankungen betreffen Frauen ungleich häufiger als Männer; besonders gefährdet sind Mütter, die mehrere Kinder zur Welt gebracht haben.

Die Therapie von Erkrankungen der Gallenblase richtet sich stets nach den Anweisungen des Therapeuten. Besonders gut bewährt haben sich Saft des schwarzen Rettichs, der Gallensteinen auch vorbeugt und kleine Steinchen auf natürliche Weise über den Gallengang austreibt, ferner Artischocken, Bitterklee, Enzian, Mariendistel, Pfefferminze, Schafgarbe und Wermut. Die meisten Gallenmittel enthalten mehrere dieser Heilpflanzen. Zusätzlich regt man die Gallenfunktionen noch durch warme Leibauflagen an.

Gegen akute Gallenkoliken empfehlen sich zur Soforthilfe heiße Auflagen mit Heublumen auf die Gallengegend. Meist genügt das aber nicht, um die Kolik vollständig zu lösen, so daß der Therapeut doch krampf- und schmerzlindernde starke Medikamente verordnen (bei Bedarf einspritzen) muß.

Wegen der Gefahr krebsiger Entartung kann es erforderlich werden, die Gallenblase chirurgisch zu entfernen, wenn chronische Erkrankungen nicht vollständig auszuheilen sind.

Zur unterstützenden Therapie oder auch zur Vorbeugung von Gallenblasenleiden eignet sich Reflexzonenmassage gut. Vorbeugend behandelt man die Fußzonen des gesamten Verdauungssystems, bestehende Gallenblasenleiden werden über die Symptomzonen der Galle, der Leber, des Zwölffinger- und Dünndarms gebessert, als Kausalzonen behandelt man den rechten Schultergürtel, die Brustwirbelsäule, die Bauchspeicheldrüse, das Zwerchfell und den Dickdarm.

Akute Gallenkoliken lindert der Sedierungsgriff über den Symptomzonen des Fußes gut. Zur Reflexzonenmassage am Körper, die hauptsächlich bei bestehenden Gallenblasenerkrankungen angezeigt ist, sucht man am Rücken unterhalb des rechten Schulterblattes nach Verhärtungen und Schmerzen in der Leber-Gallenblasen-Reflexzone. Die Massage wird hier normalerweise als Zirkelung durchgeführt; bei akuten Koliken kann es je nach individueller Reaktion angezeigt sein, die Zirkelung besonders kräftig anzuwenden, um die Schmerzen rascher zu lindern. Bei Bedarf wird die Massage dann bis zum Eintreffen des Therapeuten in kurzen Abständen wiederholt, wenn sich die Kolikschmerzen verstärken.

Leberleiden

Seit einiger Zeit nimmt die Zahl der Leberkranken zu. Falsche Ernährung, Alkohol- und Arzneimittelmißbrauch und Umweltverschmutzung sind die Hauptursachen. Vor allem die Leberverfettung, die in Leberzirrhose übergehen kann, ist heute auf dem Vormarsch. Gemeinsames allgemeines, unklares Warnzeichen aller Leberleiden ist meist das unerklärliche Gefühl der Schwäche und Erschöpfung. Hinzu kommen oft Druckgefühl im Oberbauch und allgemeine Verdauungsbeschwerden mit Völlegefühl, Blähungen, Appetitmangel und Übelkeit. Alle diese Symptome können auch bei anderen Erkrankungen auftreten, aber das läßt sich nur durch gründliche fachmännische Untersuchung abklären.

Zu den heute wichtigsten Leberleiden gehören:

- Leberentzündung, die meist durch Virusinfektion (meldepflichtig) entsteht; sie beginnt im allgemeinen schleichend mit unklaren, grippeähnlichen Symptomen, wie Schnupfen und Halsschmerzen, ferner Mattigkeit, Völlegefühl und Appetitmangel; später kommen hellgelber bis weißlicher Stuhl, bierbrauner Urin und bei rund 50% aller Patienten Gelbsucht hinzu; bei chronischem Verlauf geht die Erkrankung später in Leberzirrhose über.
- Leberfunktionsschwäche entsteht als Folge von Leberentzündungen, anderen Leberschäden oder Vergiftungen; Appetitmangel, Übelkeit, Abneigung gegen Fett, Juckreiz, allgemeine Schwäche, zuweilen auch Wechsel von Heißhunger und Appetitmangel kennzeichnen das schleichende Krankheitsbild; manchmal tritt auch Gelbsucht auf.
- Leberschwellungen sind deutlich unter dem rechten Rippenbogen tastbar und führen hier auch zu unangenehmem Druckgefühl; verursacht werden sie durch verschiedene Leberleiden, Blutkrankheiten, Blutstauungen bei Herzschwäche und bei manchen Stoffwechselstörungen.
- Leberverfettung, die heute häufigste Erkrankung der Leber, bei der sich der Fettgehalt des Organs von normalerweise 3–5% auf über 50% erhöhen kann; verursacht wird sie durch falsche Ernährung, Alkohol-, Arzneimittelmißbrauch, chronische Infektionskrankheiten, Leberentzündungen, Blutarmut, Zuckerkrankheit und andere Stoffwechselstörungen. Im ersten Stadium kommt es vor allem zu Druck in der Lebergegend, Aufstoßen, Blähungen und Völlegefühl; im zweiten Stadium treten noch Vergrößerung und Entzündung der Leber,

allgemeine Schwäche, Nervosität, Schlafstörungen und Gereiztheit hinzu; im letzten Stadium schließlich verstärken sich alle diese Symptome noch, und die Fettleber geht im Lauf der Zeit in die lebensgefährliche Leberzirrhose über.
Neben dieser schleichenden Verfettung der Leberzellen kennen wir noch die akute Form, die bei schweren Infektionen und Vergiftungen (vor allem durch Giftpilze) auftritt; dabei zerreißen die Leberzellen durch Verfettung innerhalb kurzer Zeit, ein akut lebensbedrohlicher Zustand.

- Leberzirrhose (-schrumpfung) als Folge schwerer Leberschäden, die chronisch verliefen, zum Beispiel durch Leberentzündung, Alkohol-, Arzneimittelmißbrauch oder Vergiftungen; dadurch vergrößert sich die Leber zunächst, aber ihre Zellen werden allmählich durch minderwertiges Bindegewebe ersetzt, das keine Leberfunktionen mehr ausüben kann; später schrumpft das Organ dann, wird höckrig und verhärtet; im Anfangsstadium der schleichenden Krankheit kommt es zu Appetitmangel, Blähungen und Völlegefühl, später treten durch Blutstauungen im Bauchraum Krampfadern auf der Bauchdecke und in der Speiseröhre auf, im Endstadium Bauchwassersucht; die Leberzirrhose endet häufig nach jahre- bis jahrzehntelangem Siechtum tödlich im Leberkoma.

Wegen der Bedeutung der Leber für zahlreiche Körperfunktionen dürfen alle Erkrankungen dieses »Zentrallabors« unseres Organismus nur unter fachmännischer Verlaufskontrolle behandelt werden. Je früher diese Therapie beginnt, desto günstiger sind die Aussichten auf vollständige Heilung, denn die Leber verfügt über eine erstaunliche Regenerationsfähigkeit. Insbesondere pflanzliche und homöopathische Heilmittel, Leberdiät und gesundheitsbewußte Lebensführung, die auch alle Genußgifte meiden muß, kommen dazu in Betracht. Zur ergänzenden Behandlung eignet sich die Reflexzonentherapie gut, aber sie kann andere Heilmittel niemals vollständig ersetzen.

Am Körper behandelt man bei Leberleiden die Leberzone am rechten Rücken unterhalb des Schulterblatts. Diese Region wird durch Auskneten massiert. Auch vorübergehend kann man diese Behandlung bereits durchführen.

Ergänzt wird die Körpertherapie am Fuß durch Massage an den Symptomzonen der Leber und der Gallenblase. Die Kausalzonen, die im Einzelfall massiert werden müssen, sollte immer der Fachmann ermitteln, damit auch wirklich eine umfassende Therapie betrieben wird.

Zur Vorbeugung von Leberleiden behandelt man am Fuß regelmäßig die Symptomzonen und die anderen Reflexzonen des Verdauungssystems oder den ganzen Fuß.

Magenleiden

Entzündungen und Geschwüre der Magenschleimhaut treten akut oder chronisch auf und stehen oft mit Magensäurestörungen in Beziehung. Verursacht werden sie insbesondere durch die heute übliche falsche Ernährung, daneben spielen Streß und andere seelisch-nervöse Faktoren eine wichtige Rolle (vor allem bei Geschwüren). Symptomatisch sind Magenschmerzen, -krämpfe, Sodbrennen, Aufstoßen, Blähungen und andere Verdauungsstörungen, als Folge droht Mangelernährung, weil die Kost nicht vollständig verwertet werden kann, bei chronischen Magenleiden kann Krebs entstehen, Geschwüre brechen manchmal in den Bauch durch.
Zu den Erkrankungen des Magens gehören:

- Magengeschwüre, die durch ungenügende Durchblutung der Magenschleimhaut entstehen; dazu tragen fast immer seelisch-nervöse Faktoren, wie Streß, Angst und ungelöste Konflikte, maßgeblich bei, hinzukommen oft Alkohol-, Nikotinmißbrauch, falsche Ernährungsgewohnheiten, zu starkes Würzen, hastiges Essen und Trinken oder chronische Entzündungen der Magenschleimhaut. Symptomatisch sind Magenschmerzen, die in nüchternem Zustand und bald nach dem Essen auftreten und häufig in den linken Rücken ausstrahlen; zum Teil machen sich Magengeschwüre aber auch nur unklar mit Rücken- und Kopfschmerzen sowie einem allgemeinen Krankheitsgefühl bemerkbar.
  Noch nicht geklärt wurde bisher, weshalb Magengeschwüre besonders häufig erstmals im Frühjahr auftreten und dann wegen der unklaren Allgemeinsymptome oft längere Zeit als Frühjahrsmüdigkeit fehlgedeutet werden.
- Akute Magenschleimhautentzündungen (in einfache Fällen spricht man auch von Magenverstimmung oder verdorbenem Magen) entstehen oft durch zu hastiges Essen und Trinken, zu kalte oder zu heiße Mahlzeiten, verdorbene Speisen, Infektionen, Alkohol- und/oder Nikotinmißbrauch. Dadurch kommt es zu Aufstoßen, Völlegefühl, Magenschmerzen, Sodbrennen, Widerwillen gegen Nahrung, Zungenbelag und Mundgeruch, manchmal auch noch zum Erbrechen. Wenn die Krankheit gleichzeitig den Darm betrifft, verläuft sie unter dem Symptombild des akuten Brechdurchfalls.

Chronische Entzündungen der Magenschleimhaut entwickeln sich oft aus einem verschleppten akuten Magenkatarrh, ferner durch ständige falsche Ernährung, ungenügendes Kauen (beispielsweise bei Gebißträgern), sehr häufig auch durch seelisch-nervöse Einflüsse, wie sie beim Magengeschwür schon beschrieben wurden. Die Symptome ähneln denen einer akuten Magenschleimhautentzündung, treten aber nur noch abgeschwächt auf und werden deshalb oft auf die leichte Schulter genommen. Im Lauf der Zeit kommt es dann zur chronischen Mangelernährung, die Magenschleimhaut schwindet, Geschwüre und Magenkrebs können entstehen.

Abgesehen von einfachen akuten Magenverstimmungen dürfen Magenkrankheiten nicht selbst behandelt werden, da es sonst zu ernsten Komplikationen kommen könnte.

Zur Behandlung ist Schonkost, ergänzt durch biologische Arzneimittel nach Verordnung, unentbehrlich, bei seelisch-nervösen Ursachen außerdem autogenes Training oder Psychotherapie.

Reflexzonenmassage trägt dazu bei, die Magenfunktionen wieder zu normalisieren. Am Körper behandelt man die Magenzone, die sich vorne am Bauch unterhalb des Brustbeins befindet. Hier werden beide Hände mit den Fingerkuppen aufgelegt. Dann streicht man nicht zu kräftig über die Magengegend und anschließend entlang der Rippenbögen nach rechts und links außen. Gegen akute Magenbeschwerden wird diese Behandlung bis zur Besserung in Abständen von 1–2 Stunden durchgeführt.

Verbessert wird die Wirkung der Körperbehandlung durch die Fußmassage über den Symptomzonen des Magens, des Mageneingangs und -ausgangs; Kausalzonen sind Bauchspeicheldrüse, Leber-Gallenblasen-System, Dünndarm, Dickdarm, Zwerchfell und mittlere Wirbelsäule. Soforthilfe bei anfallsweisen Schmerzen und Koliken erfolgt durch den Sedierungsgriff über den Symptomzonen.

Magenverstimmung

Die einfache Magenverstimmung mit Übelkeit, Brechreiz und Magenschmerzen heilt in 1–2 Tagen aus. Sie wird reflektorisch über die bei Magenleiden genannten Symptomzonen am Fuß und durch Teefasten (s. Durchfall) behandelt. Wenn nach 3 Tagen keine Heilung eingetreten ist, muß der Fachmann konsultiert werden. Bei Bedarf kann man zusätzlich über die Magenzonen am Bauch (siehe Magenleiden) behandelt werden, das verbessert die Wirkung der Fußreflexzonenmassage.

Sodbrennen

Es entsteht bei Magenleiden und wird ursächlich durch die dort genannten Maßnahmen behandelt. Zur Soforthilfe bewährt sich nach praktischer Erfahrung oft der Sedierungsgriff über den Zonen des Mageneingangs und des Magens.

Am Körper behandelt man bei Bedarf ergänzend die bei Magenleiden beschriebene Reflexzone am Bauch durch Ausstreichen mit den Fingerkuppen entlang der Rippenbögen.

Stuhlverstopfung – Darmträgheit

Die verbreitete Darmträgheit erklärt sich meist aus falscher, ballaststoffarmer Ernährung, oft kommen noch seelisch-nervöse Verkrampfungen des Darms hinzu. Unter Umständen deutet Stuhlverstopfung auch auf ernste, sofort behandlungsbedürftige Erkrankungen hin (vor allem im Alter). Deshalb sollte in unklaren Fällen die Untersuchung nicht verzögert werden. Unter anderem können Störungen der Darmflora, willentliche Stuhlverhaltung bei Zeitmangel, Hämorrhoiden. oder Analfissuren mit Schmerzen bei Stuhlgang, abnorme Länge des Dickdarms und Darmkrebs zur Verstopfung führen.

Neben der unangenehmen Hartleibigkeit führt die Darmträgheit bald auch zu Appetitmangel und Kopfschmerzen als Zeichen einer leichten Selbstvergiftung, ferner treten häufig Blähungen auf. In chronischen Fällen kann es als Komplikation im Lauf der Zeit zu Hämorrhoiden, Krampfadern, Venenentzündungen, Ausbuchtungen der Darmschleimhaut (Divertikel), Störungen der Darmflora und schließlich auch zum Darmkrebs kommen.

Grundsätzlich sollte der Darm täglich 1mal entleert werden. Dazu »erzieht« man ihn zur Pünktlichkeit, indem man konsequent jeden Tag um die gleiche Zeit die Toilette aufsucht, unabhängig davon, ob sich Stuhlgang bemerkbar macht. An diesen Rhythmus gewöhnt sich der Darm bald und meldet sich dann von allein zur Entleerung. Am besten erfolgt der Stuhlgang morgens; bei Bedarf muß man dazu etwas früher aufstehen, denn Zeitdruck führt zu Verkrampfungen, so daß sich die Verstopfung noch verschlimmert.

Abführmittel erscheinen zwar als der bequemere Weg, um eine regelmäßige Entleerung des Darms zu erzwingen, aber sie führen bei Langzeitgebrauch unweigerlich zu Darmschäden; das gilt auch für die rein pflanzlichen Mittel. Deshalb dürfen sie nur ausnahmsweise einmal verabreicht werden, wenn der Therapeut sie nicht im begründeten Einzelfall über längere Zeit verordnet hat. Auch Einläufe (Klistiere) kommen allenfalls vorübergehend einmal in Frage.

Zur Selbsthilfe ist Umstellung auf ballaststoffreiche Kost unentbehrlich. Leinsamen und Weizenkleie aus dem Reformhaus enthalten genügend Ballaststoffe zur regelmäßigen Darmentleerung; die Tagesdosis von 10–30 g muß mit reichlich Flüssigkeit eingenommen werden.

Zusätzlich empfiehlt sich regelmäßige Reflexzonentherapie des ganzen Fußes zur vorbeugenden Anregung der Darmtätigkeit. Bei akuter Verstopfung dient Massage der Symptomzonen des Dickdarms, S-Darms, Mastdarms, Afters, Dünndarms oder Leber-Gallenblasen-Systems als Alternative zu Abführmitteln. Die Reflexzonen des Körpers gegen die Stuhlverstopfung befinden sich rechts und links auf den Bauchdecken. Die erste liegt ungefähr 2–3 Fingerbreiten unterhalb des Rippenbogens, die zweite ungefähr 3–4 Fingerbreiten darunter. Auf jeder Hälfte der Bauchdecke befinden sich diese beiden Zonen, und zwar jeweils 3–4 Fingerbreiten von der Körpermittellinie entfernt.

Behandelt werden diese beiden Zonen auf jeder Bauchhälfte durch kräftige Vibrationsmassage. Man beginnt an der rechten unteren Reflexzone, massiert dann die rechts oben befindliche, anschließend die links oben gelegene und zum Abschluß die Zone am linken Unterbauch.

Die Reflexzonenmassage am Bauch hilft besonders gut bei hartnäckiger Verstopfung, in leichteren Fällen genügt oft allein die Therapie an den Fußzonen.

Zusätzlich werden die Kausalzonen von Magen, Bauchspeicheldrüse, Zwerchfell, unterer Wirbelsäule und der Lymphbahnen des Beckens behandelt.

Reflexzonentherapie unterstützt auch die »Entwöhnung« nach längerem Abführmittelmißbrauch, die aber unter fachmännischer Überwachung erfolgen muß.

Übergewicht

Das Übergewicht gehört zu den häufigsten Gesundheitsrisiken des heutigen Menschen; rund 50% aller Erwachsenen und 25% aller Kinder im schulpflichtigen Alter leiden in den Industriestaaten darunter. Als Folge der überflüssigen Pfunde drohen vor allem Herz- und Gefäßkrankheiten (wie Arterienverkalkung, Infarkt, Schlaganfall, Bluthochdruck), Leber- und Gallenblasenleiden, Gicht, Zuckerkrankheit und andere Stoffwechselstörungen; außerdem scheint auch Krebs mit Übergewicht in Zusammenhang zu stehen.

Von Übergewicht spricht man dann, wenn das Normalgewicht um 10% und mehr überschritten wird. Das Normalgewicht errechnet sich nach der Faustregel »Körpergröße in Zentimetern minus 100 = Normalgewicht in kg«. Nach heutiger Auffassung dient ein Körpergewicht, das leicht über diesem Normalgewicht oder etwas darunter liegt, der Gesundheit am besten. Das lange Zeit geforderte Idealgewicht, errechnet aus dem Normalgewicht minus 10% bei Männern und minus 15% bei Frauen, erwies sich in neueren Untersuchungen nicht als ideal, sondern gilt inzwischen als die Gewichtsuntergrenze, die nicht unterschritten werden darf.

Abgesehen von den seltenen Fällen (rund 1%), in denen das Übergewicht tatsächlich durch krankhafte körperliche Störungen hervorgerufen wird, erklärt es sich immer durch falsche Ernährungsgewohnheiten mit übermäßiger Zufuhr von Kalorien und durch Bewegungsmangel. Dagegen helfen keine »Wunderkuren«, die immer wieder propagiert werden und die Gesundheit sogar noch mehr als das Übergewicht gefährden können, sondern nur eine konsequente Reform aller Fehler der Ernährung und Lebensweise. Sonst kann man durch eine Schlankheitskur das Körpergewicht vorübergehend zwar normalisieren, aber keinen bleibenden Erfolg erzielen. Und da falsche Ernährungsgewohnheiten oft auch mit seelischen Faktoren (der Volksmund spricht bezeichnenderweise vom »Kummerspeck«) in Beziehung stehen, darf auch die positive seelische Beeinflussung nicht vernachlässigt werden. (Da diese Grundvoraussetzungen heute meist nicht erfüllt werden, kehrt bei bis zu 80% aller Menschen, die eine Schlankheitskur erfolgreich hinter sich gebracht haben, schon innerhalb von 6–12 Monaten das alte Übergewicht zurück.)

Es empfiehlt sich, die Schlankheitskur stets mit dem Therapeuten abzusprechen, sonst kann es zu Mangelzuständen und anderen, zum Teil ernsteren Begleiterscheinungen kommen. Zur seelischen Selbsthilfe gegen Übergewicht eignet sich vor allem das autogene Training. Jede Übertreibung bei der Gewichtsabnahme muß wegen drohender Nebenwirkungen vermieden werden. Im Durchschnitt sollte man wöchentlich nicht mehr als 1000 bis 1500 g abnehmen. Meist kommt es nämlich nicht darauf an, das Gewicht rasch zu reduzieren, viel wichtiger ist es, auch danach dauernd schlank zu bleiben. In Ausnahmefällen kann der Therapeut allerdings einmal eine raschere Gewichtsabnahme verordnen, aber das erfolgt dann unter seiner Verlaufskontrolle.

Alle diese Maßnahmen werden durch Reflexzonentherapie natürlich nicht überflüssig, aber wirksam ergänzt. Vor allem erzielt man dadurch eine Anregung des Stoffwechsels und der Ausscheidung von Flüssigkeit aus dem Körper und kann überdies den zu starken Appetit günstig beeinflussen. Daher sollte die Reflexzonenmassage während der Schlankheitskur und bei Bedarf auch hinterher als Ergänzung durchgeführt werden.

Am Körper behandelt man bei Übergewicht die Zonen, die sich an den beiden Oberarmen ungefähr in der Mitte zwischen Schultern und Ellbogen außen befinden. Hier werden nacheinander rechts und links die Fingerkuppen aufgelegt und Vibrationen durchgeführt.

Zusätzlich erfolgt die Reflexzonenmassage an den Füßen, und zwar über den Zonen der Schilddrüsen, Nieren und Nebennieren, bei Bedarf zusätzlich über der Zone für die Hirnanhangdrüse.

Wer unter organischen Drüsenkrankheiten leidet, darf diese Reflexzonenmassage allerdings nur nach fachmännischer Zustimmung durchführen, sonst kann es zu unerwünschten Reaktionen kommen.

Verdauungsstörungen

Dieser Sammelbegriff umfaßt akute und chronische unklare Störungen der Verdauung, wie Aufstoßen, Blähungen, Völlegefühl, Übelkeit, Erbrechen und Appetitmangel. Die Ursachen solcher Beschwerden muß der Fachmann klären. Häufig erklären sich solche allgemeinen Beschwerden an den Verdauungsorganen durch dauernde falsche Ernährungsgewohnheiten, akute Magen-Darm-Erkrankungen, Infektionskrankheiten, Vergiftungen, Mangel an Enzymen und/oder Verdauungssäften, Alkohol-, Nikotinmißbrauch oder seelisch-nervöse Störungen. Chronische Verdauungsstörungen können zur Mangelernährung und zu ernsten Folgekrankheiten bis hin zum Krebs führen und dürfen deshalb auch dann nicht auf die leichte Schulter genommen werden, wenn nur erträgliche Symptome auftreten, an die man sich bald gewöhnt.

Darüber hinaus empfiehlt sich diagnostisch und therapeutisch Reflexzonenmassage aller Zonen der Verdauungsorgane zur Vorbeugung und Basistherapie.

Völlegefühl

siehe Blähungen

Zuckerkrankheit

Die Zuckerkrankheit (Diabetes) gehört heute zu den häufigsten Stoffwechselstörungen. Ihre Ursachen sind noch nicht bis in alle Einzelheiten geklärt. Die Veranlagung zum Diabetes – nicht die Krankheit selbst – wird wahrscheinlich in den meisten Fällen vererbt. Ob aber daraus im Lauf des Lebens tatsächlich die akute Krankheit hervorgeht, hängt hauptsächlich davon ab, ob Fehler der Ernährung und übrigen Lebensführung dem Vorschub leisten. Vor allem Übergewichtige sind stark gefährdet, denn die Ernährungsweise, die das Körpergewicht erhöht, trägt gleichzeitig viel zum Diabetes bei.

Am Anfang der Zuckerkrankheit steht eine Störung des Fettstoffwechsels. Sie bewirkt, daß nicht mehr genügend Fettsäuren für den Energiebedarf des Körpers zur Verfügung gestellt werden können. Deshalb werden die mit der Nahrung zugeführten Kohlenhydrate (also nicht allein reiner Zucker, wie der Krankheitsbegriff vermuten läßt) in der Muskulatur nicht mehr ausreichend verbrannt. Daher steigt der Blutzuckerspiegel an, und die Inselzellen der Bauchspeicheldrüse müssen vermehrt das für den Zuckerhaushalt unentbehrliche Hormon Insulin produzieren, um den Blutzuckerwert zu normalisieren. Einige Zeit geht das gut, allmählich wird das Organ aber erschöpft, und der Blutzuckergehalt steigt unkontrolliert an.

Als Warnzeichen der Zuckerkrankheit kommt es zur Gewichtsabnahme – trotz ausreichender oder sogar übermäßiger Kalorienzufuhr – allgemeine Leistungsschwäche, zu starkem Durst, vermehrtem Harndrang und Brennen oder Jucken in der Harnröhre bei der Urinentleerung. Hinzutreten Hautjucken, eine Neigung zu Furunkeln und Hautpilzinfektionen, abnorme Anfälligkeit für verschiedene Infektionskrankheiten, die dann auch ungewöhnlich schwer und langwierig verlaufen. Außerdem fällt oft schon frühzeitig der fruchtartige Azetongeruch des Urins und/oder der Atemluft auf.

Durch Teststäbchen, die man in der Apotheke auch zur Selbstdiagnose erhält, lassen sich im Urin erhöhte Zuckerwerte nachweisen. Dieser Urintest, den man vorsorglich einmal jährlich durchführen sollte, um bislang versteckten Diabetes so früh wie möglich zu erkennen, arbeitet allerdings nicht absolut zuverlässig. Sicher läßt sich die Zuckerkrankheit immer nur durch die fachmännische Bestimmung der Blutzuckerwerte feststellen oder ausschließen. Beim geringsten Verdacht auf Diabetes sollte deshalb so bald wie möglich – auch wenn der Eigentest mit Urin keinen Befund ergibt – die Laboruntersuchung des Blutzuckerspiegels durchgeführt werden, denn jede Verzögerung der Behandlung erhöht das Risiko von Folgekrankheiten, welche die Lebenserwartung der Betroffenen unnötig verkürzen.

Vorbeugung der Zuckerkrankheit ist besonders dann dringend erforderlich, wenn in der Familie bereits Diabetes vorkommt, um die wahrscheinlich vererbte Anlage dazu lebenslang in Schach zu halten. Eine vollwertige, kalorienknappe Ernährung, die alle Süßigkeiten, Back- und Teigwaren aus Weißmehl und andere »leere« Kalorienträger strikt vermeidet, reichlich Ballaststoffe (vor allem in Rohkost, Kleie und Leinsamen) enthält und Übergewicht verhindert oder schonend dauerhaft normalisiert, trägt entscheidend zur Vorbeugung der Zuckerkrankheit bei. Außerdem muß täglich für ausreichend Bewegung gesorgt werden. Auf diese Weise läßt sich oft trotz ungünstiger Veranlagung verhindern, daß es überhaupt zum akuten Diabetes kommt.

Die Therapie der Zuckerkrankheit erfolgt immer nach fachmännischer Anweisung unter ständiger Verlaufskontrolle des Therapeuten. Im Mittelpunkt steht die individuell zu verordnende Diät, die strikt eingehalten werden muß, ferner die Normalisierung von Übergewicht und ausreichend körperliche Bewegung. Allein dadurch kann man leichtere Formen des Diabetes schon erfolgreich behandeln. Bei Bedarf verordnet der Therapeut zusätzlich Arzneimittel, die zum Teil eingenommen werden können, zum Teil (Insulin) aber nur als Injektion zu verabreichen sind. Aber auch diese Behandlung macht Diät, Gewichtsreduzierung und ausreichend Bewegung als unverzichtbare Voraussetzungen der erfolgreichen Diabetesbehandlung niemals überflüssig.

Viel zu wenig genutzt wird bisher bei Zuckerkrankheit die Reflexzonentherapie. Diät und Arzneimittel kann sie zwar nicht ersetzen, aber gut ergänzen. Allerdings muß die Reflexzonenmassage, die bei Diabetes nur am Fuß erfolgt, unbedingt mit dem Therapeuten abgesprochen werden. Behandelt wird die Symptomzone der Bauchspeicheldrüse, ferner werden als Kausalzonen das Verdauungssystem vom Magen bis zum Dickdarm, dazu die Milz, das Zwerchfell und die Drüsenzonen einbezogen.

Bei bekannter Veranlagung zur Zuckerkrankheit (familiäre Haltung) können die Symptomzonen und die Kausalzonen auch vorbeugend regelmäßig massiert werden.

Erkrankungen der Ausscheidungs- und Geschlechtsorgane

Die meisten Krankheiten dieses Organsystems erfordern fachmännische Untersuchung, versuchsweise kann in einigen Fällen auch nur Selbstreflexzonenmassage durchgeführt werden. Bei Nierenerkrankungen darf man niemals selbst behandeln, sonst können lebensgefährliche Komplikationen entstehen.

Bettnässen

Im allgemeinen beherrschen Kinder ungefähr ab dem 3. Lebensjahr willentlich den Harndrang. Wenn sie sich in diesem Alter immer noch einnässen, dann kann das auf Mißbildungen im Bereich der Harn- und Geschlechtsorgane oder eine Blasenentzündung hinwei-

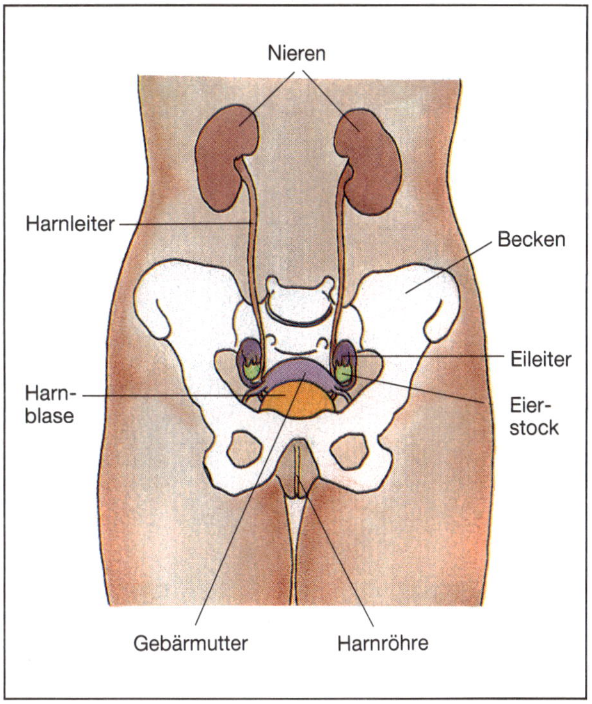

Abb. 39: Urogenitalsystem der Frau

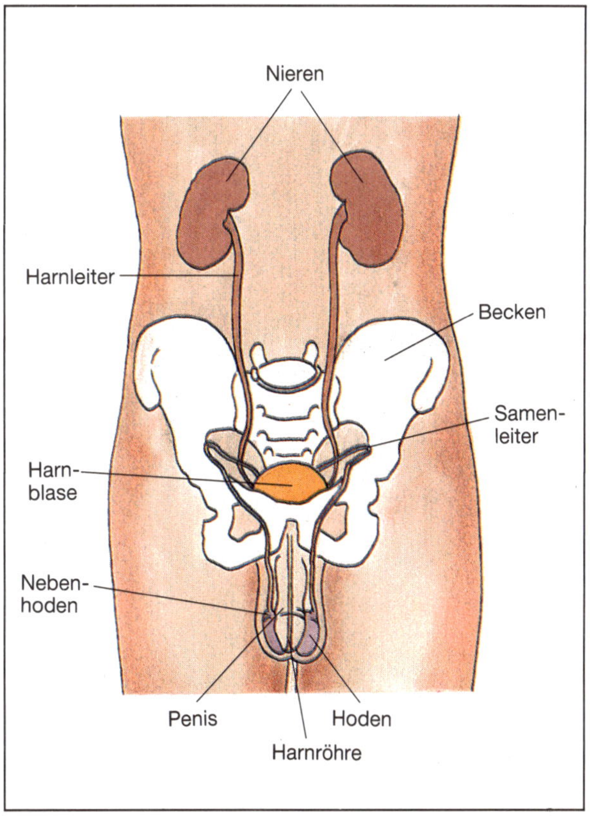

Abb. 40: Urogenitalsystem des Mannes

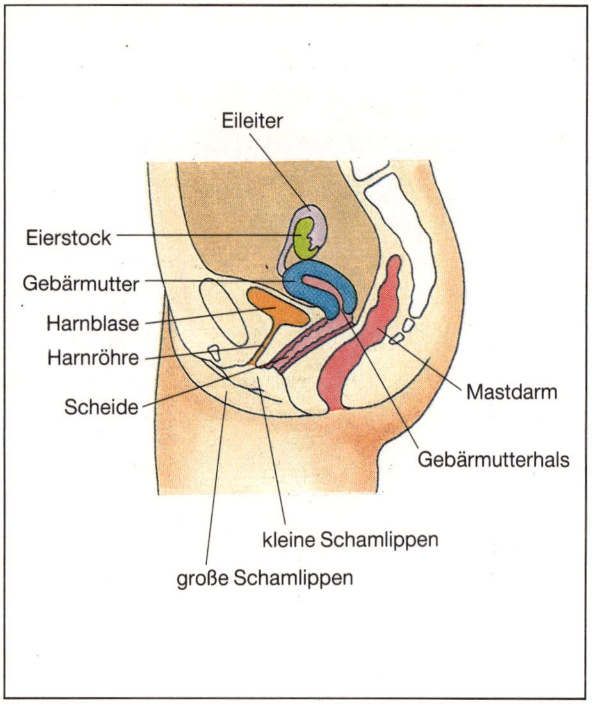

Abb. 41: Geschlechtsorgane der Frau

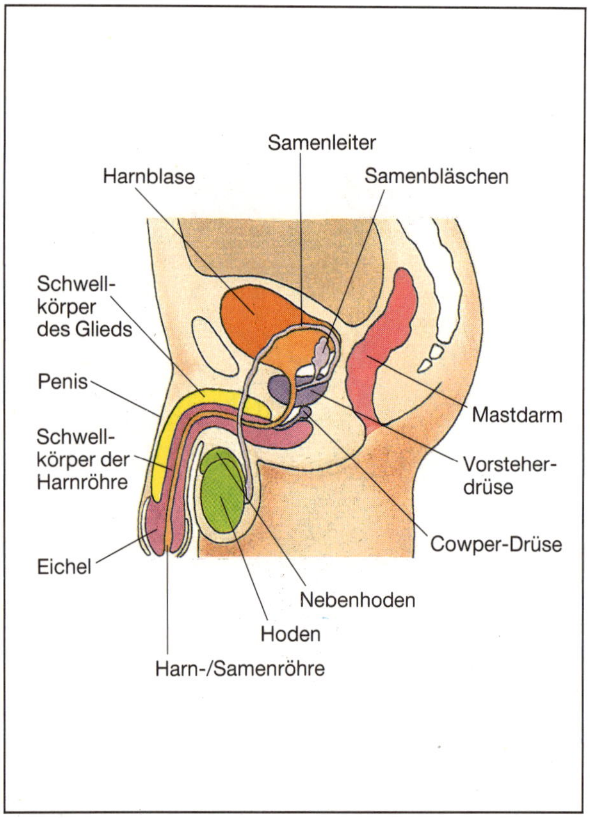

Abb. 42: Geschlechtsorgane des Mannes

sen, die vom Fachmann diagnostiziert und gezielt behandelt werden müssen. Häufiger stehen dahinter aber seelisch-nervöse Ursachen, meist Erziehungsfehler; auch sie können fachmännische Behandlung (Psychotherapie) erfordern, an der oft die ganze Familie teilnehmen sollte. Spott und Strafen, erfahrungsgemäß auch heute noch nicht ganz ausgerottete »Erziehungsmittel«, helfen dagegen mit Sicherheit nicht. Bei Erwachsenen steht Bettnässen in der Regel mit Blasenkatarrhen, Nervenkrankheiten, bei Männern auch mit Erkrankungen der Vorsteherdrüse in Zusammenhang. Das muß durch fachmännische Untersuchung geklärt werden, nach deren Ergebnis sich die weitere Behandlung richtet.

Reflexzonenmassage am Fuß normalisiert die gestörten Ausscheidungsfunktionen bei seelisch-nervösen und verschiedenen organischen Ursachen, aber nicht bei operationsbedürftigen Mißbildungen.

Die Fußmassage erfolgt vorbeugend abends über die Symptomzonen der Harnleiter, der Blase, der Geschlechtsorgane, des Leistenkanals und der Beckenlymphbahnen. Kausaltherapie wird morgens durch Massage der Zonen der unteren Wirbelsäule, des Zwerchfells (Sonnengeflecht) und der Drüsen betrieben. Wenn diese Therapie nicht bald hilft, muß eine gründliche Untersuchung erfolgen.

Neben der Reflexzonentherapie sollte noch auf ausgeglichene Lebensführung mit regelmäßigen Schlaf- und Essenszeiten, möglichst eine Stunde Mittagsruhe täglich, salzarme und reizlose Kost geachtet werden. Ab 16, spätestens 17 Uhr, werden keine Getränke mehr zugeführt.

Leichtere seelisch-nervöse Ursachen des Bettnässens können auch im frühen Kindesalter schon durch positive Selbstbeeinflussung beim autogenen Training beseitigt werden.

Blasenentzündung

Entzündungen der Harnblase werden durch Infektion verursacht, wenn Erkältung, Zugluft oder chronisch kalte Füße die Körperabwehr stören. Bei Zuckerkranken und nach Penicillinbehandlung entstehen Blasenentzündungen oft auch durch Pilzinfektion. Warnzeichen, die zum baldigen Besuch beim Therapeuten veranlassen, sind Schmerzen und Brennen in der Harnröhre, häufiger Harndrang, unter Umständen Bettnässen, ferner Allgemeinsymptome wie Kopfschmerzen, Übelkeit, Müdigkeit, Appetitmangel und Ringe unter den Augen. Chronische Entzündungen nach einem verschleppten akuten Katarrh führen zur Abschwächung der Symptome, können aber durch jede Abkühlung neu aufflammen. Als Komplikationen drohen Blasenschrumpfung, Reizblase, manchmal auch in das Nierenbecken oder die Nieren aufsteigende Infektionen; diese Komplikation an den Nieren erkennt man an Kreuzschmerzen als erstem Warnzeichen, sofortige fachmännische Behandlung ist dann erforderlich.

Grundsätzlich muß jede Blasenentzündung fachmännisch behandelt werden, lediglich bei einfachen Erkältungskatarrhen ist Selbsthilfe erlaubt; wenn keine rasche Besserung eintritt, muß auch in solchen Fällen der Fachmann aufgesucht werden.

Die Behandlung der Blasenentzündung ist oft sehr langwierig, weil sonst Krankheitserreger überleben und immer wieder zu Rückfällen führen. Zum Teil kommt man ohne harndesinfizierende Arzneimittel und Antibiotika, die vom Therapeuten verordnet werden müssen, nicht aus. In leichteren Fällen hat sich vor allem der Bärentraubenblättertee gut bewährt, ergänzt durch Goldrute, Kamille und andere Heilpflanzen. Sie werden meist in fertiger Mischung als »Blasen-Nieren-Tee« angeboten. Ferner können homöopathische Heilmittel nach individueller Verordnung angezeigt sein.

Ergänzt wird diese Therapie durch schmerz- und krampflindernde warme Auflagen auf dem Unterleib. Die Ernährung muß reiz- und gewürzarm sein und vor allem Alkohol, Kaffee, Schwarztee, Essig und Südfrüchte meiden.

Reflexzonenmassage wird bei Blasenentzündung nur am Fuß durchgeführt, um die Symptome zu lindern und die körpereigene Heilkraft gezielt anzuregen.

Behandelt werden die Symptomzonen der Harnblase, Harnleiter und Nieren sowie die Kausalzonen der Beckenlymphbahnen, Geschlechtsorgane, Vorsteherdrüse, unteren Wirbelsäule und Milz, zusätzlich bei Bedarf auch des Zwerchfells (Sonnengeflecht). Diese Therapie beugt aufsteigenden Infektionen in die Nieren meist zuverlässig vor.

Frigidität

Die »Geschlechts-(Gefühls-)kälte« (Anorgasmie) der Frau kommt heute trotz – oder gerade wegen? – der nie zuvor gekannten sexuellen Freizügigkeit in unserer Gesellschaft recht häufig vor. Im weiteren Sinn versteht man darunter das Desinteresse der Frau an sexueller Betätigung, das über längere Zeit oder dauernd besteht. Zum Teil wird der Begriff aber auch im Sinne von Anorgasmie verwendet, das bedeutet Unvermögen der Frau, beim Geschlechtsverkehr zum Höhepunkt (Orgasmus) zu gelangen. Natürlich kann auch erst die Anorgasmie dazu führen, daß die sexuellen Bedürfnisse der Frau dauernd zurückgehen.

Im Einzelfall stehen hinter der Frigidität auch einmal organische Ursachen wie Verletzungen, Mißbildungen und Erkrankungen der Geschlechtsorgane, hormonelle Störungen, Fettleibigkeit oder Zuckerkrankheit. Ungleich häufiger lassen sich die sexuellen Störungen aber aus seelisch-nervösen Einflüssen erklären. Dazu gehören hauptsächlich Konflikte mit dem Partner, Überarbeitung, übermäßiger Streß, Überreizungen des Nervensystems oder seelisch-nervöse Erschöpfungszustände.

Die erfolgreiche Behandlung der Frigidität setzt voraus, daß die Frau überhaupt den Wunsch verspürt, ihr sexuelles Desinteresse zu überwinden, denn sonst fehlt jede Motivation für die Therapie. Ganz unabhängig davon sollte bei Frigidität aber vorsorglich stets eine fachärztliche Untersuchung der Geschlechtsorgane, im Einzelfall zusätzlich auch des Hormonhaushalts, veranlaßt werden, damit körperliche Erkrankungen frühzeitig erkannt und dann auch gezielt behandelt werden können.

Selbsthilfe durch Reflexzonentherapie empfiehlt sich bei Frigidität hauptsächlich dann, wenn Streß und andere nervliche Belastungen das sexuelle Verlangen und/oder die Fähigkeit zum Orgasmus vermindern oder ganz lahmlegen. Gegen ernstere seelische Störungen, insbesondere gegen Konflikte mit dem Partner, bleibt natürlich auch die Reflexzonenmassage ohne Wirkung. Dagegen hilft nur die Veränderung der ungünstigen Lebensumstände. Sie wird bei Bedarf unter Anleitung eines niedergelassenen Psychotherapeuten oder in einer Partner- und Sexualberatungsstelle (zum Beispiel bei »pro familia«) durchgeführt. Nach Möglichkeit nehmen daran aber immer beide Partner teil; notfalls genügt es aber auch, wenn die Frau allein zur Beratung kommt, falls sich der Partner als uneinsichtig erweist. Das spricht dann aber nicht gerade für die zwischenmenschliche Qualität der Beziehung, kommt erfahrungsgemäß aber auch heute noch relativ häufig vor.

Die Reflexzonentherapie der Frigidität wird am Körper und an den Füßen angewendet, und zwar am besten durch den Partner, weil das mit dazu beitragen kann, das Zusammengehörigkeitsgefühl in der Partnerschaft wieder zu stärken. Die Körperzonen befinden sich an den Innenseiten der Oberschenkel. Hier wird von der Leistengegend bis hinab zu den Knien sanft durch Ausstreichen massiert.

Anschließend behandelt der Partner dann alle Fußreflexzonen des Kopfs, der Gebärmutter und Eierstökke, bei Bedarf zusätzlich der Hirnanhangdrüse.

Die Reflexzonentherapie kann bei Frigidität längere Zeit in Anspruch nehmen. Oft bessert sich aber schon allein durch die gemeinsame Behandlung des Partnerproblems die zwischenmenschliche Beziehung so deutlich, daß die Frigidität dadurch überwunden wird.

Leider neigen auch heute noch viele Männer dazu, das Wort Frigidität viel zu leichtfertig und voreilig, fast wie eine verletzende Waffe, gegen Frauen anzuwenden, wenn diese nicht jederzeit bereit sind, die männlichen sexuellen Bedürfnisse zu befriedigen. Das vorübergehende sexuelle Desinteresse der Frau kann viele Ursachen haben, die überhaupt nicht auf Frigidität hinweisen. Aber wenn die Frau oft genug unberechtigt zu hören bekommt, sie sei frigide, darf es nicht weiter verwundern, wenn sie es irgendwann tatsächlich – allein wegen dieser Vorwürfe – wird. Deshalb muß der männliche Partner viel Verständnis aufbringen, wenn die Frau vorübergehend einmal keine sexuellen Interessen zeigt. Oft wirft das erst dann Probleme für die Partnerbeziehung auf, wenn man daraus ein »Drama« macht. So wichtig die erfüllte Sexualität in einer Partnerschaft auch ist, sie darf doch nicht die Hauptrolle spielen.

Ein kleiner psychologischer »Trick« noch zum Abschluß, der sich bei sexuellen Störungen des Mannes und der Frau oft gut bewährt hat und im weitesten Sinn auch etwas mit Reflexzonenmassage zu tun hat. Die Partner einigen sich darauf, für eine bestimmte Zeitspanne – zwei Wochen reichen oft aus – überhaupt keine sexuellen »Annäherungsversuche« mehr zu unternehmen. Erlaubt und notwendig zum Erfolg ist aber das gegenseitige Streicheln des gesamten unbekleideten Körpers, also eine Art »Reflexzonenmassage« der gesamten Körperoberfläche. Sie wird mindestens 1mal am Tag durchgeführt, ohne daß es dabei zum sexuellen Verkehr kommen darf. Sofern auch die anderen Voraussetzungen (vor allem Gefühle füreinander) in der Partnerschaft noch »stimmen«, baut sich auf diese Weise oft bei beiden Partnern eine starke sexuelle Spannung auf, der sie schließlich schon vor Ablauf der vorgegebenen Zeitspanne nicht mehr widerstehen können.

Dieser »Trick« hilft zwar nicht bei allen seelisch-nervösen sexuellen Störungen, aber gemeinsam mit der gezielten Reflexzonenmassage an den Oberschenkeln und Füßen, bei Bedarf ergänzt durch Reflexzonenmassage beim männlichen Partner (siehe Potenzstörungen), lassen sich auf diese Weise doch sehr häufig alle Probleme in kurzer Zeit dauerhaft lösen. Gleichzeitig erhält die Partnerbeziehung dabei auch neue zwischenmenschliche Qualität.

Hodenmißbildungen (Bauch-, Leistenhoden)
Nicht selten bleibt in der vorgeburtlichen Entwicklung ein Hoden (manchmal beide) in der Bauchhöhle oder im Leistenkanal stecken. Mit fachmännischer Erlaubnis kann dann eine Langzeit-Reflexzonentherapie über die Symptomzonen des Leistenkanals, der Geschlechtsorgane und Beckenlymphbahnen durchgeführt werden, ergänzt durch Massage der Kausalzonen der unteren Wirbelsäule, Harnblase, Hirnanhangdrüse und anderen Drüsen. Erst wenn diese Behandlung erfolglos bleibt, sollten vom Arzt verordnete Hormone eingenommen oder chirurgische Maßnahmen ergriffen werden.

Bauch- und Leistenhoden verursachen zwar kaum Beschwerden, zur Vermeidung von Unfruchtbarkeit und seelischen Störungen (sexuelle Minderwertigkeitsgefühle) sollte aber unbedingt Heilung angestrebt werden.

Menstruationsstörungen
Als natürlicher Vorgang führt die Monatsblutung der Frau im gebärfähigen Alter normalerweise zu keinen stärkeren Beschwerden. Die körperlichen Veränderungen rufen allerdings nicht selten leichtere, bald vorübergehende Symptome hervor, vor allem leichte Kopfschmerzen, Ziehen in den Brüsten und im Kreuz oder leichte Verkrampfungen im Unterleib. Diese verbreiteten Beschwerden sind jedoch bedeutungslos und erfordern keine besondere Behandlung; vorsorglich kann man zwar gelegentlich einmal eine fachärztliche Untersuchung durchführen lassen, die aber in der Regel ohne Befund bleibt.

Da die komplizierten hormonellen Vorgänge während des Menstruationszyklus aber leicht gestört werden können und auch seelisch-nervöse Einflüsse bei der Monatsblutung zum Teil eine erhebliche Rolle spielen, leiden ungefähr 20 bis 25% aller Frauen im gebärfähigen Alter unter teilweise erheblichen Symptomen. Dabei unterscheidet man die folgenden Verlaufsformen:

- **Amenorrhoe,** die nicht durch Schwangerschaft oder Wechseljahre bedingte ausbleibende Regelblutung, die durch seelisch-nervöse Faktoren, allgemeine Schwäche- und Erschöpfungszustände, Blutarmut oder unterentwickelte Eierstöcke zu erklären ist;
- **Dysmenorrhoe** mit stärkeren Schmerzen und Verkrampfungen, meist eine Folge einer unterentwickelten Gebärmutter, gutartiger Geschwülste (Myome) oder auch von Senkungen der Unterleibsorgane;
- **Menorrhagie,** die zu starke und/oder zu lange andauernde Monatsblutung, die bei schwach entwikkelter Gebärmutter, gutartigen Geschwülsten, Entzündungen der Geschlechtsorgane, bei älteren Frauen oder durch Veranlagung hervorgerufen wird;

- **Oligomenorrhoe,** die zu seltene und/oder zu schwache Monatsblutung bei allgemeiner Schwäche und Erschöpfung, Blutarmut, Entzündungen der Geschlechtsorgane, unterentwickelten Eierstöcken, chronischer Darmträgheit oder seelisch-nervösen Störungen.

Da die Ursachen solcher stärkeren Menstruationsstörungen meist gezielte körperliche und/oder seelische Behandlung erfordern, müssen alle ungewöhnlichen Veränderungen während der Monatsblutung bald fachmännisch untersucht werden, ehe man vielleicht eine beginnende ernstere Krankheit unnötig verschleppt.

Reflexzonenmassage am Körper und/oder an den Füßen eignet sich gut zur Selbsthilfe bei den häufigen leichteren Mißempfindungen während der Menstruation. Dadurch erspart man sich meist die sonst übliche Einnahme von chemischen Schmerzmitteln auf dem Höhepunkt der Beschwerden. Regelmäßig vorsorglich durchgeführt kann Reflexzonentherapie auch verhindern, daß es überhaupt jemals zu Menstruationsstörungen kommt; als Zeichen für den Eintritt der Wirkung kann es vorübergehend zum Ausfluß aus der Scheide kommen, der aber keine krankhafte Bedeutung hat und sich bald von selbst normalisiert, wenn man die Massage konsequent fortsetzt.

Die Reflexzonenmassage am Körper erfolgt bei Menstruationsbeschwerden über die Gesäßmuskulatur. Dazu legt man im Stehen beide Hände hinten so unter das Gesäß, daß Handflächen und Finger die beiden Gesäßhälften nahe bei der Gesäßöffnung umfassen. Die Therapie wird als Vibrationsmassage durchgeführt. Dabei sollen die Muskeln beider Gesäßhälften gut durchgearbeitet werden. Die Therapie wird über längere Zeit, bei Bedarf auch dauernd angewendet, damit die Störungen dauerhaft beseitigt werden.

Am Fuß behandelt man ebenfalls längere Zeit oder dauernd zusätzlich die Symptomzonen der Eileiter, Geschlechtsorgane und Lymphbahnen des Beckens, als Kausalzonen die Hirnanhangdrüse, Schilddrüse, andere Drüsen, die untere Wirbelsäule, den gesamten Beckenbereich und das Zwerchfell (Sonnengeflecht). Das kann zur Veränderung des Zyklus führen, die aber bedeutungslos ist.

Die gleichen Symptom- und Kausalzonen werden auch bei stärkeren Menstruationsbeschwerden und Blutungsanomalien behandelt – aber nur mit Zustimmung des Therapeuten. Da solche Störungen auf organische oder seelisch-nervöse Krankheiten hinweisen, ist Selbstbehandlung nicht erlaubt, solange keine Diagnose erhoben wurde.

Nierenleiden

Entzündungen des Nierenbeckens oder der gesamten Nieren und Nierensteine können lebensgefährlich werden und gehören daher sofort in fachmännische Behandlung. Oft müssen Arzneimittel mit stark antibiotischer Wirkung verabreicht werden, oder die Behandlung erfolgt im Krankenhaus. Warnzeichen der Nierenbeckenentzündung sind heftige Kreuzschmerzen, oft auch hohes Fieber, bei Nierenentzündung vor allem verminderte Harnausscheidung und Schwellungen, bevorzugt im Gesicht. Nierensteine können heftige Koliken auslösen oder sich nur durch dumpfen Druck im Kreuz bemerkbar machen.

Entzündungen des Nierenbeckens entstehen durch Infektionen, wobei die Krankheitserreger meist durch die Harnwege, seltener auf dem Blutweg, ins Nierenbecken gelangen. Häufig bestand anfangs eine nicht sachgerecht behandelte, verschleppte Blasenentzündung, so daß die Krankheitserreger von hier zum Nierenbecken aufsteigen konnten. Erkältung, Durchnässung, Zugluft, manchmal auch Schwangerschaft oder chronische Stuhlverstopfung begünstigen die Krankheit, die ein oder beide Nierenbecken betrifft.

Neben heftigen Kreuzschmerzen und Fieber, dem oft Schüttelfrost vorangeht, kommt es zum allgemeinen, oft schweren Krankheitsgefühl und zu trübem Urin als wichtigsten Warnzeichen.

Die Behandlung wird vom Fachmann verordnet, zum Schutz der lebenswichtigen Nieren müssen oft über längere Zeit Antibiotika verabreicht werden. Außerdem eignen sich zur ergänzenden Therapie fertige Arzneimittel mit Bärentraube und Goldrute gut, sofern der Therapeut damit einverstanden ist. Die Ernährung soll möglichst streng vegetarisch sein und Salz und Gewürze bis zur völligen Ausheilung strikt vermeiden.

Entzündungen der Nieren verlaufen akut oder von Anfang an chronisch-schleichend; eine verschleppte akute Nierenentzündung kann bald chronisch werden. Als Spätfolge der unsachgemäßen Behandlung drohen bleibende Nierenschäden, so daß regelmäßige »Blutwäsche« an der künstlichen Niere oder Nierentransplantation erforderlich wird. Durch frühzeitige fachmännische Therapie, die zum Teil einen längeren Klinikaufenthalt erfordert und ohne Antibiotika kaum auskommt, läßt sich die chronische Nierenschädigung aber meist zuverlässig verhüten.

Zur Entzündung der Nieren kann es kommen, wenn Erreger aus der Harnblase oder dem Nierenbecken in die Nieren verschleppt werden. Deshalb ist die sachgerechte Behandlung von Blasenkatarrhen und Nierenbeckenentzündungen ungemein wichtig, um solche Komplikationen zu vermeiden. Häufig treten Nierenentzündungen auch nach anderen Infektionskrankheiten auf, vor allem nach Scharlach, Masern, Mittelohr- und Mandelentzündungen. Schließlich können auch noch chronische Infektionsherde in anderen Körperregionen, die selbst kaum Symptome verursachen, durch Streuung von Krankheitserregern zu Nierenentzündungen führen; das gilt vor allem für chronische Eiterungen an Zahnwurzeln, Mandeln, Nasennebenhöhlen und Gelenken. Die Entzündung kann eine oder beide Nieren betreffen, sich auf einzelne Abschnitte des Nierengewebes (Herdnephritis) beschränken oder das gesamte Nierengewebe erfassen.

Anfangs bestehen unklare Allgemeinsymptome wie Abgeschlagenheit, Kopfschmerzen, abnorme Müdigkeit, Appetitmangel und zum Teil hohes Fieber. Dann kommen Schmerzen in der Nierengegend, Schwellungen im Gesicht, vor allem um die Augenlider, trüb-blutiger Urin und Bluthochdruck hinzu, in schweren Fällen auch noch Atemnot. Bei der Herdnephritis erhöht sich der Blutdruck meist nicht, und es kommt auch nicht zu Schwellungen; trotzdem darf auch diese leichtere Verlaufsform nie vernachlässigt werden.

Der Urin enthält in hoher Konzentration verschiedene ausscheidungspflichtige Stoffe. Normalerweise werden sie in Lösung gehalten. Durch verschiedene Ursachen, vor allem Schleimhaut- und Zellreste, die nach einer Nierenentzündung zurückbleiben können, oder bei zu hoher Konzentration durch Stoffwechselstörungen kann es aber zur Ausfällung solcher Stoffe aus dem Urin kommen. Dann entsteht Nierengrieß (winzige Steinchen in Sandkorngröße) oder ein regelrechter Nierenstein.

Anfangs verursachen diese Ablagerungen meist nur dumpfen Druck im Kreuz, gelegentlich kann sich auch Blut im Urin befinden. Wenn aber ein kleinerer Stein im Harnleiter eingeklemmt wird, treten heftige Koliken auf. Größere Steine behindern den Abfluß des Urins aus den Nieren; sie werden dann wie ein Ballon aufgetrieben, wobei das Nierengewebe zugrunde geht.

Nierensteine können nach fachmännischer Anweisung manchmal auf natürlichem Weg durch die Harnleiter, Harnblase und Harnröhre ausgetrieben werden, zum Teil lassen sie sich auch medikamentös auflösen. Aber oft kann ein chirurgischer Eingriff zur Entfernung der Nierensteine nicht vermieden werden. Neuerdings wird als Alternative zur Operation immer häufiger die Zertrümmerung der Nierensteine durch Ultraschall vorgenommen, die jedoch nicht bei allen Patienten angezeigt ist. Diese Methode ist wesentlich schonender für den Patienten, der dazu in einem Wasserbad sitzt und hinterher nur kurz in der Klinik bleiben muß.

Da sich Nierensteine nach der Entfernung neu bilden können, kommt der Vorbeugung große Bedeutung zu. Dazu muß der Urin durch reichliches Trinken (am besten geeignete Mineralwässer und Hagebuttentee) stets in schwacher Konzentration gehalten werden. Ferner ist Diät erforderlich, die je nach der Zusammensetzung der Steine vom Therapeuten verordnet werden muß.

Bei akuten Nierenkoliken lindern warme Voll- und Sitzbäder (bis über die Nieren) und warme Auflagen auf die Nierengegend die schlimmsten Schmerzen, bis der Therapeut die weitere Behandlung übernimmt. Wegen der heftigen Schmerzen, die zu den schlimmsten gehören, die ein Mensch erleiden muß, ist es bei Nierensteinkoliken immer berechtigt, den Notarzt auch mitten in der Nacht zu rufen. Durch krampf- und schmerzstillende Spritzen wird er die Schmerzanfälle rasch unterbrechen. Die Reflexzonentherapie kann bei allen Nierenleiden zur Ergänzung der anderen notwendigen Heilverfahren durchgeführt werden. Sie sollte aber stets mit dem Therapeuten abgesprochen werden.

Am Körper befinden sich die Zonen rechts und links der unteren Wirbelsäule, dort, wo man den Schmerz in der Nierengegend wahrnimmt. Zur Massage stemmt man die Hände so in die Hüften, daß die Finger auf den beiden Zonen am Rücken liegen. Behandelt wird durch sanftes Ausstreichen der Zonen, das bei akuten Koliken in kurzen Abständen zu wiederholen ist.

Am Fuß behandelt man als Symptomzonen Nieren, Harnleiter und Harnblase, als Kausalzonen Becken- und Leistenlymphbahnen, untere Wirbelsäule, Herz, Milz, Drüsen und Verdauungsorgane.

Da Nierenleiden oft mit Krankheitsherden in Zusammenhang stehen, wird der Therapeut im Einzelfall Massage der Zahn-, Mandel- und/oder Nebenhöhlenzonen verordnen. Soforthilfe bei Nierenkoliken ist durch den Sedierungsgriff über den Symptomzonen möglich, die Besserung erspart jedoch nie fachmännische Untersuchung.

Potenzstörungen

Störungen der männlichen Potenz führen zu unterschiedlichen Symptomen. Zum Teil kann das sexuelle Verlangen (Libido) des Mannes stark herabgesetzt oder ganz lahmgelegt werden, teils treten Schwierigkeiten beim Vollzug des Geschlechtsverkehrs auf, vor allem vorzeitiger oder verzögerter Samenerguß, ungenügende Versteifung des männlichen Glieds oder Unvermögen, zum Orgasmus zu gelangen. Schließlich kann dann auch noch die Fähigkeit zur Zeugung von Kindern beeinträchtigt oder aber völlig aufgehoben sein.

Bei Zeugungsunfähigkeit bestehen relativ häufig organische Ursachen, während sie bei sexuellen Störungen seltener vorkommen. Allerdings nimmt seit einiger Zeit die Zahl der Männer erheblich zu, bei denen Durchblutungsstörungen im Bauchraum durch frühzeitige Verkalkung der hier befindlichen Arterien bereits in jungen Jahren zur Impotenz führen. Dagegen muß dann wie gegen andere körperliche Ursachen nach fachmännischer Verordnung gezielt behandelt werden.

Häufiger erklären sich Potenzstörungen bei Männern aus seelisch-nervösen Ursachen. Dazu gehören vor allem Streß und Partnerschaftskonflikte, wie sie bereits bei der weiblichen Frigidität beschrieben wurden. Nach dem ersten Erlebnis des sexuellen Versagens können sich die Potenzstörungen noch erheblich verschlimmern, weil viele Männer zukünftig aus Angst vor erneutem Versagen bewußt versuchen, die sexuellen Reaktionen des Körpers zu kontrollieren. Das stört die natürlichen Funktionen zusätzlich und kann zur dauernden Impotenz führen.

Außerdem werten viele Männer vor allem in der Lebensmitte ein sexuelles Versagen als persönliche »Niederlage« und Zeichen des Alterns, was natürlich ebenfalls zu weiteren Potenzstörungen führen kann. Manchmal brechen die Männer danach auch aus ihrem gewohnten Leben aus, verlassen die Familie, um an der Seite einer jungen Partnerin selbst nochmals »jung« zu werden (das muß natürlich eine unerfüllbare Illusion bleiben), geben vielleicht sogar ihren Beruf auf, in dem sie keine weitere Entwicklungsmöglichkeiten mehr sehen. Alle diese übersteigerten Reaktionen, an deren Anfang oft das sexuelle Versagen steht, faßt man unter dem Oberbegriff »Midlife-crisis« zusammen. In der Mehrzahl der Fälle scheitern diese Ausbruchversuche.

Je nach den Ursachen der Potenzstörungen muß körperlich und/oder seelisch behandelt werden. Die Naturheilkunde empfiehlt unter anderem warme Sitzbäder, heiße Güsse auf die Lendenwirbelsäule und gegen die seelisch-nervösen Ursachen vor allem autogenes Training. Daneben spielt auch die Reflexzonenmassage eine wichtige Rolle bei der biologischen Therapie männlicher Potenzstörungen. Sie muß über längere Zeit am Körper und an den Füßen durchgeführt werden, ehe sich ein bleibender Erfolg einstellt.

Am Körper befinden sich die beiden Reflexzonen am unteren Rücken rechts und links von der Wirbelsäule oberhalb des Gesäßes. Hier legt man die Finger auf die Haut, und zwar so, daß sie sich in der Mitte oberhalb der Gesäßfalte mit den Fingerspitzen berühren. Dann streicht man nicht zu sanft die Zonen nach außen aus. Zum Teil hat sich auch die anschließende Vibrationsmassage über den beiden genannten Kreuzbeinzonen bewährt, um die Wirkung der Reflexzonenmassage noch zu verstärken.

Anschließend massiert man an den Füßen die Symptomzonen der Hoden. Das kann bereits genügen, um Potenzstörungen allmählich zu bessern. Außerdem empfiehlt es sich aber noch, auch die anderen Drüsenzonen zu massieren, um eine Harmonisierung aller Drüsenfunktionen zu erreichen. Und da sich im unteren Rückenmark Nervenzentren zur Steuerung der sexuellen Reaktionen befinden, kann überdies auch noch kausal über die Fußzonen der Lendenwirbelsäule und des Kreuzbeins behandelt werden.

Noch günstiger wäre es bei Potenzstörungen allerdings, alle Fußreflexzonen regelmäßig zu beeinflussen, damit alle Körperfunktionen wieder harmonisch aufeinander abgestimmt werden. Die Ursachen der Impotenz sind ja meist nicht nur im Bereich der Geschlechtsorgane zu suchen, sondern auch auf allgemeine körperliche sowie auf nervöse Ursachen zurückzuführen.

Jenseits der Lebensmitte kann die Reflexzonentherapie am Körper und an den Füßen auch vorbeugend angewendet werden, um ein rasches Nachlassen der Potenz zu vermeiden. Schließlich kann man auch bei männlicher Impotenz wieder den bereits bei der weiblichen Frigidität beschriebenen psychologischen »Trick« anwenden, um durch gewollten Verzicht auf sexuelle Betätigung für einige Zeit die sexuelle Spannung zu erhöhen.

Reizblase

Die chronische Reizblase tritt bevorzugt bei Frauen in den Wechseljahren auf. Verursacht werden die Beschwerden durch seelisch-nervöse Verkrampfungen, Blasenschrumpfung, seltener Hirn- und Rückenmarkskrankheiten. Gründliche Untersuchung ist erforderlich, damit alle Ursachen gezielt behandelt werden können, Reflexzonenmassage am Fuß ergänzt die übrige Therapie. Dazu behandelt man die bei Blasenentzündung genannten Symptom- und Kausalzonen. Der Therapeut wird je nach Befund krampflindernde, allgemein beruhigende Naturheilmittel verordnen, zum Beispiel Gänsefingerkraut und Johanniskraut, zwei altbewährte Heilpflanzen; besonders gut eignen sich bei dieser sehr hartnäckigen Krankheit aber oft homöopathische Medikamente, die individuell vom erfahrenen Fachmann ausgewählt werden müssen.

Außerdem tragen Kürbiskerne, die man auch als fertige Arzneimittel rezeptfrei erhält, viel dazu bei, die Funktionen der Harnblasenmuskulatur wieder zu normalisieren. Zusätzlich sollte immer autogenes Training durchgeführt werden, um auch die seelisch-nervösen

Faktoren zu beseitigen, denn vorher ist keine Heilung möglich.

Symptomatisch für Reizblase ist dauerndes, teils schmerzhaftes Gefühl des Harndrangs trotz geringer Blasenfüllung.

Vorsteherdrüsenerkrankungen

Entzündungen und vor allem Vergrößerungen der männlichen Prostata sind weit verbreitet und treten bevorzugt nach dem 40. Lebensjahr auf. Da die Vorsteherdrüse oft zur krebsigen Entartung neigt, muß der Arzt bei Störungen der Harnentleerung, Schmerzen und Schwellungen am Damm, Druck und Brennen in der Harnröhre oder Urinverfärbungen aufgesucht werden.

Regelmäßige Reflexzonenmassage am Fuß empfiehlt sich etwa ab dem 40. Lebensjahr zur Vorbeugung der Prostatavergrößerung, ergänzt aber auch wirksam die Therapie bestehender Prostataerkrankungen oder normalisiert nach operativer Entfernung des Organs die Funktionen des Ausscheidungs- und Genitaltrakts. Dazu behandelt man die Symptomzonen der Geschlechtsorgane und Beckenlymphbahnen und die Kausalzonen der Drüsen, Harnblase, Harnleiter, des Leistenkanals, der unteren Wirbelsäule und des Zwerchfells.

Zu den wichtigsten pflanzlichen Arzneimitteln zur Vorbeugung und Behandlung des ersten Stadiums der Prostatavergrößerung gehören die Kürbiskerne. In Siebenbürgen, wo man von Kindesbeinen an gewohnheitsmäßig Kürbiskerne kaut, kommen Vergrößerungen der Vorsteherdrüse und auch Erkrankungen der Harnwege und Harnblase bei Mann und Frau (siehe auch Reizblase) viel seltener vor.

Kürbiskerne gibt es in Form fertiger Arzneimittel. Zur Vorbeugung nimmt man sie spätestens ab der Lebensmitte ein, denn die ersten Veränderungen an der Vorsteherdrüse treten oft bereits zwischen dem 45. und 50. Lebensjahr auf. Die Behandlung mit Kürbiskernen sollte kurmäßig 2mal jährlich jeweils 2–3 Monate lang durchgeführt werden. Es spricht aber auch nichts dagegen, die vorbeugende Einnahme ohne Unterbrechung für noch besseren Schutz durchzuführen.

Zur Therapie bestehender Vergrößerungen der Vorsteherdrüse werden Arzneimittel mit Kürbiskernen zur Langzeitbehandlung nach fachmännischer Anweisung gebraucht. Die Vergrößerung im Anfangsstadium läßt sich dadurch zum Teil wieder vollständig zurückbilden, zumindest aber der weitere Krankheitsverlauf für lange Zeit hemmen. Neben Kürbiskernen müssen aber meist noch andere Arzneimittel (vorwiegend individuell vom Therapeuten ausgewählte homöopathische Medikamente) verabreicht werden. Fortgeschrittene Fälle lassen sich auf diese Weise aber kaum noch bessern, deshalb kommt der Vorbeugung und Frühbehandlung so große Bedeutung zu.

Weshalb es überhaupt zur Vergrößerung der Prostata kommt, ist bisher noch nicht endgültig geklärt. Vermutlich trägt dazu die heute übliche zu fettreiche Ernährung bei, denn Fette stören den Hormonhaushalt und begünstigen wahrscheinlich auch verschiedene Krebskrankheiten. Gesundheitsbewußte, fettarme Ernährung gehört deshalb ebenfalls zur Vorbeugung und Behandlung der Prostatavergrößerung.

Bei Entzündungen der Vorsteherdrüse durch Infektion muß der Fachmann oft Antibiotika verordnen. Selbstbehandlung ist bei dieser meist recht schmerzhaften Erkrankung nicht möglich, und auch die Reflexzonentherapie sollte mit dem behandelnden Arzt abgesprochen werden.

Ab dem 45. Lebensjahr sollte jeder Mann die Möglichkeit zur Krebsfrüherkennungsuntersuchung 1mal im Jahr wahrnehmen, bei der unter anderem auch auf Prostatakrebs untersucht wird. Je früher man diese Krebserkrankung erkennt und behandelt, desto günstiger sind die Aussichten auf vollständige Heilung.

Krankheiten des rheumatischen Formenkreises

Die verbreiteten rheumatischen Erkrankungen der Gelenke, Muskeln, Sehnen, Wirbelsäulen, Nerven und anderen Weichteilen stehen oft mit Ablagerung von Schlacken und Giften in Zusammenhang, die durch Reflexzonentherapie vermieden oder wieder abgebaut werden kann. Zum Teil liegen Abnutzungserscheinungen mit Störungen des Stoffwechsels der Gelenke, Wirbel, Bandscheiben oder Weichteile vor, die von der Reflexzonenmassage günstig beeinflußt werden. Deshalb eignet sie sich gut zur Vorbeugung und ergänzenden Behandlung aller rheumatischen Krankheiten.

Es gibt heute schon viele biologisch orientierte Ärzte und Heilpraktiker, die Reflexzonenmassage in solchen Fällen regelmäßig verordnen, zum Teil durch andere Massagetechniken ergänzt. Auch in der eigenen Praxis möchte ich diese Therapie bei meinen Rheumakranken nicht mehr missen.

Armschmerzen

Schmerzen in einem oder beiden Armen sind mehrdeutige Krankheitszeichen, so daß man vor Beginn der Behandlung stets sorgfältig nach den Ursachen forschen muß. Zuweilen fällt es auch dem Fachmann schwer, auf Anhieb zu erkennen, wodurch die

Schmerzen entstehen. In unklaren Fällen muß stets der Therapeut konsultiert werden, wenn die Eigenbehandlung nicht innerhalb einiger Tage zur Besserung führt.

Nach den häufigsten Ursachen unterscheidet man die folgenden Formen der Armschmerzen (Brachialgie):

- Brachialneuralgie durch Reizung des Armnervengeflechts (Plexus brachialis) im Schulter-Arm-Bereich;
- nächtliche Brachialneuralgie mit schmerzhaften Mißempfindungen in einem oder beiden Armen, eine Sonderform, die nur während der Nachtruhe auftritt und häufig mit bestimmten Schlafhaltungen in Zusammenhang steht;
- Brachialgia statica mit Schmerzen in den Armen nur bei aufrechter Körperhaltung.

In der Mehrzahl der Fälle erklären sich die Armschmerzen durch Nervenreizungen, die wiederum mit bestimmten Körperhaltungen und Schäden im Bereich der Halswirbelsäule in Beziehung stehen. Dazu gehören hauptsächlich Abnutzung der Bandscheiben und der Wirbel des oberen Wirbelsäulenabschnitts, die größtenteils durch Fehl- und Überlastungen entstehen. Ferner können angeborene Mißbildungen an der Halswirbelsäule, Abnutzungserscheinungen an ihren kleinen Gelenken oder nicht richtig ausgeheilte Wirbelverletzungen vorliegen.

Daneben muß im Einzelfall auch noch daran gedacht werden, daß Nerven bei Mangel an Vitaminen der B-Gruppe oder bei Blutarmut auch auf solchen Druck überempfindlich reagieren können, der normalerweise ohne Beschwerden vertragen wird. Manchmal, wenn die Schmerzen nur im linken Arm bestehen, liegt überhaupt keine Nervenreizung vor, sondern die Schmerzen strahlen aus der Herzgegend in den Arm aus. Da es sich hierbei auch um eine ernstere Herzkrankheit handeln kann, soll bei einseitigen Schmerzen im linken Arm schnellstens eine fachmännische Untersuchung veranlaßt werden.

Neben den verschiedenen Formen der Brachialneuralgie kennen wir noch das Schulter-Arm-(Schulter-Hand-)Syndrom. Dabei treten Schmerzen auf, die bereits in den Schultern beginnen und in den Arm oder sogar bis in die Finger hinein ausstrahlen. Zusätzlich kommen Empfindungs- und Durchblutungsstörungen bei diesem Krankheitsbild vor. In schweren Fällen kann es sogar zum Schwund der Arm- und Fingermuskulatur kommen, der zur weitgehenden Gebrauchsunfähigkeit führt.

Das Schulter-Arm-Syndrom entsteht durch Nervenreizungen im Bereich der Halswirbelsäule, insbesondere bei Schädigungen der Bandscheiben oder bei Rheuma der kleinen Halswirbelgelenke. Zur Soforthilfe bei Arm- und Schulter-Arm-Schmerzen hat sich die Reflexzonenmassage an den Füßen gut bewährt. Da die Beschwerden hauptsächlich von der Halswirbelsäule ausgehen, wird deren Zone an den Füßen massiert. Zusätzlich behandelt man die Zonen des Schultergürtels, Schultergelenks, Oberarms und Ellbogens, um die Symptome rasch zu lindern. Am besten bewährt sich bei akuten Schmerzzuständen meist der Sedierungsgriff, später kann dann der Grundgriff der Fußmassage zu einer Langzeittherapie angewendet werden.

Ergänzt wird die Fußmassage durch sanftes Ausstreichen des ganzen Arms von der Schulter bis hinab zu den Handgelenken. Dazu kann man anstelle des sonst üblichen Massageöls eine gute Rheumasalbe mit schmerzlindernden und durchblutungsfördernden Wirkstoffen verwenden.

Die Beseitigung der akuten Arm- oder Schulter-Arm-Schmerzen bedeutet allerdings noch keine Heilung. Die abgenutzten Bandscheiben und Wirbel können im Lauf der Zeit weiter verschleißen, so daß es zu Rückfällen und weiteren Krankheitszeichen kommt. Endziel der Therapie muß es deshalb sein, die Schädigung wieder zu bessern (vollständig gelingt das freilich oft nicht mehr) oder zumindest ihr weiteres Fortschreiten aufzuhalten. Dazu trägt die Reflexzonentherapie zwar auch bei, aber der Therapeut wird zusätzlich geeignete Arzneimittel verordnen müssen, damit man sicher sein kann, das bestmögliche Behandlungsergebnis zu erzielen.

Nicht vergessen werden darf die Korrektur falscher Haltungsgewohnheiten und die regelmäßige Gymnastik speziell für die Halswirbelsäule. Dadurch wird ihre Beweglichkeit erhalten und allmählich wieder verbessert sowie die Nackenmuskulatur gestärkt, so daß sie die Halswirbel und Bandscheiben entlasten kann. (Siehe auch die Stichwörter Bandscheibenschäden, Halswirbelsäulenbeschwerden, Nackenschmerzen, Schulterschmerzen.)

Arthritis

siehe Gelenkentzündung

Arthrose

siehe Gelenkabnutzung

Bandscheibenschäden

Die Bandscheiben bestehen aus einem äußeren, faserigen Ring, der ihnen ihre Form und Festigkeit verleiht, und dem elastischen Gallertkern, der als Puffer wirkt. Sie befinden sich jeweils zwischen zwei Wirbelkörpern, beginnend zwischen dem 2. und 3. Halswirbel

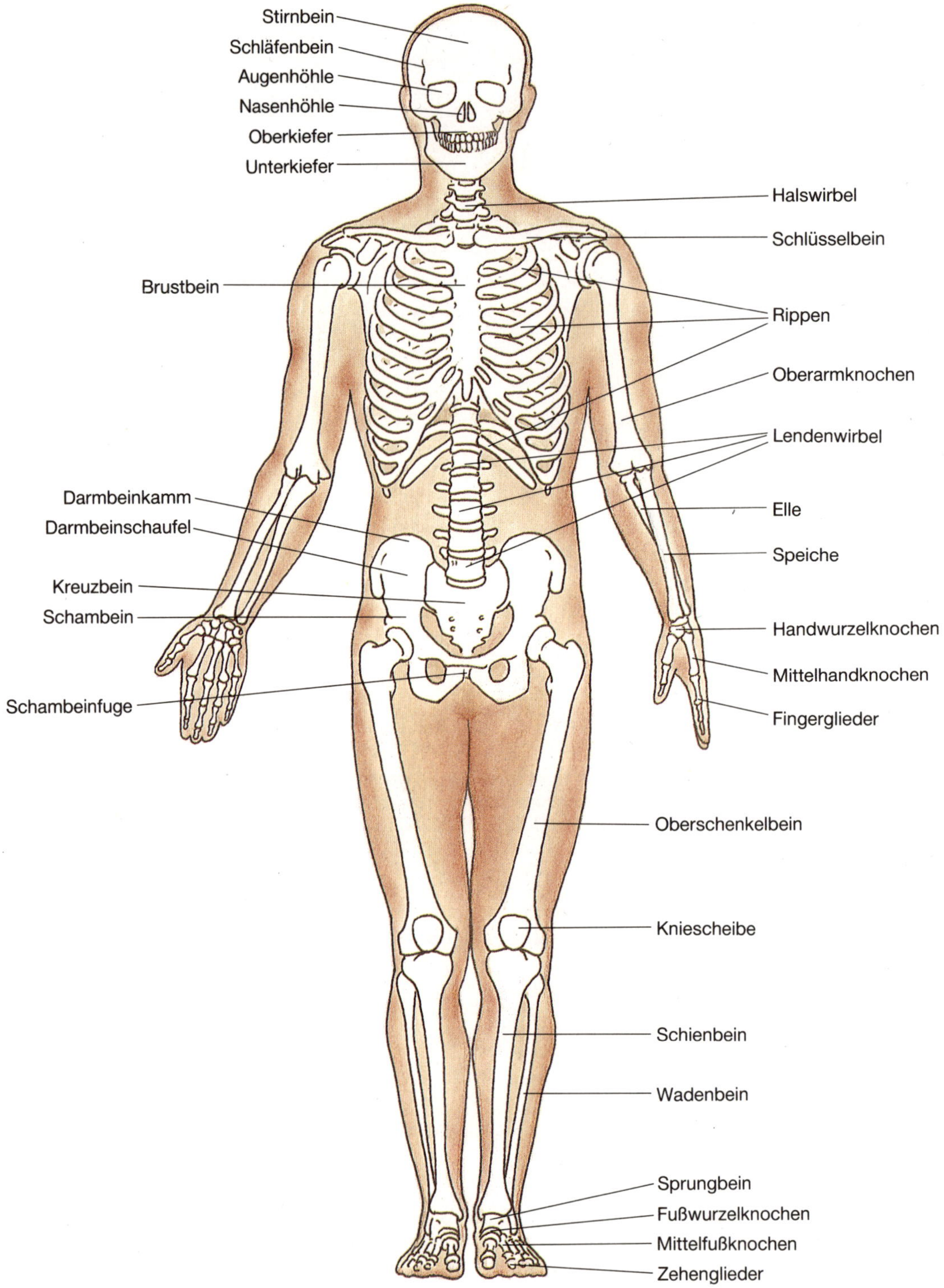

Abb. 43: Skelett – Vorderansicht

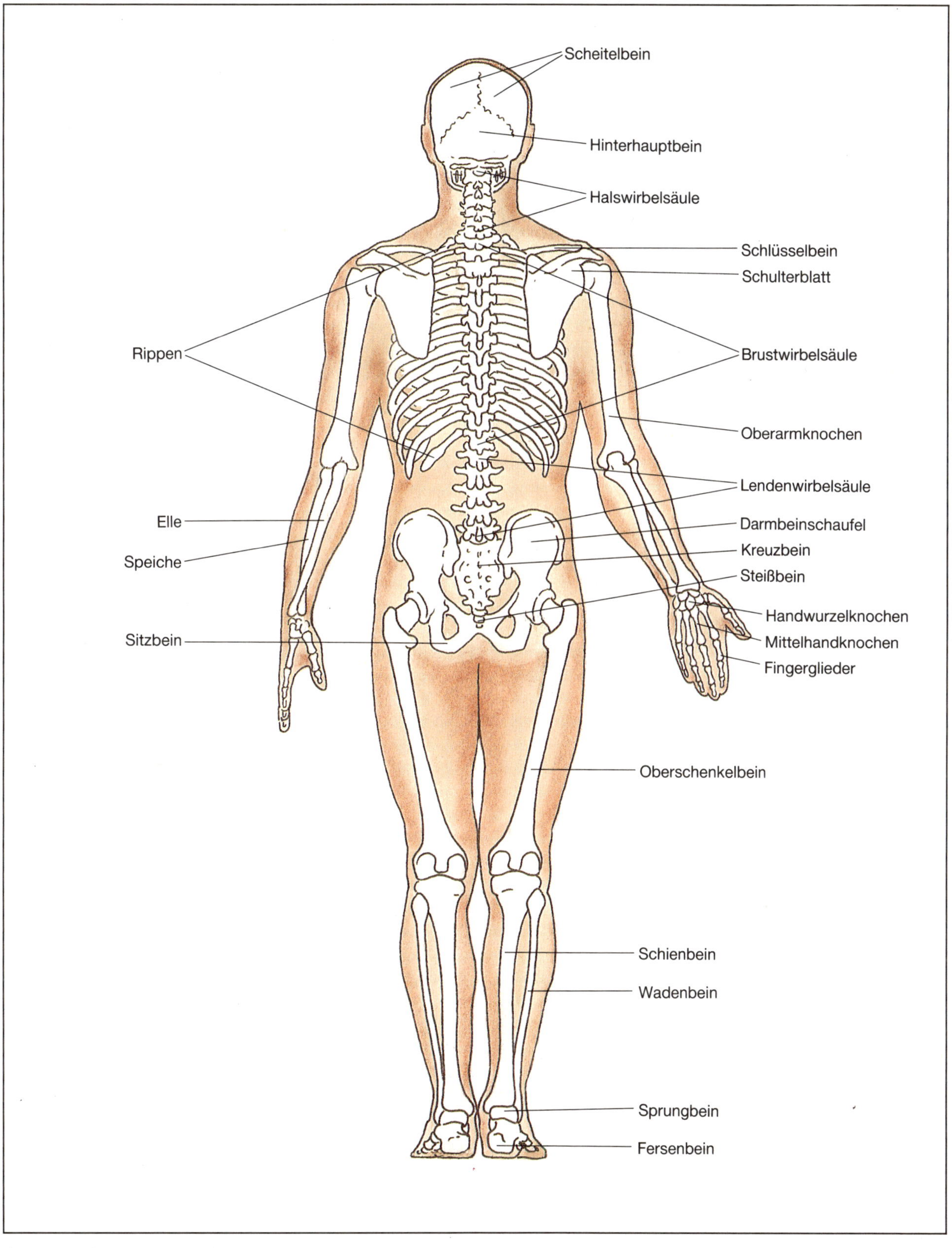

Abb. 44: Skelett – Rückenansicht

bis hinab zum Übergang zwischen dem letzten Lendenwirbel und dem Kreuzbein.

Die Elastizität der Bandscheiben bestimmt die Beweglichkeit der einzelnen Wirbel gegeneinander und hält sie gleichzeitig am richtigen Platz. Schon durch die normalen Alterungsvorgänge büßen die Bandscheiben im Lauf des Lebens an Elastizität ein. Aber das muß noch nicht zu nennenswerten Beschwerden führen. Erst wenn weitere schädliche Einflüsse hinzukommen, werden die Bandscheiben viel zu früh und stark abgenutzt. Dazu gehört vor allem die heute verbreitete Bewegungsarmut, weil die Bandscheiben nur dann elastisch bleiben können, wenn sie regelmäßig belastet werden; außerdem verkümmern durch den Bewegungsmangel auch die Rückenmuskeln, die normalerweise die Wirbelsäule in ihrer Stützfunktion ergänzen, so daß es zur Überbelastung kommt.

Daneben tragen auch gewohnheitsmäßige Fehlhaltungen des Körpers, eine allgemeine Bindegewebsschwäche und Übergewicht zur vorzeitigen und übermäßigen Abnutzung der Bandscheiben bei. Und nicht zuletzt bedeutet der aufrechte Gang ein gewisses Risiko, denn die Bandscheiben und Wirbel haben sich dieser statisch ungünstigen Belastung noch nicht optimal angepaßt. Deshalb müssen wir aber nicht wieder auf allen Vieren gehen, um Bandscheibenschäden zu vermeiden. Es genügt, wenn alle anderen Risikofaktoren konsequent ausgeschaltet werden.

Da aus der Wirbelsäule praktisch alle Nervenstränge austreten, die den Körper versorgen, führen Schäden an den Bandscheiben durch Reizung der Nervenwurzeln in den Zwischenwirbellöchern zu zahlreichen unklaren Symptomen, die zunächst oft überhaupt nicht an eine Bandscheibenschädigung denken lassen. Je nachdem, wo sich der Bandscheibenschaden befindet, kommt es zum Beispiel zu Kopfschmerzen, Schwindel, den schon beschriebenen Arm- oder Schulter-Arm-Schmerzen, Herzbeschwerden, Störungen der Atmung und der Verdauungsfunktionen, Koliken im Leib, Schmerzen, Durchblutungsstörungen und Lähmungen in den Beinen, um nur die wichtigsten Allgemeinsymptome aufzuführen. Hinzukommen oft (aber nicht regelmäßig) typische Schmerzen im Nacken-Schulter-Bereich, am Rücken und im Kreuz, die aber im Einzelfall auch auf andere Krankheiten hinweisen können. Wenn der äußere Faserring der Bandscheibe zu spröde und mürbe geworden ist, kann er einreißen, und der Gallertkern tritt aus. Dies passiert oft bei einer plötzlichen Anstrengung oder ungeschickten Bewegung, und zwar bevorzugt im Bereich der Lendenwirbelsäule, weil sie durch die Last des gesamten Körpergewichts besonders stark beansprucht wird.

Der Bandscheibenvorfall muß nicht unbedingt zu stärkeren Beschwerden führen, was sich vor allem danach richtet, auf welcher Seite der Gallertkern austritt. Im schlimmsten Fall drückt er auf Rückenmark und Nervenwurzeln, wobei heftige Schmerzen (siehe auch Hexenschuß, Ischias, Kreuzschmerzen), zum Teil sogar Lähmungen auftreten (bei Lähmungserscheinungen muß meist sofort chirurgisch behandelt werden, um bleibende Schäden zu verhindern). Außerdem wird natürlich die Beweglichkeit stark eingeschränkt, was in chronischen Fällen bis zur Frühinvalidität führt.

Die Behandlung von Bandscheibenschäden muß so frühzeitig wie möglich beginnen, damit keine bleibenden Schäden entstehen. Zur Grundbehandlung gehören neben ausreichender Gymnastik verschiedene Naturheilmittel, die zur Regeneration der Bandscheiben führen oder zumindest ihrer fortschreitenden Abnutzung vorbeugen. Zum Teil werden sie vom Therapeuten eingespritzt.

Bei akuten Bandscheibenbeschwerden empfiehlt sich die Behandlung mit durchblutungsfördernden, schmerzlindernden Rheumasalben, die durch warme Bäder und Auflagen ergänzt werden. Der Therapeut kann zusätzlich Massagen und Krankengymnastik verordnen. Die heftigen Schmerzen lassen sich oft schlagartig durch fachmännische Chiropraktik – eine Art »Einrenkung« der Wirbelsäule – beseitigen, was aber noch keine Heilung bedeutet.

Reflexzonentherapie eignet sich zur Vorbeugung und Nachbehandlung von Bandscheibenschäden und kann auch akut auftretende Schmerzen und andere Symptome positiv beeinflussen. Zur erfolgreichen Behandlung genügt das jedoch noch nicht, hilft aber, ohne chemische Schmerzmittel auszukommen. Massiert wird am Körper und möglichst auch an den Fußzonen.

Da Bandscheibenschäden selten nur an einem bestimmten, akut schmerzenden Abschnitt der Wirbelsäule bestehen, sondern meist auch – allerdings weniger stark ausgeprägt – an anderen Bandscheiben, behandelt man stets alle Wirbelsäulenzonen. Zur Vorbeugung ist dieses Vorgehen ohnehin unverzichtbar, weil man ja nie voraussehen kann, wo irgendwann akute Beschwerden auftreten können.

Die Körperzonen befinden sich rechts und links seitlich neben der Wirbelsäule. Zu stark darf man hier aber nicht massieren, sonst können sogar zusätzliche Beschwerden auftreten. Besondere Vorsicht ist geboten, wenn man die empfindliche Halswirbelsäule massiert.

Die Behandlung erfolgt durch Ausstreichen der Reflexzonen mit den Fingern. Dazu setzt man die Finger zunächst mit den Unterseiten seitlich rechts und links von der Halswirbelsäule auf die Nackenmuskulatur und behandelt abwärts bis zum Kreuzbein; danach kehrt man vom Kreuzbein zum Nacken zurück, wobei jetzt die Oberseiten der Finger über die Reflexzonen streichen. Wenn bei dieser Behandlung besondere Verhärtungen in der Muskulatur neben der Wirbelsäule wahrgenommen werden, führt man darüber am besten zusätzlich eine leichte Vibrationsmassage durch. Bei akuten starken Schmerzen hilft auch zusätzlich die Zirkelung über den Schmerzpunkten und Verhärtungen der Muskulatur.

Die Massage der Reflexzonen entlang der Wirbelsäule kann man nicht selbst durchführen. Wenn dazu kein Partner zur Verfügung steht, muß man sich notgedrungen darauf beschränken, nur die Zonen am Fuß zu behandeln. Hier werden alle Zonen der Wirbelsäule durchgearbeitet. Über schmerzenden, verhärteten Fußregionen empfiehlt sich besonders der Sedierungsgriff, der auch akute Schmerzzustände günstig beeinflußt.

Da Bandscheibenschäden den gesamten Organismus in Mitleidenschaft ziehen können, wird man sich bei entsprechenden unklaren Allgemeinsymptomen nicht auf die Wirbelsäulenzonen am Fuß beschränken, sondern gezielt auch die Funktionsstörungen innerer Organe behandeln. Am besten massiert man dann den ganzen Fuß, um alle Körperfunktionen wieder harmonisch aufeinander abzustimmen.

Gelenkabnutzung, -entzündung

Abnutzungserscheinungen treten mit zunehmendem Alter vor allem durch häufige Fehlbelastungen und Überbelastungen auf, außerdem drohen sie nach Gelenkentzündungen, wenn der Gelenkknorpel geschädigt wurde. Typisch sind allmählich zunehmende Schmerzen und Einschränkung der Beweglichkeit. Später treten leichte Schwellungen auf, und es knirscht bei jeder Bewegung im betroffenen Gelenk. In fortgeschrittenen Fällen versteifen die Gelenke soweit, daß sie kaum noch zu gebrauchen sind. Bevorzugt betrifft die Arthrose die großen, besonders belasteten Gelenke an Knie, Hüfte, Ellbogen und Schulter.

Gelenkentzündungen erkennt man vor allem an Schmerzen, Schwellung und Rötung über den betroffenen Gelenken, manchmal besteht Fieber. Verursacht wird die Arthritis oft durch rheumatische Erkrankungen. Krankheitserreger können aber auch aus Infektionsherden im Körper, vor allem an den Zahnwurzeln, Mandeln und Nasennebenhöhlen, die selbst kaum Beschwerden verursachen, in die Gelenke verschleppt werden. Als Komplikation tritt die Gelenkentzündung zum Teil nach anderen Infektionskrankheiten auf, und es muß manchmal auch an Knochenmarkentzündungen und Gelenktuberkulose gedacht werden.

Als Folgekrankheiten einer Arthritis, die nicht sachgerecht behandelt wurde, drohen der Übergang in die vorzeitige Gelenkabnutzung, Herz- und Nierenschäden. Um sie zu vermeiden, kann es im Einzelfall sogar angezeigt sein, auch chemische Antibiotika zu verabreichen.

Die Behandlung erfolgt durch verschiedene, vom Therapeuten zu verordnende Naturheilverfahren und Arzneimittel, ergänzt durch Reflexzonentherapie zur Linderung von Symptomen und verstärkten Ausscheidung von Schlacken und Giften. Gute Ergebnisse erzielt man durch Reflexzonenmassage am ganzen Fuß, weil dabei mit Sicherheit alle in Frage kommenden Zonen behandelt werden.

Gezielte Massage der einzelnen Fußzonen verordnet individuell der Fachmann. Klar umgrenzte Symptomzonen sind nur für Schulter-, Ellbogen- und Hüftgelenk bekannt; sie werden zur Milderung akuter Schmerzen durch den Sedierungsgriff behandelt. Erkrankungen der anderen Gelenke beeinflußt man über die Zonen oberhalb der Fußknöchel am Unterschenkel indirekt (s. Gelenk-, Muskel-, Wirbelsäulenzonen, S. 40 ff.).

Auch am Körper kann Reflexzonenmassage durchgeführt werden. Dazu verwendet man anstelle des sonst üblichen Massageöls am besten eine gute Rheumasalbe. Behandelt wird jeweils über den befallenen Gelenken, wobei man wie folgt verfährt:

- Bei Gelenkabnutzung wird die Rheumasalbe kräftig in die Zonen über dem betroffenen Gelenk einmassiert, außerdem soll auch die Umgebung des Gelenks behandelt werden.
- Bei Gelenkentzündungen ist große Vorsicht geboten, um die Krankheit durch die Massage nicht noch zu verschlimmern; die Rheumasalbe darf nur ganz sanft aufgetragen werden; bei heftigen Gelenkschmerzen kann es notwendig sein, vorsorglich überhaupt darauf zu verzichten und nur über die Fußzonen zu behandeln, wenn der Therapeut die Anwendung nicht ausdrücklich verordnet hat.

Wirksam unterstützt wird die Behandlung durch rohkostreiche, möglichst streng vegetarische Ernährung und durch Güsse oder Lehmwickel an den Gelenken.

Von innen her ergänzt man die Therapie durch Tees oder fertige pflanzliche Arzneimittel, die hauptsächlich Brennessel, Löwenzahn, Teufelskralle (oft besonders gut wirksam), Wacholder (Vorsicht, nicht bei Nierenleiden) und Weidenrinde enthalten. Außerdem sollten nach individueller Verordnung homöopathische Heilmittel verabreicht werden, um die Selbstheilungskräfte des Körpers zu aktivieren.

Gicht

Die Gicht (Arthritis urica) ist eine »Luxuskrankheit«, die man in Notzeiten kaum beobachtet. Zwar wird die Veranlagung vererbt, aber deshalb muß es noch nicht zur akuten Erkrankung kommen. Erst durch falsche, zu reichliche Ernährung (viele Gichtkranke sind übergewichtig), insbesondere Schokolade, dunkles Fleisch, Alkohol und Kaffee, treten die Gelenkbeschwerden auf, während eine gesundheitsbewußte Ernährungsweise auch die ungünstige Veranlagung lebenslang in Schach halten kann.

Bei Gichtpatienten besteht eine Störung des Harnsäurestoffwechsels. Die Harnsäure, die als ausscheidungspflichtiges Stoffwechselprodukt im Körper entsteht, wird nicht ausreichend über die Nieren entfernt, sondern lagert sich in Organen und Geweben ab, bevorzugt im Knorpel, aber auch in den Nieren (Harnsäure-Nierensteine) und im Darm (Gichtkoliken).

Gichtanfälle treten meist aus voller Gesundheit in der Nacht auf und führen zu heftigen Schmerzen im betroffenen Gelenk. Später lagert sich die Harnsäure vor allem in den kleinen Finger- und Zehengelenken ab, die bis zur Gebrauchsunfähigkeit verkrümmt werden können. Außerdem treten oft Gichtknoten am Ohrknorpel und in der Haut auf, die zu schwer heilenden Geschwüren aufbrechen können.

Die Behandlung dieser Störung des Harnsäurestoffwechsels mit Ablagerung von Harnsäure in Gelenken und Geweben erfolgt vor allem über die Kausalzonen der Nieren, Harnleiter und Harnblase, um die Harnsäureausscheidung zu verstärken. Da die ersten Anfälle meist das Großzehengelenk betreffen, wo keine Reflexzonentherapie möglich ist, kann keine Symptomzone angegeben werden. Erst wenn auch andere Gelenke betroffen werden, kann man entsprechende Symptomzonen behandeln. Im übrigen gilt, was zur Therapie der Gelenkabnutzung und -entzündung gesagt wurde.

Zur Gichtbehandlung gehört unbedingt fleischarme oder vegetarische Kost, Verzicht auf Alkohol, Kaffee und Schokolade (auch vorbeugend neben Reflexzonenmassage des ganzen Fußes erforderlich).

Gegen akute Gichtanfälle kann man heiße Auflagen oder Fußbäder mit Heublumen- oder Haferstrohzusatz anwenden. Manchmal hilft es auch gut, das betroffene Gelenk für längere Zeit unter fließendes kaltes Wasser zu halten, bis der Schmerz deutlich nachläßt. Zuweilen kann aber nur der Therapeut die heftigen Schmerzen durch Injektion des Giftes aus der Herbstzeitlosen beseitigen. Damit ist aber noch keine Heilung erreicht, der Gichtanfall kann sich jederzeit wiederholen, wenn nicht konsequent weiterbehandelt wird.

Die Therapie verordnet der Fachmann. Neben homöopathischen Heilmitteln eignen sich auch noch harntreibende Heilpflanzen, vor allem Birke, Brennessel, Löwenzahn, Sellerie und Wacholder, um die Ausscheidung der Harnsäure über die Nieren anzuregen.

Halswirbelsäulenbeschwerden

Die Halswirbelsäule, die den vergleichsweise schweren Kopf tragen und seine ungehinderte Beweglichkeit nach allen Richtungen gewährleisten muß, ist für diese Belastung nicht optimal ausgebildet. Solange keine weiteren übermäßigen Beanspruchungen hinzukommen, kann sie ihre Aufgaben aber noch erfüllen. Durch Fehlhaltungen, Überbelastungen und Bewegungsmangel treten jedoch häufig schon in jungen Jahren erste Beschwerden auf, die sich aus Reizungen der Nerven erklären, die aus der Halswirbelsäule abzweigen.

Symptomatisch sind Schmerzen, die vom Nacken über die Schultern bis in Arme und Hände ausstrahlen, Verspannungen und Versteifungen der Nackenmuskulatur und Durchblutungsstörungen im Kopf (Schwindel, Kopfschmerzen), in den Armen und Händen. Sie sind Zeichen einer Schädigung der Halswirbel und/oder Halsbandscheiben. Zur Vorbeugung und Grundbehandlung müssen alle Fehlhaltungen des Kopfs und Überlastungen vermieden und die Nackenmuskeln durch Gymnastik gestärkt werden.

Reflexzonentherapie unterstützt diese Maßnahmen durch Fußmassage der Symptomzonen der Halswirbelsäule, des Nackens, Kopfs und Schultergürtels, ergänzt durch Kausalzonenmassage der unteren Wirbelsäule und des Zwerchfells (Sonnengeflecht). Akute Beschwerden werden durch den Sedierungsgriff über den Symptomzonen gelindert. Wer die Halswirbelsäule häufig ungünstig belasten muß (zum Beispiel beim Schreibmaschinenschreiben), kann durch regelmäßige Massage aller Wirbelsäulenzonen und der genannten anderen Symptomzonen solchen Schäden vorbeugen.

Da Fehl- und Überbelastungen der Wirbelsäule oder vorzeitige Abnutzungserscheinungen aus anderen Ursachen oft nicht nur den Halswirbelbereich betreffen, sondern die gesamte Wirbelsäule mit allen Bandscheiben, empfiehlt es sich meist, die Fußmassage durch Behandlung aller Körperreflexzonen am Rücken seitlich der Wirbelsäule zu ergänzen. (Sie wurde bereits im Kapitel über Bandscheibenschäden ausführlich beschrieben.)

Veränderungen an der Halswirbelsäule können auch zu anfallsartigen, sehr heftigen Migränekopfschmerzen (Migraine cervicale) führen. Typisch für diese Erkrankung ist, daß sich die Kopfschmerzen durch jede Kopfbewegung verschlimmern, weil es dabei zur weiteren Reizung der Nerven im Bereich der Halswirbelsäule kommt. Die Schmerzanfälle treten oft nur einseitig bevorzugt im Stirn-Schläfen-Augenhöhlen-Gebiet auf und können von Blässe oder Rötung des Gesichts, Übelkeit, Brechreiz, Lichtscheu und Überempfindlichkeit gegen alle anderen äußeren Reize (sogar gegen Geräusche) begleitet werden. Dagegen behandelt man, wie beschrieben, die Halswirbelsäule und zusätzlich wie bei Migräne.

Hexenschuß, Ischias und Kreuzschmerzen

Diese Beschwerden erklären sich meist aus Lendenwirbel- und Lendenbandscheibenschäden durch Fehl- und Überbelastung, bei Frauen treten chronische Kreuzschmerzen aber auch als Folge von Unterleibserkrankungen auf. Die genauen Ursachen klärt der Fachmann. Alle 3 Erkrankungen beginnen oft akut mit heftigen Schmerzen, Ischias und Kreuzschmerzen können sich aber auch schleichend mit allmählich zunehmenden Schmerzen entwickeln. Rückfälle kommen häufig vor, wenn die Ursachen nicht fachmännisch behandelt werden.

Hexenschuß beginnt plötzlich mit heftigen Schmerzen im Kreuz, die zu Zwangshaltungen mit stark eingeschränkter Beweglichkeit führen. Jede Bewegung, aber auch Husten, Lachen und Niesen verschlimmern die Schmerzen noch. Häufig tritt der Hexenschuß nach einer ungeschickten Bewegung oder plötzlichen Kraftanstrengung (vor allem nach dem Heben schwerer Lasten) auf, ferner kann Zugluft auf den Rücken die Schmerzen auslösen. Dahinter stehen meist Schäden an den Lendenbandscheiben oder rheumatische Ursachen. Auch wenn die Schmerzen innerhalb weniger Tage wieder verschwinden, darf man sich damit nicht zufriedengeben. Die Ursachen müssen durch fachmännische Untersuchung geklärt und gezielt behandelt werden, sonst drohen Rückfälle, die in immer kürzeren Abständen auftreten, bis es schließlich dann zu einem akuten Bandscheibenvorfall kommen kann.

Zur Linderung der akuten Schmerzen eignen sich vor allem heiße Auflagen auf das Kreuz und warme Bäder mit Heublumenzusatz, außerdem Einreibungen mit schmerzlindernden Rheumasalben. Bei starken Schmerzen müssen oft vorübergehend auch Schmerztabletten verabreicht werden. Chiropraktik durch den Fachmann kann die Symptome aber schlagartig für einige Zeit beseitigen.

Ischias kann ebenfalls akut mit heftigen Schmerzen beginnen, zum Teil treten die Beschwerden aber auch allmählich zunehmend auf und bestehen dann dauernd oder kehren nach vorübergehender Besserung immer wieder zurück. Die Schmerzen können nur in die Oberschenkel, aber auch entlang der Unterschenkel bis in die Füße und Zehen hinein ausstrahlen. Sie treten ein- oder beidseitig auf. Jede Veränderung der Körperhaltung sowie Husten, Niesen und Lachen verstärken den Schmerz. Schlimmstenfalls kommt es zu Lähmungen der Beine, die meist sofort chirurgisch behandelt werden müssen, um bleibende Schädigungen zu verhindern.

Ischiasschmerzen entstehen oft durch Reizung der Nervenwurzeln des großen Ischiasnervs bei Bandscheibenschäden im Bereich der Lendenwirbelsäule. Aber auch Mangel an »Nervenvitaminen« der B-Gruppe, Nervenentzündungen, Alkoholmißbrauch, Zukkerkrankheit, andere Stoffwechselstörungen oder Blutstauungen im Beckenraum (zum Beispiel während der Schwangerschaft) kommen als Ursachen in Frage. Die Therapie hängt vom fachmännischen Befund ab.

Akute Ischiasschmerzen werden durch eine fachmännische Chiropraktik und durch Injektionen mit örtlich schmerzstillenden Arzneimitteln sowie heiße Auflagen auf die Kreuzgegend, Sitzbäder mit Heublumenzusatz, Rheumasalben oder Einreibungen mit Johanniskraut-, Lavendel- und Pfefferminzöl (besonders gut bewährt sich das japanische Pfefferminzöl) gelindert.

Kreuzschmerzen treten akut, zum Teil sehr heftig, oder schleichend, allmählich zunehmend, mit chronischem Verlauf auf. Auch nach der Besserung der akuten Beschwerden kann es zu Rückfällen kommen, die unter Umständen in immer kürzeren Abständen und immer stärker auftreten. Lachen, Husten, Niesen und jede Körperbewegung können die Schmerzen verstärken.

Ausgelöst werden Kreuzschmerzen zum Teil durch ungeschickte Körperbewegungen oder durch das Heben zu schwerer Lasten. Als Ursachen kommen hauptsächlich wieder Bandscheibenschäden im Bereich der Lendenwirbelsäule oder Muskelrheuma (oft durch Überanstrengung oder Zugluft) in Frage. Außerdem kann auch eine erschlaffte Bauchmuskulatur mit »Hängebauch«, der durch Fetteinlagerungen vornehmlich bei Übergewichtigen besteht, zu Kreuzschmerzen führen. Bei Frauen ist auch noch an Erkrankungen der Unterleibsorgane oder Menstruationsstörungen zu denken.

Die Therapie entspricht der beim Ischias. Häufiger wiederkehrende oder chronische Kreuzschmerzen erfordern baldige fachmännische Untersuchung, damit je nach Befund eine gezielte Behandlung eingeleitet werden kann.

Reflexzonenmassage am Körper und an den Füßen wird bei den hier besprochenen drei Erkrankungen zur ergänzenden Therapie stets in der gleichen Weise durchgeführt. Zur alleinigen Behandlung reicht sie allerdings nicht aus, aber man kann dadurch ohne die Risiken chemischer Schmerzmittel meist die Beschwerden lindern und die Heilung fördern.

Am Fuß werden akute Schmerzen gebessert, indem man die Symptomzonen der Lendenwirbelsäule und des Beckens mit dem Sedierungsgriff behandelt. Zur Langzeitbehandlung massiert man zusätzlich die Kausalzonen der oberen und mittleren Wirbelsäule, der Beckenlymphbahnen, Geschlechtsorgane, Nieren, Leber, des Darms und Zwerchfells (Sonnengeflecht). Die übrige Behandlung entspricht sinngemäß der bei Halswirbelsäulenschäden.

Wer die Wirbelsäule häufig stärker beansprucht, kann Schäden durch vorbeugende Massage der Symptom- und Kausalzonen oft vermeiden, sofern eine falsche Haltung korrigiert und die Rückenmuskulatur durch Gymnastik gestärkt wird.

Die Körperreflexzonen gegen die drei hier genannten Krankheiten dürfen im allgemeinen erst dann zusätzlich zur Fußmassage behandelt werden, wenn keine akuten Schmerzzustände mehr bestehen, weil es sonst durch die Reaktionen sogar zur Verschlimmerung der Beschwerden kommen könnte. Lediglich der Therapeut darf im Einzelfall auch gegen akute Schmerzen die Körpermassage verordnen, zu der dann meist eine Rheumasalbe verwendet wird.

Auch zur Eigenbehandlung nach Besserung der akuten Symptome eignet sich eine Rheumasalbe am besten. Die Therapie muß über längere Zeit fortgeführt werden, um Rückfälle und das weitere Fortschreiten von Bandscheiben- und Wirbelsäulenschäden zu verhindern.

Die Massage wird vom Partner durchgeführt, weil man die Reflexzonen selbst kaum richtig beeinflussen kann. Er legt beide Handflächen mit den Fingerspitzen nach innen auf die beiden Gesäßhälften, so daß sie sich über der unteren Lendenwirbelsäule berühren. Die Reflexzonenmassage erfolgt dann durch nicht zu starkes Ausstreichen mit den Fingern; man bewegt die Finger dazu von der Lendenwirbelsäule aus gleichzeitig nach rechts und links außen, wobei sie oberhalb der beiden Gesäßhälften jeweils einen Halbkreis beschreiben.

Hüftgelenkrheuma

Am Hüftgelenk, das durch die Last des gesamten Oberkörpers besonders stark beansprucht wird, kommt es recht häufig zur vorzeitigen Abnutzung (Arthrose), die schlimmstenfalls bis zur Bewegungsunfähigkeit führt. Dann kann eine Hüftgelenkprothese eingesetzt werden, ein Eingriff, der nicht immer zufriedenstellend verläuft. Außerdem ist solch eine Prothese nicht unbegrenzt haltbar; deshalb kann es bei jüngeren Menschen notwendig werden, nach einiger Zeit erneut ein künstliches Hüftgelenk einzusetzen. Allzu oft läßt sich das jedoch nicht wiederholen.

So weit muß es aber nicht kommen, denn durch biologische Heilmethoden und Reflexzonentherapie lassen sich zumindest sehr schwere Schäden meist vermeiden. Die Allgemeinbehandlung bei Arthrosen wurde bereits im Kapitel über die Gelenkabnutzung beschrieben. Reflexzonentherapie wird am besten an den Körper- und Fußzonen durchgeführt, um eine optimale Wirkung zu erzielen.

Die Körperzonen befinden sich rechts und links in der Leistengegend, wo man nach Verhärtungen und schmerzempfindlichen Gebieten suchen muß. Sobald man die individuell richtigen Stellen gefunden hat, legt man die Fingerkuppen darauf und führt eine nicht zu kräftige Vibrationsmassage durch. Es empfiehlt sich, nicht beide Zonen gleichzeitig, sondern zuerst rechts, dann links (oder umgekehrt) zu behandeln. Aber auch wenn die Hüftgelenkbeschwerden nur an einem Gelenk bestehen, massiert man an beiden Seiten, um der späteren Arthrose am anderen Gelenk vorzubeugen.

Auch die Fußmassage soll unabhängig davon, ob die Beschwerden ein- oder beidseitig bestehen, stets an den beiden Fußzonen der Hüftgelenke durchgeführt werden.

Entzündungen des Hüftgelenks gehen mit Schmerzen und eingeschränkter Beweglichkeit einher. Sie erfordern unbedingt sofortige fachmännische Behandlung, weil sonst bleibende Gelenkschäden zurückbleiben können. Neben verschiedenen Arzneimitteln und Naturheilverfahren (siehe Kapitel Gelenkentzündung) eignet sich zur ergänzenden Therapie die Reflexzonenmassage in der Leistengegend und an den Füßen, wie sie bereits für die Hüftgelenkabnutzung beschrieben wurde.

Kniegelenkrheuma

Auch die Kniegelenke werden besonders häufig vorzeitig abgenutzt, da sie die ganze Last des oberen Körpers zu tragen haben. Zunehmende Schmerzen, Schwellungen, Knirschen im Gelenk und immer deutlichere Einschränkung der Beweglichkeit sind Warnzeichen, die zur baldigen fachmännischen Untersuchung veranlassen müssen. Eine Kniegelenkprothese kann dann erforderlich werden, wenn die Beweglichkeit anders nicht mehr zu erhalten ist. Dafür gilt sinngemäß, was bereits im vorhergehenden Abschnitt zur Hüftgelenkprothese gesagt wurde.

Aber auch an den Kniegelenken muß es nicht zu derart schweren Abnutzungserscheinungen kommen, wenn man rechtzeitig die bei der Gelenkabnutzung beschriebene Allgemeinbehandlung durchführt und zusätzlich an den Körper- und Fußreflexzonen massiert.

Die Körperzonen für die Kniegelenke befinden sich ungefähr in der Mitte der Oberschenkel zwischen Leistengegend und Knie seitlich außen und hinten. Sie müssen anhand von Verhärtungen und Druckschmerzen beim Abtasten individuell genau ermittelt werden. Sobald man die Zone an einem Oberschenkel gefunden hat, legt man die Handfläche seitlich so auf, daß die Finger den Oberschenkel von hinten umfassen. Dann wird eine nicht zu starke Vibrationsmassage durchgeführt. Anschließend behandelt man sinngemäß die Reflexzone am anderen Oberschenkel, auch wenn dort keine Beschwerden am Kniegelenk bestehen, um der Arthrose vorzubeugen.

An den Füßen gibt es je eine spezielle Zone der Kniegelenke, die ebenfalls beide nacheinander massiert werden sollen.

Gegen Entzündungen der Kniegelenke hilft die Massage der gleichen Oberschenkel- und Fußzonen wie bei Kniegelenkabnutzung. Daneben muß der Therapeut die unbedingt erforderlichen anderen Heilverfahren verordnen, damit bleibende Gelenkschäden vermieden werden.

An den Oberschenkeln darf keine Reflexzonenmassage durchgeführt werden, wenn Krampfadern, Venenentzündungen und Thrombosen bestehen. In solchen Fällen könnte die Massage der Körperzonen diese Krankheiten verschlimmern, unter Umständen sogar zu ernsten Komplikationen führen. Man beschränkt sich dann darauf, nur die Fußzonen der Kniegelenke zu behandeln.

Nackenschmerzen

Schmerzen und Muskelverspannungen im Bereich der Nackenmuskulatur, die oft auch noch die Schultermuskulatur betreffen und bis in den Arm und die Hand ausstrahlen können (siehe Armschmerzen), treten meist durch Erkrankungen der Halswirbel und -bandscheiben auf. Oft kommen noch Kopfschmerzen, Migräneanfälle und/oder Schwindel hinzu.

Allerdings müssen nicht alle Schmerzen im Nacken durch Erkrankungen der Halswirbelsäule entstehen. Unter Umständen deuten sie auch auf eine beginnende Hirnhautentzündung, Gehirngeschwülste oder Wundstarrkrampf hin. In unklaren Fällen, insbesondere bei ernsten Begleiterscheinungen und Störungen des Bewußtseins, muß deshalb vorsorglich rasch der Arzt konsultiert werden, denn manchmal entscheiden Stunden über Leben und Tod oder bleibende schwere Schädigungen.

Wenn die Nackenschmerzen offensichtlich auf Wirbelsäulen- und Bandscheibenschäden beruhen, behandelt man durch Reflexzonenmassage am Körper und an den Füßen.

Die Körperreflexzonen befinden sich seitlich neben der Halswirbelsäule über der Nackenmuskulatur, am Halsansatz und auf den Schultern. Zur Behandlung stellt sich der Partner hinter den Patienten und legt die Hände beidseits der Halswirbelsäule auf den Nacken. Die Massage erfolgt durch Auskneten vom Nacken abwärts zum Halsansatz und von hier aus weiter nach rechts und links außen zu den Schulterspitzen. Bei Bedarf kann noch zusätzlich zwischen den Schulterblättern rechts und links seitlich der Brustwirbelsäule massiert werden.

An den Füßen werden die Zonen der Halswirbelsäule, bei Bedarf zusätzlich ebenfalls die der Brustwirbelsäule, behandelt. Es empfiehlt sich aber wieder, nicht allein die Zonen der betroffenen Wirbelsäulenabschnitte zu massieren, sondern zusätzlich auch alle anderen Wirbelsäulenzonen. Dadurch beugt man zukünftigen Schäden an den noch gesunden Wirbeln und Bandscheiben vor.

Die übrige Behandlung bei Nackenschmerzen entspricht den Maßnahmen, die bereits im Kapitel über Halswirbelsäulenbeschwerden beschrieben wurden.

Rheumatismus

Zu diesem Oberbegriff gehören rund 400 Krankheitsbilder der Gelenke, Muskeln, Sehnen, Schleimbeutel, Nerven und inneren Organe. Reflexzonenmassage unterstützt in solchen Fällen die vom Therapeuten verordnete Behandlung.

Im Prinzip unterscheidet man die folgenden drei Hauptformen rheumatischer Krankheiten:

- Akuter Gelenkrheumatismus, der plötzlich mit heftigen Schmerzen in mehreren Gelenken und hohem Fieber beginnt; manchmal kommt auch noch ein blasser Hautausschlag hinzu. Die Krankheit beginnt meist 1–3 Wochen nach einer anderen Infektionskrankheit als Komplikation und wird durch die Bakterienart Streptokokkus verursacht; die Krankheitserreger können auch aus symptomarmen Krankheitsherden an Zahnwurzeln, Mandeln oder Nasennebenhöhlen zu den Gelenken gelangen.
- Primär (von Anfang an) chronischer Gelenkrheumatismus beginnt manchmal ähnlich wie die akute Form mit heftigen Schmerzen und Fieber, oft aber schleichend mit Schmerzen, Schwellungen, allmählicher Gelenkversteifung und -verkrümmung bis hin zur Gebrauchsunfähigkeit des Gelenks. Die

Ursachen sind heute noch nicht endgültig geklärt, man nimmt aber an, daß chronische Infektionen, Stoffwechselgifte und allergische Reaktionen, bei denen der Körper Abwehrstoffe gegen sein eigenes Gewebe bildet, eine Rolle spielen.

Als Komplikationen beider Formen des Gelenkrheumas drohen neben der vorzeitigen Gelenkabnutzung vor allem Herz- und Nierenschäden, die nur durch rechtzeitige fachmännische Therapie vermieden werden können.

- Muskel-(Weichteil-)rheumatismus, häufig keine echte rheumatische Erkrankung, sondern die Folge von Zugluft, Kälte und Durchnässung, Überforderung von Muskeln, Sehnen, Sehnenscheiden und Schleimbeuteln; außerdem können symptomarme Infektionsherde vor allem an Mandeln, Zahnwurzeln und Nasennebenhöhlen, die selbst keine nennenswerten Beschwerden verursachen, und Ablagerungen in den Geweben durch Stoffwechselvergiftungen zum Weichteilrheuma führen. Symptomatisch sind starke Schmerzen meist in der Nähe von Gelenken, Muskelverspannungen und Einschränkungen der Beweglichkeit.

  Zum Weichteilrheumatismus im weiteren Sinn gehören auch noch manche Nerven- und Rippenfellentzündungen.

Die Rheumatherapie erfolgt grundsätzlich immer nach fachmännischer Anweisung, um bleibende Schäden, Einschränkungen der Beweglichkeit und andere Komplikationen zu verhindern. Beste Aussichten auf Heilung, auch in chronischen Fällen, bieten die biologischen Heilverfahren. Zum Teil müssen aber anfangs auch chemische Arzneimittel verabreicht werden.

Äußerlich wendet man meist zusätzlich durchblutungsfördernde und schmerzlindernde Salben an, die in leichteren Fällen, vor allem beim Muskelrheuma, auch zur alleinigen Therapie ausreichen können.

In letzter Zeit wurde eine ganze Reihe vorher sehr oft verordneter chemischer Rheumamittel vom Markt genommen, weil sich ihre Nebenwirkungen nicht mehr rechtfertigen lassen. Auch die jetzt noch verfügbaren Antirheumatika sind alles andere als unbedenklich und können gerade beim längeren Gebrauch zu erheblichen Nebenwirkungen führen, die zum Teil schlimmer als die eigentliche Krankheit ausfallen. Deshalb kommt der Reflexzonentherapie als einer nicht-medikamentösen Linderung rheumatischer Schmerzen große Bedeutung zu. Sie wird bevorzugt am Fuß durchgeführt.

Als Symptomzonen werden bei Rheuma die Reflexzonen behandelt, die den erkrankten Körperteilen entsprechen. Bei akuten Beschwerden massiert man diese Zonen mit dem Sedierungsgriff.

Zur Grundbehandlung empfiehlt sich die Kausalzonentherapie des Schultergürtels, der oberen und Beckenlymphbahnen, der Wirbelsäule, Nieren, Nebennieren, Milz, Leber, des Dick- und Dünndarms und des Zwerchfells (Sonnengeflecht). Außerdem bestehende Krankheitsherde der Zahnwurzeln, Mandeln und Nebenhöhlen über entsprechende Kopfzonen behandeln.

Auch an den Körperzonen kann bei Bedarf gegen verschiedene rheumatische Erkrankungen behandelt werden. Die entsprechenden Zonen werden in den Kapiteln über Armschmerzen, Gelenkabnutzung, Gelenkentzündung, Hüft- und Kniegelenk- und Schulterschmerzen angegeben.

Schulterschmerzen

Schmerzen in einem oder beiden Schultergelenken können durch rheumatische Prozesse, vorzeitige Gelenkabnutzung, Entzündungen oder auch bei Überanstrengungen entstehen. Neben den zum Teil heftigen Schmerzen, die in den Nacken und/oder Arm bis hinab in die Hände ausstrahlen können, besteht oft auch eine deutliche Verspannung der Muskulatur mit stärker eingeschränkter Beweglichkeit im Schulter-Nacken-Bereich.

Zum Teil können solche Schmerzen aber auch auf Entzündungen oder Verkalkungen der Sehnen und Sehnenscheiden im Schulterbereich oder auf Erkrankungen der Halswirbelsäule hinweisen (siehe auch die Abschnitte über Armschmerzen, Halswirbelsäulenbeschwerden).

Die Therapie entspricht der bei Armschmerzen und Halswirbelsäulenschäden. Zur Reflexzonenmassage tastet man zunächst beide Schultern und die Region um die Schulterblätter nach schmerzhaften Verhärtungen ab; über den Verhärtungen wird dann durch Zirkelung behandelt.

Anschließend sucht man an den Füßen die Zonen der Schultern, des Schultergürtels, der Hals- und Brustwirbelsäule. An den Schulter- und Schultergürtelzonen wird gegen die Schmerzen behandelt, am besten durch den Sedierungsgriff, an den Kausalzonen der Hals- und Brustwirbelsäule durch den Massagegrundgriff.

Stets sollte die Fußmassage an beiden Füßen durchgeführt werden, auch wenn nur in einer Schulter Beschwerden bestehen; durch die beidseitige Massage beugt man einer baldigen Erkrankung der anderen Schulter gleich vor.

Augen- und Ohrenkrankheiten

Ehe man Erkrankungen dieser Sinnesorgane durch Reflexzonenmassage am Fuß behandelt, muß eine sichere Diagnose des Therapeuten vorliegen. Unsachgemäße Selbsthilfe könnte das Krankheitsbild verschleiern und unter Umständen Augenlicht oder Hörvermögen gefährden. Die Reflexzonentherapie sollte möglichst eingehend mit dem Fachmann besprochen werden.

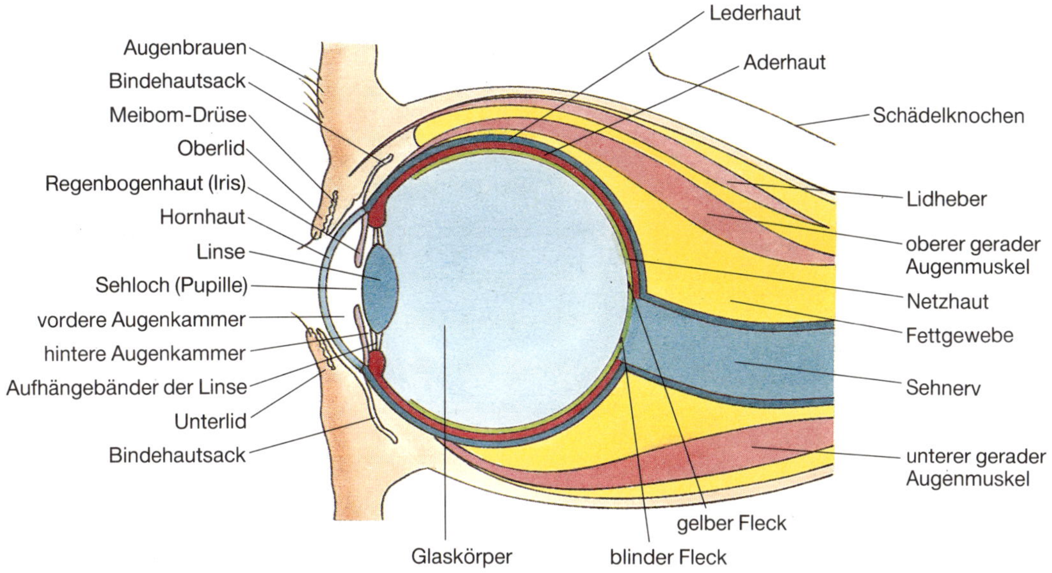

Abb. 45: Auge

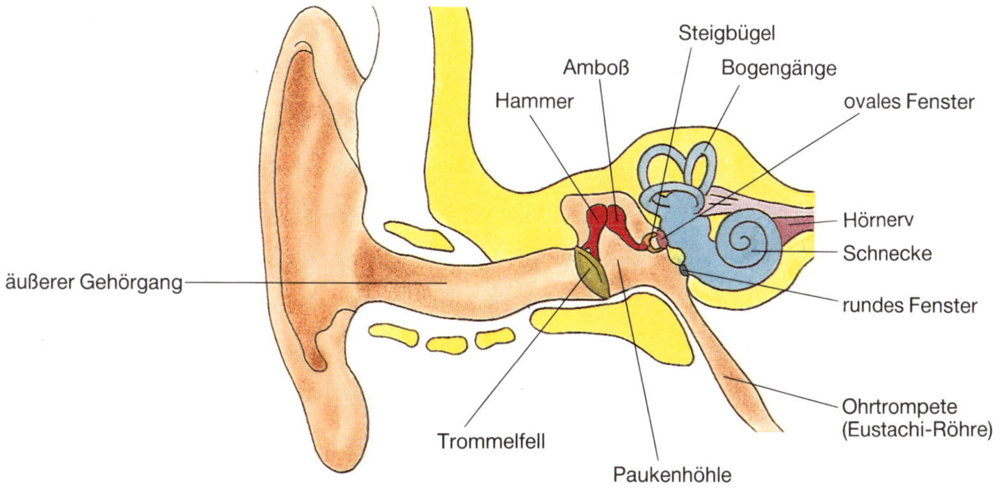

Abb. 46: Ohr

Grauer Star

Die Trübung der Augenlinsen mit gräulicher Verfärbung, die gleichzeitig oder nacheinander beide Augen betreffen kann, tritt bevorzugt als Alterserscheinung im 6. Lebensjahrzehnt und später auf. Wesentlich früher kann es dazu bei Zuckerkrankheit und anderen Stoffwechselstörungen, verschiedenen Augenkrankheiten, Augenverletzungen und Arbeiten bei hohen Temperaturen (zum Beispiel Glasbläser, Hochofenarbeiter) kommen. In Ausnahmefällen besteht der graue Star sogar schon bei Neugeborenen, wenn die Schwangere an Röteln erkrankt war oder eine erbliche Entwicklungsstörung bestand.

Die Krankheit verläuft schleichend und schränkt das Sehvermögen immer stärker ein, bis schließlich nur noch Hell-Dunkel-Unterschiede wahrgenommen werden können.

Reflexzonentherapie, ergänzt durch regenerierende biologische Augentropfen, kann die Störung bessern und das geschwächte Sehvermögen stärken, aber nicht immer läßt sich die Operation vermeiden. Wenn der Star »reif« ist und auf andere Behandlungsmethoden nicht angesprochen hat, darf die Operation nicht unnötig verzögert werden.

Reflexzonentherapie erfolgt über den Kopf- und Augenzonen, ergänzend werden vor allem die Kausalzonen der Nieren sowie der oberen Lymphwege behandelt.

Grüner Star

Die akute oder schleichende Erhöhung des Augeninnendrucks macht sich durch unklare Sehstörungen, Kopf- und Augenschmerzen bei akuten Anfällen mit heftigen Schmerzen und rasch nachlassender Sehkraft bemerkbar.

Unbehandelt werden Sehnerv und Netzhaut bis zur völligen Erblindung geschädigt; beim akuten Glaukomanfall kann es innerhalb weniger Tage zur Erblindung kommen, wenn diese Erkrankung nicht rechtzeitig behandelt wird.

Akute Anfälle führen zu heftigen Stirn-Augen-Kopfschmerzen, Nebel- und Regenbogensehen um Lichtquellen, Erbrechen und Übelkeit. Die heftigen Beschwerden veranlassen die Betroffenen meist, rechtzeitig den Facharzt zu konsultieren. Gefährlicher, weil oft lange Zeit nicht bemerkt, ist die chronisch-schleichende Verlaufsform, bei der die oben genannten Symptome abgeschwächt bestehen. Das Sehvermögen wird aber auch dabei immer stärker geschädigt.

Diagnose und Therapie bleiben dem Facharzt vorbehalten, der beim akuten Anfall sofort konsultiert werden muß. Manchmal lassen sich die Operation oder lebenslanges Einträufeln von Augentropfen nicht vermeiden.

Reflexzonentherapie kann andere Heilmethoden ergänzen, aber kaum ersetzen. Sie wird über den Symptomzonen der Augen, des Kopfs und der Nebenhöhlen durchgeführt, ferner behandelt man die Kausalzonen der Halswirbelsäule, des Schultergürtels, der oberen Lymphbahnen, der Nieren und des Zwerchfells.

Zur Allgemeinbehandlung empfiehlt sich außerdem noch salzarme Kost und Behandlung der möglicherweise erhöhten Blutdruckwerte.

Ohrenschmerzen

Entzündungen des Gehörgangs oder Mittelohrs sind meist sehr schmerzhaft. Sie entstehen durch Infektion, oft als Komplikation anderer Infektionskrankheiten (zum Beispiel der Grippe). Da schlimmstenfalls ein Verlust des Hörvermögens oder das Übergreifen der Infektion auf das Innenohr mit Gefahr des Durchbruchs ins Gehirn droht, dürfen Ohrenschmerzen nicht durch selbst gekaufte Tropfen und auch nicht allein durch Reflexzonentherapie, sondern nur nach fachmännischer Anweisung behandelt werden.

Besonders gefürchtet wegen der Schmerzen und möglichen Komplikationen sind Mittelohrentzündungen. Verursacht werden sie durch Krankheitserreger, die meist aus dem Nasen-Rachen-Raum über die Ohrtrompeten – seltener auf dem Blutweg – und zuweilen auch durch eine Öffnung im Trommelfell ins Mittelohr eindringen.

Symptomatisch sind akut auftretende, drückende oder stechende, oft an- und abschwellende Ohrenschmerzen mit Schwerhörigkeit, Fieber, Übelkeit und Brechreiz. Nicht selten bestehen gleichzeitig Schnupfen und/oder andere Katarrhe der Atemwege.

Wenn die Mittelohrentzündung nicht rechtzeitig behandelt wird, bildet sich Eiter, der das Trommelfell nach außen durchbrechen kann. Danach lassen die Schmerzen deutlich nach, und es fließt ungefähr zwei Wochen lang Eiter aus dem Ohr ab, der zu Entzündungen des Gehörgangs und der Ohrmuschel führen kann. Wenn sich der Eiter von allein keinen Abfluß durch das Trommelfell verschafft, muß der Arzt einen kleinen Einschnitt vornehmen.

Fast immer begleitet eine Entzündung der Warzenfortsatzzellen hinter dem Ohr die akute Mittelohrentzündung. Dort bestehen dann Druckschmerzen. Bei Eiterungen kann der Eiter den Knochen durchbrechen und zu Schwellungen vor, hinter, unter oder über dem Ohr führen. Manchmal bricht er aber auch ins Innenohr oder Gehirn durch, eine sehr ernste Komplikation, die sofortige fachmännische Hilfe erfordert; bei rechtzeitiger richtiger Behandlung der Mittelohrentzündung läßt sich diese Komplikation aber meist vermeiden. Notfalls müssen die Warzenfortsatzzellen auch einmal operativ aufgemeißelt werden, um solche bedenklichen Folgen zu verhindern.

Geht eine nicht ausgeheilte Mittelohrentzündung ins chronische Stadium über, dann wechseln Phasen der Trockenheit mit Ausfluß aus dem Ohr über Jahre hinweg ab. Bei der leichteren Form ist dieser Ausfluß geruchlos, bei ernsterem Verlauf mit Knochenumeiterung und allmählicher Zerstörung der Gehörknöchelchen dagegen von aasartigem Geruch. Diese zweite Verlaufsform der chronischen Mittelohrentzündung kann auch Wucherungen (Polypen) der Schleimhaut in den Ohren und/oder Lähmungen des Gesichtsnerven hervorrufen, ins Innenohr oder sogar ins Gehirn durchbrechen. Schmerzen treten bei chronischem Verlauf nur selten auf, das Hörvermögen wird aber unterschiedlich stark in Mitleidenschaft gezogen, und schließlich kann völlige Taubheit entstehen.

Die Entzündung des Innenohrs geht als Komplikation häufig aus einer nicht richtig behandelten Mittelohrentzündung hervor. Vom Innenohr aus kann die Entzündung durch den inneren Gehörgang dann rasch auf das Gehirn übergreifen, eine lebensbedrohliche Komplikation. Als erste Warnzeichen treten Schwerhörigkeit bis hin zur Taubheit, Gleichgewichtsstörungen, Augenzittern und Brechreiz auf.

Die vom Fachmann zu verordnende Behandlung von Ohrenerkrankungen kann durch Reflexzonenmassage an den Füßen wirksam ergänzt, aber niemals ersetzt werden. Je früher die gezielte Behandlung beginnt, desto günstiger sind die Aussichten, daß keinerlei Schäden zurückbleiben.

Zur Soforthilfe bei Ohrenschmerzen wendet man über den Symptomzonen der Ohren, des Warzenfortsatzes, der seitlichen Lymphbahnen und des Nasen-Rachen-Raums den Sedierungsgriff an.

Die ergänzende Reflexzonenmassage erfolgt in normaler Grifftechnik an den Symptomzonen und über den Kausalzonen der oberen Lymphbahnen, der Zähne, der Milz, des Zwerchfells und des Wurmfortsatzes, bei Bedarf zusätzlich des Magens und Darms.

Nervenkrankheiten

Störungen der Nervenfunktionen sind heute weit verbreitet. Insbesondere die vegetative Dystonie und allgemeine Nervosität mit Schlafstörungen sind zu wahren »Zivilisationsseuchen« geworden, die oft mit Streß und Hektik in Zusammenhang stehen.

Da das Nervensystem den gesamten Körper beeinflußt, wirken sich solche nervösen Störungen natürlich oft auch auf die Funktionen der Organe aus. Anfangs führt das zwar »nur« zu unangenehmen Beschwerden, ohne daß eine organische Erkrankung festgestellt werden könnte, aber im Lauf der Zeit können aus den funktionellen Störungen auch echte körperliche Krankheiten werden. Dem kann man nur durch frühzeitige Harmonisierung der gestörten Nervenfunktionen vorbeugen.

Oft werden solche nervösen Störungen durch Psychopharmaka, die eine beruhigende Wirkung haben, behandelt. Dadurch lassen sich zwar die Symptome meist rasch unterdrücken, Heilung ist so aber nicht möglich. Deshalb werden diese Medikamente dann nicht selten viel zu lange und/oder in allmählich ansteigender Dosis eingenommen, weil die Beschwerden ohne Arzneimittel zurückkehren. Das erhöht das Risiko unerwünschter Nebenwirkungen beträchtlich, schließlich kann es sogar zur suchtartigen Abhängigkeit von den Psychopharmaka kommen. Fachleute befürchten jetzt schon, daß in absehbarer Zeit, wegen des verbreiteten Mißbrauchs der beruhigenden chemischen Arzneimittel, eine wahre Welle der Sucht auf uns zukommen wird.

Reflexzonenmassage, bei Bedarf ergänzt durch biologische pflanzliche und homöopathische Beruhigungsmittel und/oder Entspannungstraining, bietet sich als unschädliche Alternative an, um nervöse Beschwerden umfassend zu behandeln. In der Mehrzahl der Fälle ist Selbstbehandlung problemlos möglich. Bei unklaren stärkeren Beschwerden kann es aber notwendig werden, bald den Fachmann zu konsultieren, denn hinter den Symptomen stehen manchmal auch ernstere Krankheiten.

Ein weiteres wichtiges Anwendungsgebiet der Reflexzonentherapie im Bereich des Nervensystems sind Kopfschmerzen, die wohl jeder Mensch im Lauf seines Lebens aus eigener Erfahrung kennenlernt, und Nervenschmerzen. Hier kann die Massage der Reflexzonen chemische Schmerzmittel mit ihren zum Teil erheblichen Nebenwirkungen entweder ganz überflüssig machen oder zumindest so wirksam unterstützen, daß sie in geringerer Dosis nur kurze Zeit verabreicht werden müssen. Zur Eigenbehandlung empfiehlt sich die Reflexzonentherapie hauptsächlich bei eindeutig harmlosen, flüchtigen Kopfschmerzen, während bei häufig wiederkehrenden Kopfschmerzen, Migräne und Nervenschmerzen stets fachmännische Untersuchung anzuraten ist.

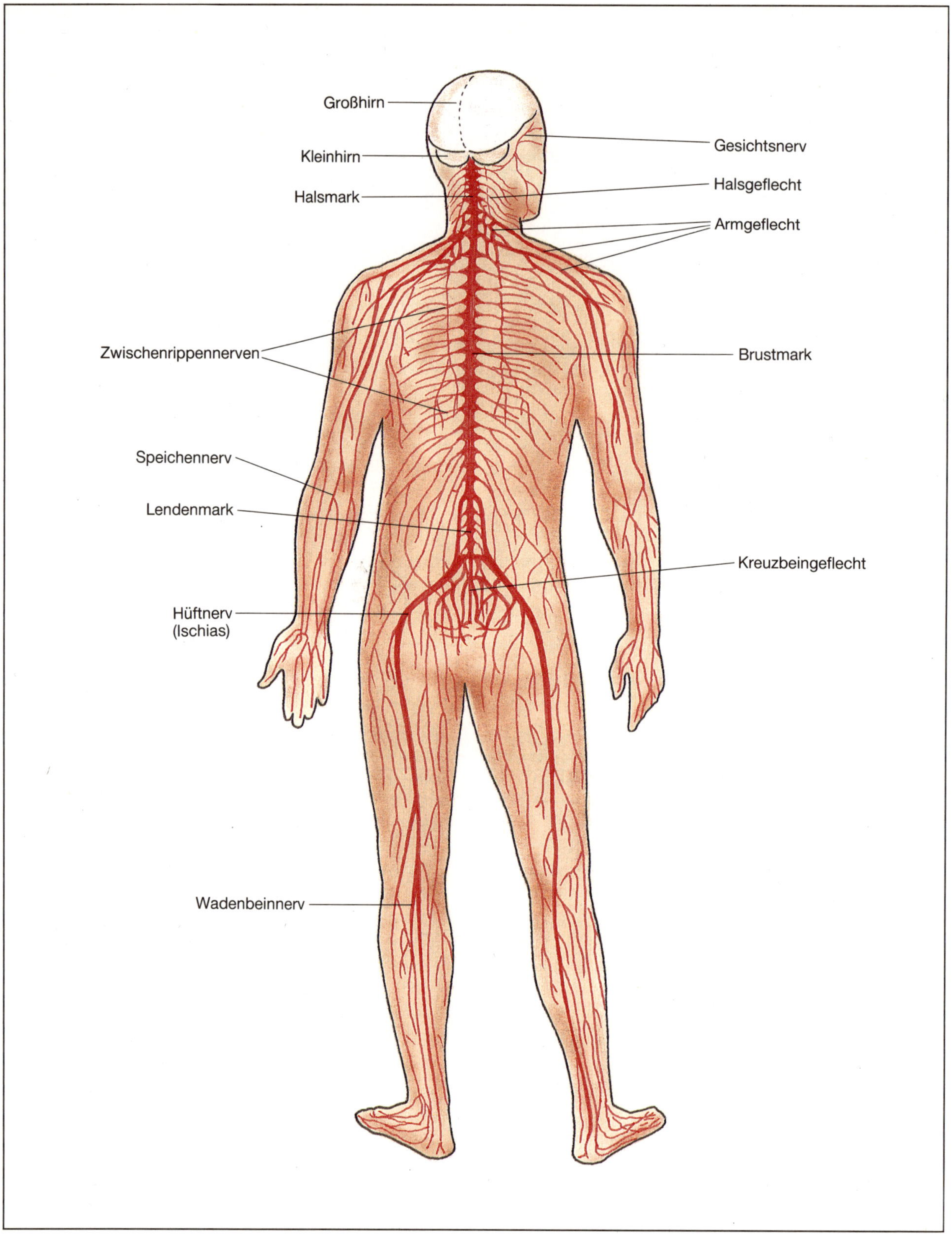

Abb. 47: Nervensystem

Dystonie, vegetative

Das vegetative Nervensystem unterliegt nicht der Steuerung durch den Willen und Verstand. Es reguliert selbständig zahlreiche lebenswichtige Körperfunktionen. Dazu gehören zum Beispiel Atmung (die aber bei Bedarf auch willentlich beeinflußt werden kann), Kreislauf, Körpertemperatur, Stoffwechsel und die Tätigkeit der Eingeweide. Enge Beziehungen bestehen zwischen dem vegetativen Nervensystem und den Hormondrüsen; sie beeinflussen sich wechselseitig über ihre Zentren im Gehirn. Außerdem gilt das vegetative Nervensystem auch noch als Vermittler zwischen Körper und Seelenleben, die aus der Sicht der biologischen Ganzheitsmedizin eine untrennbare Einheit bilden.

Das vegetative Nervensystem besteht aus den folgenden beiden Anteilen:

- **Parasympathikusnerv,** der vorwiegend dem Hirnstamm und dem untersten Teil des Rückenmarks entspringt; seine Fasern laufen in anderen Nervenbahnen mit.
  Zum parasympathischen System gehört auch der unmittelbar aus dem Gehirn stammende Vagusnerv, der wegen seiner Bedeutung oft fälschlicherweise mit dem Parasympathikus insgesamt gleichgesetzt wird.
- **Sympathikusnerv** mit Oberzentren im Zwischenhirn, untergeordneten Zentren im Rückenmark und in den beiden Nervensträngen seitlich der Wirbelsäule (Grenzstränge) und Unterzentren in vielen Organen; die sympathischen Zentren in den Wänden der Organe stellen deren Funktionen auch dann noch sicher, wenn die Verbindung zu den anderen Sympathikuszentren unterbrochen wird, nur passen sie sich dann nicht mehr den wechselnden Bedürfnissen des Körpers an. Im Kopf-, Hals-, Brust- und Bauchbereich bilden die sympathischen Nervenfasern verschiedene Geflechte, darunter als größtes das Sonnengeflecht (Solar plexus), das sich unmittelbar unter dem Zwerchfell hinter dem Magen an der Körperhauptschlagader (Aorta) befindet und die Bauchorgane versorgt.

Sympathikus und Parasympathikus wirken in vieler Hinsicht als Gegenspieler. Am besten läßt sich das am Beispiel der Stoffwechselfunktionen darstellen: Der Parasympathikus steuert hier die aufbauenden Stoffwechselprozesse, ist also für die Verwertung der Nahrung mit Energiegewinnung und Erhaltung der körpereigenen Substanz zuständig, während der Sympathikus den Energieverbrauch, die Kraftentfaltung, Leistungsfähigkeit und den Abbau körpereigener Substanz reguliert. Im Schlaf und in der Entspannung überwiegen die parasympathischen Funktionen, sonst die des Sympathikus.

Die beiden Anteile des vegetativen Nervensystems müssen harmonisch zusammenwirken, Auf- und Abbauvorgänge, Anregung und Entspannung also immer im Gleichgewicht bleiben, sonst kommt es zur vegetativen Dystonie. Sie führt zu zahlreichen unklaren Symptomen, wie Kopfschmerzen, Ohrensausen, Flimmern vor den Augen, Schwindel, Hitzewallungen zum Gesicht, Schweißausbrüchen, Taubheit und Kribbeln in den Gliedern, Herzenge, Magenbeschwerden, Schlafstörungen, allgemeine Leistungsschwäche und Mattigkeit. Allen diesen Beschwerden liegen aber keine organischen Krankheiten zugrunde, sondern ausschließlich nervöse Funktionsstörungen; wenn sie aber über längere Zeit anhalten, kann es durch die ständige Fehlfunktion auch zur körperlichen Krankheit kommen.

Da die Untersuchungen keine organischen Befunde ergeben, leiden die Betroffenen oft unter der Vorstellung, sie seien nur »eingebildet« krank – und ihre Mitwelt macht ihnen das häufig sogar zum Vorwurf. Aber das ist keineswegs berechtigt, denn die Symptome der funktionellen Störungen fallen zum Teil sogar erheblich stärker aus als bei einer organischen Erkrankung.

Nicht selten treten die vegetativen Beschwerden erstmals im Zusammenhang mit den hormonellen Störungen auf, die im Verlauf der Pubertät oder Wechseljahre vorübergehend entstehen, denn zwischen dem vegetativen Nervensystem und dem System der Hormondrüsen bestehen enge Beziehungen. Häufiger erklären sich die Symptome aber aus chronischen Fehlern der Lebensführung, wie dauernde Überforderung (Streß) und/oder ungelöste seelische Konflikte, Sorgen und Probleme oder andere psychische Störungen. Schließlich kann vegetative Dystonie auch einmal bei Blutarmut, Kalzium-, Magnesiummangel oder im Vorstadium ernsterer körperlicher und seelischer Krankheiten auftreten. Deshalb dürfen die vieldeutigen Symptome nie auf die leichte Schulter genommen werden. Eine gründliche Untersuchung durch den Fachmann ist bald anzuraten, damit mögliche organische oder seelische Faktoren rechtzeitig diagnostiziert und gezielt behandelt werden können.

Wenn keine organischen Krankheiten oder ernstere seelische Störungen nachweisbar sind, sollten zur Grundbehandlung regelmäßige Entspannungsübungen (vor allem autogenes Training bewährt sich gut) und abhärtende Maßnahmen, wie Wassertreten und ausreichend Bewegung an der frischen Luft, durchgeführt werden. Dadurch stabilisieren sich allmählich die Funktionen des vegetativen Nervensystems wieder.

Auch vollwertige Ernährung mit ausreichend Vitaminen (vor allem »Nervenvitaminen« der B-Gruppe), Magnesium und anderen Mineralsalzen trägt viel zur Beseitigung der vegetativen Dystonie bei. Magnesium und B-Vitamine können bei Bedarf auch zusätzlich zur Ernährung in Arzneimittelform verabreicht werden.

Nicht angezeigt – aber von der Schulmedizin häufig verordnet – sind bei vegetativer Dystonie die bequemen chemischen Beruhigungs- und Schlafmittel (Psychopharmaka), die zwar die Symptome rasch lindern können, aber die Ursachen nicht beseitigen. Deshalb müssen sie lange Zeit verabreicht werden, was oft zu ernsteren Nebenwirkungen bis hin zur suchtartigen Abhängigkeit führen kann. Allenfalls vorübergehend, zur Einleitung der Behandlung bei stärkeren Beschwerden, können solche Medikamente ausnahmsweise einmal erforderlich werden, wenn der Therapeut sie ausdrücklich verordnet. Meist erzielt man aber mit biologischen Arzneimitteln, vor allem Baldrian, ebenso gute Ergebnisse, ohne die Risiken chemischer Psychopharmaka in Kauf nehmen zu müssen.

Die Reflexzonentherapie bei vegetativer Dystonie wird gleichzeitig am Körper und an den Füßen durchgeführt. In erster Linie muß dazu die Herzzone auf der linken Brustseite behandelt werden. Man legt dazu die Finger der rechten Hand links neben dem Brustbein auf die Brust über das Herz und führt eine nicht zu starke Vibrationsmassage durch. (Vorsicht bei bestehenden Herzkrankheiten – unbedingt vorher den Therapeuten fragen!) Dadurch werden viele mit der Herz-Kreislauf-Regulation in Zusammenhang stehende vegetative Beschwerden gut gemildert; die Wirkung setzt sich aber auch in den übrigen Organismus fort und kann die vegetativen Symptome insgesamt günstig beeinflussen.

Dazu trägt am Fuß zusätzlich vor allem die Massage der Reflexzonen des Sonnengeflechts bei. Dieses mächtige Nervengeflecht des vegetativen Nervensystems kann nämlich auf das gesamte übrige Vegetativum günstigen Einfluß nehmen.
Je nach Einzelfall kann es auch angezeigt sein, die Symptome der vegetativen Dystonie noch zusätzlich über andere Reflexzonen zu behandeln, die den einzelnen betroffenen Organen und Körperregionen entsprechen, zum Beispiel gezielt Kopfschmerzen und Durchblutungsstörungen behandeln (siehe dazu die einzelnen Stichworte in diesem Buch).

Durch regelmäßige Massage aller Reflexzonen am Fuß ist es möglich, alle vegetativen Funktionen des Körpers wieder zu harmonisieren.

Kopfschmerzen

Harmlose, bald vorübergehende Kopfschmerzen treten zum Beispiel bei Streß, Aufregung, Erkältung, bei wetterfühligen Menschen und während der Menstruation auf. Sie können durch Reflexzonenmassage allein gut beeinflußt werden, so daß keine Tabletten erforderlich sind.

Kehren Kopfschmerzen häufig wieder oder bestehen chronisch, dann steht dahinter aber nicht selten eine behandlungsbedürftige ernstere Krankheit, deren Ursachen nur der Fachmann ermitteln und beseitigen kann. Reflexzonentherapie kann diese Behandlung ergänzen. Da das Gehirn selbst so schmerzunempfindlich ist, daß man sogar ohne Betäubung Operationen daran vornehmen kann, entstehen Kopfschmerzen durch Verkrampfung oder Erschlaffung der Hirnblutgefäße oder bei Erkrankungen der Hirnhäute. Dazu können zahlreiche Ursachen führen; zu den häufigsten gehören:

- Seelisch-nervöse Einflüsse, wie Aufregungen, Ärger, Streß, Angstzustände, depressive Verstimmungen oder vegetative Dystonie, im weiteren Sinne auch noch die verbreitete Wetterfühligkeit; dadurch kommt es oft nur zu vorübergehenden Kopfschmerzanfällen;
- verschiedene Infektionskrankheiten, insbesondere Erkältung und Grippe, aber auch zahlreiche andere Infekte und natürlich auch Entzündungen des Gehirns und der Hirnhäute durch Krankheitserreger;
- Alkohol- und/oder Nikotinmißbrauch (»Kater«);
- chronische Stuhlverstopfung, wobei die Kopfschmerzen als Zeichen einer leichten Selbstvergiftung auftreten;
- Sonnenstich mit Reizung des Gehirns durch Einstrahlung der hochstehenden Sonne auf den unbedeckten Kopf und Nacken (vorbeugend bei längeren Aufenthalten an der Sonne immer einen Hut tragen und den Nacken bei Bedarf durch ein Tuch zusätzlich schützen);
- Veränderungen an der Halswirbelsäule und den Halsbandscheiben;
- Arterienverkalkung (vor allem der Hirnarterien mit erhöhtem Schlaganfallrisiko) und Bluthochdruck, wobei die Schmerzen häufig im Hinterkopf und vorderen Schädel bestehen; oft kommen dann auch noch Schwindel, Ohrensausen, nachlassende geistige Leistungsfähigkeit (Gedächtnis-, Konzentrationsschwäche) und depressive Verstimmungen hinzu, in schweren Fällen verändert sich die ganze Persönlichkeit der Betroffenen;

- Entzündungen der Schläfenarterien mit heftigem Schläfenkopfschmerz, die bevorzugt bei Rauchern auftreten;
- Zahnwurzel- und Nasennebenhöhlenentzündungen, die oft keine nennenswerten anderen Beschwerden verursachen müssen;
- Halbseitenkopfschmerz, der vom Auge ausgeht und auf einen akuten Glaukomanfall (grüner Star) hinweist.

Der Gebrauch chemischer Schmerzmittel ist bei Kopfschmerzen allenfalls vorübergehend einmal angezeigt, um stärkere Schmerzen zu lindern, sofern sie nicht auf die Reflexzonentherapie ausreichend ansprechen. Dauernd dürfen sie wegen drohender Nebenwirkungen und der Gefahr suchtartiger Abhängigkeit nie verabreicht werden. Am besten vertragen die meisten Menschen noch die schmerzlindernde Azetylsalizylsäure, die aber auch nicht immer ohne unerwünschte Begleiterscheinungen bleibt (vor allem dann nicht, wenn eine höhere Dosis verabreicht wird oder Magen-Darm-Erkrankungen, Asthma und Neigung zu anderen allergischen Reaktionen bestehen). Zum Dauergebrauch kommen sie keinesfalls in Frage, auch deshalb nicht, weil die Schmerzursachen damit oft nicht zu beseitigen sind. Andere schmerzlindernde chemische Wirkstoffe eignen sich überhaupt nicht zur Selbsthilfe und dürfen nur im Einzelfall einmal nach fachmännischer Verordnung verabreicht werden, wenn anders keine Hilfe möglich ist.

Unter den biologischen Heilverfahren eignen sich bei Kopfschmerzen vor allem vom Kopf blutableitende Wasseranwendungen, also Fuß- und Wechselbäder, Wassertreten und kalte Fuß- und Wadenwickel oder Schenkelgüsse. Seelisch-nervöse Kopfschmerzen sprechen auf autogenes Training, Atemübungen und Baldrian gut an. Manchmal hilft auch starker schwarzer Kaffee mit Zusatz von Zitronensaft, ein Glas Wein oder Bier zur Entspannung oder Magnesium in Arzneimittelform zur Lösung von Hirngefäßkrämpfen. Bei Kopfschmerzen am Morgen kann ein Halstuch, das den Nacken im Schlaf vor Abkühlung schützt, oder ein neues Kopfkissen, auf dem die Halswirbelsäule anatomisch richtig liegt, manchmal wahre »Wunder« wirken.

In allen unklaren Fällen oder bei akuten heftigen Schläfen- und Augenkopfschmerzen muß so rasch wie möglich der Therapeut aufgesucht werden. Gleiches gilt beim geringsten Verdacht auf Gehirn- oder Hirnhautentzündung und anderen ernsteren Infektionskrankheiten.

Reflexzonenmassage kann Kopfschmerzen sehr rasch und deutlich lindern oder ganz beseitigen, ohne daß man Schmerztabletten einnehmen müßte. Die Behandlung am Körper erfolgt im Nacken-Schulter-Bereich. Dazu legt der Partner (notfalls kann man es auch selbst versuchen, aber das gelingt nicht so gut) die Finger beider Hände rechts und links vom Halsansatz auf die Schultern und arbeitet von hier aus aufsteigend bis über die Schädelbasis (ungefähr in Höhe des Haaransatzes) hinaus die Muskulatur des Nackens durch. Die Massage dieser Reflexzonen erfolgt durch sanfte Vibrationsmassage; über tastbaren Verhärtungen kann man auch etwas kräftiger behandeln. Aber Vorsicht, die Halswirbelsäule ist sehr empfindlich, vor allem wenn an den Wirbeln und Bandscheiben schon eine Schädigung besteht; die Massage darf deshalb nie zu kräftig erfolgen, um den Erfolg rasch zu erzwingen, das könnte die Kopfschmerzen weiter verschlimmern und zusätzliche Beschwerden verursachen (siehe auch Halswirbelsäulenbeschwerden).

Die Behandlung der Fußzonen ergänzt die Körpertherapie; wenn zur Nackenmassage kein Partner zur Verfügung steht, kann man sich auch darauf beschränken, nur die Füße zu behandeln.

Die Massage erfolgt zunächst über den Symptomzonen von Kopf, Warzenfortsatz, Nacken und Halswirbelsäule, wobei stärkere Kopfschmerzen durch den Sedierungsgriff, einfache durch normale Grifftechnik gebessert werden. Entsprechend der zahlreichen Ursachen von Kopfschmerzen sollten zusätzlich die Kausalzonen des Schultergürtels, der Wirbelsäule, Lymphzonen, Geschlechtsorgane, Verdauungsorgane, Harnleiter und Harnblase, der Nebenhöhlen, Zähne oder des Zwerchfells behandelt werden.

Migräne

Diese Krankheit führt zu anfallweisen, sehr heftigen und meist einseitigen Kopfschmerzen, die unbehandelt Stunden bis Tage dauern. Die Ursachen müssen fachmännisch geklärt und behandelt werden, Reflexzonentherapie eignet sich insbesondere zur Linderung der Schmerzen durch den Sedierungsgriff über den bei Kopfschmerzen genannten Symptomzonen.
Das reicht allerdings nicht immer, so daß doch auf Schmerzmittel zurückgegriffen werden muß. Die Behandlung ergänzt man durch Massage der bei Kopfschmerzen genannten Kausalzonen.

Am Körper darf nie während eines akuten Migräneanfalls behandelt werden, sonst könnten sich die heftigen Kopfschmerzen noch verschlimmern. Zwischen den akuten Migräneanfällen eignet sich die Reflexzonenmassage im Hals-Schulter-Nackenbereich durch Vibrationsmassage aber gut, um die Häufigkeit und Schwere der Anfälle zu verringern.

Migräne entsteht wahrscheinlich durch Störungen der Hirngefäßregulation, die zur Verkrampfung oder

Erschlaffung der Hirnarterien führen. Dahinter stehen oft Erbanlagen (Frauen werden häufiger betroffen), aber auch allergische Reaktionen, hormonelle Veränderungen und seelisch-nervöse Einflüsse.

Dem Migräneanfall gehen meist typische Vorboten voraus, hauptsächlich Flimmern vor den Augen, abnorme Müdigkeit, Gereiztheit oder Euphorie. Danach kommt es dann zu heftigen, meist einseitigen Kopfschmerzen, die im Verlauf des Anfalls nach der anderen Seite wechseln oder beide Seiten betreffen können. Der Schmerz betrifft vor allem Stirn, Schläfen und Augenhöhlen und wird begleitet von Blässe oder Rötung des Gesichts, Übelkeit, Brechreiz, Lichtscheu und eine Überempfindlichkeit gegen andere äußere Sinnesreize.

Die Schmerzen können sich durch Kopfbewegungen verschlimmern; dann besteht Verdacht auf Migraine cervicale, die durch Schädigung der Halswirbelsäule und ihrer Bandscheiben entsteht. Als weitere Sonderform kennen wir die Ménièresche Krankheit, bei der neben den üblichen Migränesymptomen noch Drehschwindel, Ohrensausen und einseitige Schwerhörigkeit auftreten; Ohrensausen und Hörstörungen bis zur Taubheit bestehen meist dauernd, der Schwindel tritt nur anfallsweise auf. Die Ursachen der Ménièreschen Krankheit konnten bisher noch nicht genau geklärt werden; krankhafte Veränderungen am Gleichgewichtsorgan des Innenohrs und plötzliche Erweiterung vorher verkrampfter Hirnarterien scheinen eine Rolle zu spielen, vermutlich bestehen aber auch Zusammenhänge mit Hirngefäßverkalkung.

Die Behandlung aller Migräneanfälle bleibt dem Fachmann vorbehalten und richtet sich nach den Ursachen (sofern diese nachweisbar sind). Zur Grundbehandlung empfiehlt sich vollwertige, möglichst fleischarme Ernährung, bei der vor allem Schweinefleisch und Räucherwaren gemieden werden sollten (diese scheinen nicht selten zu den Anfällen beizutragen) und eine geregelte Lebensweise mit vernünftigem Wechsel von Anspannung, Erholung und ausreichendem Schlaf. Autogenes Training und andere Entspannungsmethoden helfen, die Anfallshäufigkeit und -schwere zu verringern. Auch auf regelmäßigen Stuhlgang muß man achten, weil die Selbstvergiftung bei chronischer Darmträgheit die Anfälle begünstigen kann.

Im akuten Anfall sollte Ruhe in einem gegen Lärm abgeschirmten und halb oder ganz abgedunkelten Raum eingehalten werden. Abreibungen der Stirn mit Franzbranntwein, Kölnisch Wasser und Melissengeist, die auch auf die Schläfen, hinter die Ohren und in den Nacken getupft werden können, lindern die Schmerzen oft. Innerlich kann starker schwarzer Kaffee mit Zitronensaft oder Tee mit Baldrian, Fenchel, Kamille, versuchsweise auch Majoran, verabreicht werden. Die heftigen Schmerzen im akuten Anfall erfordern zum Teil aber auch chemische Schmerzmittel, die stets vom Therapeuten zu verordnen sind. Wegen ihrer möglichen Nebenwirkungen eignen sie sich nicht zur Langzeitbehandlung zwischen den Anfällen. Oft kann die Schmerzmitteldosis vermindert werden, wenn man die Medikamente durch Magnesium ergänzt, das krampflösend auf die Blutgefäße wirkt.

Zur Langzeitbehandlung eignen sich vor allem homöopathische Heilmittel gut, die aber je nach Ursachen und Verlauf der Migräne individuell vom Fachmann verordnet werden müssen. Sie führen nicht zu unerwünschten Nebenwirkungen.

Bei Migraine cervicale gilt es, die Schäden an der Halswirbelsäule zu bessern, vor allem die Bandscheiben in diesem Bereich wieder zu regenerieren. Auch dazu stehen uns hauptsächlich homöopathische Heilmittel zur Verfügung (siehe auch Halswirbelsäulenbeschwerden). Gegen die Ménièresche Krankheit werden Naturheilmittel mit durchblutungsfördernder Wirkung verordnet. Besonders gut bewährt sich oft das erst vor kurzer Zeit wieder »entdeckte« Vitamin B_{15} (Pangamsäure). Bei Bedarf muß der Facharzt zusätzlich Erkrankungen des Gleichgewichtsorgans im Innenohr behandeln.

An der Freiburger Universität schloß man kürzlich eine Versuchsreihe mit Migränepatienten ab, deren Symptome zum Teil auf verblüffend einfache Weise gelindert wurden. Sie atmeten für kurze Zeit in eine Plastiktüte ein und aus. Dadurch kann die Gefäßregulation offensichtlich wieder normalisiert werden, weil sich der Sauerstoffgehalt des Blutes vermindert und sich der Kohlensäuregehalt erhöht. Allerdings darf man das nicht zu lange fortsetzen, sonst kann es zur Vergiftung kommen, und man darf die Plastiktüte niemals über den Kopf ziehen, sondern nur an Mund und Nase halten, weil man sonst ersticken könnte. Wenn diese Atemtechnik nicht bald den Migräneanfall bessert, hat es keinen Zweck, damit fortzufahren. Ohnehin hilft diese Methode in der Regel nur dann, wenn man damit so früh wie möglich, also schon bei den Vorzeichen eines Migräneanfalls oder spätestens beim Auftreten der ersten Kopfschmerzen beginnt.

Migräne erfordert normalerweise immer eine Therapie über längere Zeit. Völlige Ausheilung oder wenigstens bleibende deutliche Besserung setzen aber voraus, daß nicht nur die Schmerzen durch Arzneimittel unterdrückt, sondern auch die Ursachen gezielt behandelt werden. Die übliche Therapie der Schulmedizin wird dieser Forderung oft nicht gerecht, so daß es sich je nach Einzelfall empfiehlt, einen Arzt für Naturheilverfahren oder einen Heilpraktiker zur ganzheitlich-biologischen Behandlung zu konsultieren.

Nervenschmerzen
Die schneidenden, ziehenden, stechenden oder brennenden Schmerzen im Verlauf eines oder mehrerer Nerven deuten häufig auf Entzündungen der Nerven hin, treten aber auch bei Vitaminmangel, Alkoholmißbrauch, Infektionskrankheiten (zum Beispiel Gürtelrose), Druck auf oder Verletzung von Nervenbahnen auf. Manchmal kann der Therapeut, der immer aufgesucht werden muß, die Ursachen nicht sicher nachweisen. Nervenschmerzen betreffen besonders häufig den Ischiasnerven (siehe Ischias), den Trigeminusnerven im Gesicht und die Zwischenrippennerven. Die Symptome können so quälend sein, daß man anfangs nicht ohne starke Schmerzmittel auskommt, die sich jedoch nicht zur längeren Anwendung eignen, weil zum Teil erhebliche Nebenwirkungen und auch suchtartige Abhängigkeit drohen.

Manchmal genügt es schon, das betroffene Körpergebiet von außen durch schmerzlindernde Rheumasalbe zu behandeln, um die Symptome deutlich zu bessern; auch Einreibungen mit Eukalyptus-, Johanniskraut- oder Pfefferminzöl (vor allem von der japanischen Pfefferminze), Abwaschungen mit Essigwasser, Auflagen mit heißem Heublumentee oder frischen Meerrettichscheiben wirken im Einzelfall zufriedenstellend. Besonders gut hilft zum Teil eine Enzymsalbe, weil sie die körpereigenen Stoffe, die zur Reizung der Schmerznerven führen, natürlich abbaut.

Zur längeren Behandlung von innen her kommen die »Nervenvitamine« der B-Gruppe in Frage, ergänzt durch homöopathische Heilmittel, die aber individuell verordnet werden müssen.

Die Reflexzonentherapie an den betroffenen Nerven wird am Körper als Vibrationsmassage durchgeführt. Da es bei unsachgemäßer Anwendung aber sogar zur Schmerzverschlimmerung kommen kann, muß die örtliche Reflexzonenmassage unbedingt nach Anweisung des Therapeuten durchgeführt werden. Zur Selbsthilfe empiehlt sich nur die Reflexzonentherapie am Fuß. Sie wird zur Soforthilfe über den Zonen der betroffenen Körpergebiete symptomatisch durchgeführt, also beispielsweise an den Zonen der Arme oder Rippen. Gegen stärkere Schmerzen hilft am besten der Sedierungsgriff.

Die zur Behandlung notwendigen Kausalzonen bestimmt der Fachmann, der auch Arzneimittel und die Reflexzonenmassage ergänzende andere Therapiemethoden verordnen wird.

Nervosität
Der unklare Oberbegriff Nervosität, der nicht klar gegen die bereits angesprochene Dystonie des vegetativen Nervensystems abgegrenzt werden kann, umfaßt eine Reihe seelisch-nervöser und körperlicher Symptome. Im Mittelpunkt steht die Schwäche des Nervensystems mit Neigung zu abnormer Erregbarkeit und Reizbarkeit des Nervensystems. Das führt zu Aufgeregtheit, rascher Ermüdung bis hin zur nervösen Erschöpfung, Gereiztheit, Unrast, Unruhe, Schlafstörungen, nervösem Schwitzen und Überempfindlichkeit; außerdem können Funktionsstörungen innerer Organe (vor allem am Herz-Kreislauf- und Verdauungssystem), zum Teil auch Angstzustände und Depressionen auftreten.

Die Ursachen der Nervosität lassen sich oft nur schwer feststellen. Bei sensiblen, schöpferischen Menschen ist die Überempfindlichkeit des Nervensystems oft anlagebedingt (also angeboren), ohne Krankheitswert und deshalb auch nur schwer zu beeinflussen. Im Verlauf des Lebens kann Nervosität durch ungünstige Einflüsse entstehen, in der Kindheit vor allem durch Erziehungsfehler, später durch anhaltenden übermäßigen Streß, Mißbrauch von Genußmitteln, allgemein ungesunde Lebens- und Ernährungsweise, ungelöste Sorgen und Konflikte, neurotische Fehlhaltungen, aber auch als Vorzeichen körperlicher oder seelischer Erkrankungen oder nach überstandenen Krankheiten. Oft beginnt die Nervosität in Krisenzeiten des Lebens, insbesondere während der Pubertät und der Wechseljahre, wenn auch noch hormonelle Veränderungen auftreten, die über bestimmte Zentren im Gehirn das Nervensystem und darüber hinaus das Seelenleben beeinflussen.

Wenn es gelingt, die Ursachen der Nervosität genau – vielleicht auch nur teilweise – festzustellen, kann der Therapeut eine gezielte Behandlung einleiten. In den vielen Fällen, in denen das unmöglich ist, wird eine stabilisierende, harmonisierende Allgemeinbehandlung durchgeführt. Die Behandlung besteht hauptsächlich aus:

- ruhiger, geregelter Lebensweise mit sinnvollem Wechsel von Anspannung, Erholung und ausreichendem Schlaf, ergänzt durch autogenes Training oder andere Entspannungstechniken;
- Abhärtung durch ausreichend Bewegung an der frischen Luft;
- vollwertige Ernährung ohne Genußmittel;
- bei Bedarf zusätzlich beruhigenden pflanzlichen oder homöopathischen Arzneimitteln, hauptsächlich Baldrian.

Als weitere Hilfe empfiehlt sich die Reflexzonentherapie am Körper, die an den gleichen Zonen wie bei der vegetativen Dystonie (siehe dort) durchgeführt wird. Am Fuß behandelt man als Symptomzonen Kopf und Zwerchfell (Sonnengeflecht), kausal vor allem Hirnanhang-, Geschlechts- und andere Drüsen, Herz, Brustbein, Milz, Nieren, Darm, Leber, Schultergürtel oder Wirbelsäule.

Diese Maßnahmen, konsequent über längere Zeit durchgeführt, genügen normalerweise, um auch eine anlagebedingte nervöse Schwäche wenigstens soweit zu mildern, daß die Betroffenen damit leben können und vor allem keine chemischen Psychopharmaka mehr benötigen.

Schlafstörungen

Sie stehen oft mit Nervosität, Depressionen, anderen seelischen Ursachen, falscher Lebensweise und Eßgewohnheiten (zu spät, zu schwer) in Zusammenhang. Auch schlechte Betten oder zu laute Schlafräume können den Schlaf behindern. Ferner gibt es noch eine Reihe mehr oder minder ernstere Krankheiten, die uns den Schlaf rauben können. Zu denken ist zum Beispiel noch an Arterienverkalkung, Kreislaufstörungen, Schmerzen und fieberhafte Infektionskrankheiten, in seltenen Fällen auch einmal an Erkrankungen des Gehirns. Die Ursachen vermag nur der Fachmann nach gründlicher Untersuchung gezielt zu behandeln. Er muß deshalb immer aufgesucht werden, wenn Schlafstörungen häufiger oder chronisch auftreten.

Unabhängig von den Ursachen führen Schlafstörungen schon bald zu vermehrter Nervosität und Gereiztheit, Störungen der Aufmerksamkeit, Konzentration und Leistungsfähigkeit, bei längerer Dauer sogar zu Tagträumen (besonders gefährlich im Straßenverkehr oder beim Bedienen von Maschinen), Veränderungen der Persönlichkeit und ernsteren körperlichen Folgekrankheiten, die hauptsächlich die Verdauungsorgane betreffen. Wenn keine Krankheiten als Ursachen der Schlafstörungen festgestellt werden, entspricht die Grundbehandlung der bei Nervosität (siehe dort), wobei vor allem das autogene Training eine sehr wichtige Rolle spielt. Auch Wassertreten in der bis über die Wadenmitte mit kaltem Wasser gefüllten Badewanne unmittelbar vor dem Schlafengehen wirkt oft überraschend gut. Neuerdings wird bei Schlafstörungen auch vermehrt die Aminosäure (Eiweißbaustein) L-Tryptophan verwendet, ein natürlicher Wirkstoff, der den Gehirnstoffwechsel beeinflußt und dadurch den normalen Schlaf-Wach-Rhythmus wiederherstellt; außerdem hilft die Aminosäure gut bei Depressionen, die oft mit Schlafstörungen einhergehen. Die Anwendung erfolgt kurmäßig in einem bestimmten, mit dem Fachmann abzustimmenden Rhythmus.

Die Reflexzonenmassage am Körper erfolgt nacheinander am Nacken, Rücken, an der Gesäßmuskulatur und am Unterschenkel. Zunächst legt der Partner beide Hände rechts und links von der Halswirbelsäule auf die Nackenmuskeln und führt hier vom Haaransatz abwärts bis zum Halsansatz eine sanfte Vibrationsmassage durch. Danach wird die Zone zwischen der Brustwirbelsäule und dem linken Schulterblatt etwas kräftiger mit den Fingern einer Hand durch Vibrationen behandelt. Zur Massage der Zonen der Gesäßmuskulatur legt man beide Hände rechts und links auf die beiden Gesäßhälften, so daß die Finger das Gesäß von unten umfassen und die Handflächen hinten aufliegen; dann massiert man kräftiger durch Vibrationen. Zum Schluß setzt man sich bequem auf einen Stuhl und legt den einen Unterschenkel so auf den anderen Oberschenkel, daß man die Rundung der Wade hinten am Unterschenkel ungefähr in der Mitte zwischen Kniekehle und Ferse mit der Hand leicht erreicht. Hier legt man die Finger auf und vibriert ebenfalls kräftiger. Dann wird die Behandlung sinngemäß am anderen Unterschenkel wiederholt.

Bei gelegentlichen Schlafstörungen, wie sie wohl jeder Mensch zwischendurch einmal erlebt, genügt es auch schon, zur Soforthilfe nur die zuletzt beschriebene Reflexzonenmassage an der Wadenmuskulatur anzuwenden.

Die Fußmassage kann sich an die Körpertherapie anschließen, ist aber nicht mehr unbedingt erforderlich. Man kann aber auch auf die Massage der Körperzonen verzichten und nur an den Füßen behandeln, wobei die Reflexzonenmassage der Kausalzonen des Drüsensystems, des Herzens, des Schultergürtels, der Wirbelsäule, des Dünn- und Dickdarms sowie des Leber-Gallenblasen-Systems allein oder unterstützend empfohlen werden kann.

Gelegentliche harmlose Schlafstörungen ohne krankhafte Ursachen beseitigt nach praktischer Erfahrung vieler Therapeuten oft schon die Massage der Symptomzonen des Zwerchfells (Sonnengeflecht), bei Bedarf durch die Kopfzonen und Reflexzonen gegen Nervosität ergänzt.

Andere Erkrankungen

Auch bei den folgenden Krankheiten liegen gute praktische Erfahrungen mit der Reflexzonentherapie von Naturärzten, Heilpraktikern und aus meiner eigenen Praxis vor.

Akne

Diese volkstümlich auch als »Hautfinne« bezeichnete Erkrankung beginnt mit der Pubertät und kann bald danach wieder abheilen, aber auch bis weit über das 30. Lebensjahr hinaus andauern. Die Patienten leiden unterschiedlich stark, insbesondere auch seelisch, unter den Hautveränderungen; bei manchen treten nur ab und zu einmal Mitesser und Pickel auf, während es in schweren Fällen jahre- bis jahrzehntelang häufig zu größeren Eiterungen kommt, die nicht selten kosmetisch sehr störende Narben hinterlassen. Deshalb kann diese eigentlich ungefährliche Hauterkrankung unter Umständen zu ernsten seelischen Störungen führen.

Die typische Akne vulgaris (Pubertätsakne) betrifft das Gesicht, die Brust und den oberen Rücken. Hier kommt es durch vermehrte Talgproduktion zu Stauungen und Verhärtungen des Hautfetts in den Talgdrüsengängen. Wenn Staub und Schmutz den Talg schwärzlich verfärben, erkennt man ihn als Mitesser.

Die Talgansammlungen neigen zur Entzündung, wobei dann rote, schmerzende Knötchen und Eiterpusteln entstehen. Sie heilen unter Narbenbildung ab.

Verursacht wird die Überproduktion von Hauttalg durch die hormonellen Veränderungen, die während der Geschlechtsreife junger Menschen eintreten. Oft spielen auch noch vorübergehende Stoffwechselstörungen und Darmträgheit mit Ausscheidung von Stoffwechselschlacken über die Haut eine Rolle. Ferner können eine zu fettreiche, scharf gewürzte Ernährung, der es an lebenswichtigen Vitaminen, Mineralstoffen, Spurenelementen und Ballaststoffen mangelt, Mißbrauch von Nikotin und anderen Genußmitteln und falsche Hautpflege zur Akne beitragen.

Neben der verbreiteten Jugendakne kennen wir noch drei Sonderformen, die unabhängig von der Pubertät auftreten, und zwar:

- Gewerbe- (Berufs-)akne durch Kontakt mit Ölen, Teer, Staub und ähnlichen Stoffen bei der Arbeit;
- Arzneimittelakne durch Brom (Beruhigungsmittel) und Jod;
- Streßakne als Folge beruflicher und/oder privater Streßfaktoren, die sich auch auf die Hautfunktionen ungünstig auswirken können.

Diese Sonderformen können überall am Körper auftreten, während die Pubertätsakne sich immer auf Gesicht, Brust und oberen Rücken beschränkt.

Zur Basisbehandlung der Akne empfiehlt sich eine salz-, gewürz- und fettarme Ernährung, die reichlich Rohkost enthalten soll. Nikotin, Schokolade, andere Süßigkeiten und Genußmittel sollten strikt vermieden werden, weil sie die Akne oft erheblich verschlimmern können. Bei Bedarf muß die regelmäßige Darmentleerung noch durch Leinsamen und Weizenkleie auf natürliche Weise gefördert werden; manchmal kann es zusätzlich notwendig sein, die Darmflora durch reichlich gesäuerte Milchprodukte (wie Joghurt, Quark) und Milchzucker zu normalisieren.

Die allgemeine Lebensführung soll ausgeglichen sein; wichtig sind insbesondere ausreichender Schlaf, Vermeiden von übermäßigem und dauerndem Streß (das gilt für Pubertätsakne ebenso wie für Streßakne) und genügend Bewegung an der frischen Luft. Autogenes Training trägt zur Entspannung und zum guten Schlaf bei und kann sogar die Hauterscheinungen unmittelbar beeinflussen.

Bei Gewerbe- und Arzneimittelakne müssen alle die Stoffe, die zur Akne führen, strikt gemieden werden (notfalls Berufswechsel, sonst ist keine Heilung dieser Krankheit möglich).

Besondere Bedeutung kommt der Hautreinigung und -pflege zu. Zum Waschen der betroffenen Hautpartien eignet sich die übliche Seife nicht, denn sie kann die kranke Haut noch mehr schädigen. Statt dessen gebraucht man synthetische Detergenzien (Syndets) in flüssiger Form oder als seifenförmiges Waschstück, die vor allem den wichtigen natürlichen Hautsäureschutzmantel schonen. (Bekannteste Syndets bei uns sind die Seba-med- und Eubos-Produkte.)

Nach der Hautreinigung pflegt man die Haut mit Hamamelis- oder Schwefellösung, die aber nicht zu viel Alkohol enthalten darf. Bei stärkerer Akne trägt man die vom Therapeuten verordneten Medikamente auf; vor allem Schwefel, Salizylsäure und ähnliche biologische Wirkstoffe haben sich zur Langzeitbehandlung gut bewährt, während Antibiotika nur ausnahmsweise einmal notwendig sind, und Cortison wegen seiner vielen Risiken bei einer Erkrankung wie Akne grundsätzlich abzulehnen ist.

Ergänzt wird die Behandlung von außen durch Gesichtsdampfbäder mit Kamillenzusatz 3mal wöchentlich, Lehmauflagen, Sonnenbäder und UV- (Höhensonnen-)bestrahlungen.

Innerlich empfehlen sich blutreinigende Tees und homöopathische Heilmittel, die individuell vom Fachmann zu verordnen sind.

Die Reflexzonentherapie am Körper und am Fuß soll vor allem das Leber-Gallenblasen-System günstig beeinflussen, weil über das »Zentrallabor« Leber die Ursachen der Akne wirksam bekämpft werden können. Dazu behandelt man am rechten Rücken unterhalb des Schulterblatts die Leber-Gallenblasen-Zone durch kräftige Vibrationsmassage.

An den Füßen werden ebenfalls die Leber-Gallenblasen-Zonen zur Grundbehandlung massiert. Außerdem hat es sich bewährt, die Reflexzonen der für die körpereigene Abwehr von Entzündungen wichtigen Nebennieren und zur gründlichen Entschlackung die Reflexzonen der Nieren, Harnleiter und Harnblase zu behandeln.

Die Aknetherapie erfordert viel Geduld und wirkt nicht immer zufriedenstellend. Aber Besserung kann man durch die oben beschriebene umfassende Therapie fast immer erreichen. Den Rest heilt dann die Zeit, denn es ist zwar nur ein schwacher Trost für die Patienten, die akut unter Akne leiden, aber sie heilt praktisch immer aus.

Allergien

Zu den Erkrankungen des allergischen Formenkreises gehört jede unerwartete Überempfindlichkeitsreaktion des Körpers gegen Substanzen, die eingeatmet, auf die Haut gebracht oder verzehrt werden. Nicht-Allergiker reagieren auf solche Stoffe nicht mit Beschwerden, beim Allergiker kommt es aber anlagebedingt oder durch im Lauf des Lebens erworbene Störungen der Abwehrfunktionen zu teilweise heftigen Symptomen.

Man kann praktisch gegen alles überempfindlich werden, womit man im täglichen Leben in Kontakt gerät, zum Beispiel gegen die Blütenpollen von Gräsern, Sträuchern und Bäumen, gegen Federn, Tierhaare, Staub, Farben, Wachse, Tapeten, Kosmetika, Arzneimittel, viele Nahrungs- und Genußmittel, ja sogar gegen Metalle, Licht, Wärme und Druck. Auf solche Allergene reagiert der Körper mit juckenden Hautausschlägen, Ekzemen, Heuschnupfen, Asthma, Durchfall, Erbrechen, Schwindel, Kopfschmerzen, Gelenkschwellungen, niedrigem Blutdruck und schlimmstenfalls sogar mit einem allergischen Schock, der ohne Behandlung rasch tödlich endet.

Die Therapie allergischer Krankheiten ist langwierig und nicht immer erfolgreich. Manche Allergien lassen sich einfach verhindern, indem man jeden Kontakt mit den Allergenen vermeidet. Vielen kann man aber nicht ständig aus dem Weg gehen, sonst müßte man sich unter einer Glasglocke hermetisch gegen die Umwelt abschirmen, und ein solches Leben wäre zwar frei von allergischen Beschwerden, aber sicherlich nicht mehr lebenswert.

Wenn alle allergieverursachenden Stoffe nachgewiesen werden können, läßt sich zum Teil eine Desensibilisierungsbehandlung dagegen durchführen, bei der man den Körper an winzige, allmählich ansteigende Dosen der Allergene gewöhnt, bis er sie auch in größeren Mengen ohne Überreaktion verträgt. Gelingt das nicht, wird eine unspezifische Reizkörpertherapie angezeigt sein, um die gestörten Abwehrregulationen wieder zu normalisieren.

Gegen die Symptome der Allergie eignen sich homöopathische Arzneimittel, Kalzium und Magnesium meist am besten. Chemische Antihistaminika und erst recht das Nebennierenrindenhormon Cortison müssen die Ausnahme bleiben, deren Risiken nur bei schweren allergischen Symptomen vorübergehend einmal gerechtfertigt werden können. Sie wirken zwar recht schnell, verschaffen aber nur Beschwerdefreiheit, ohne die Ursachen der Allergie zu beseitigen.

Reflexzonentherapie kann bei allen allergischen Krankheiten versuchsweise neben anderen vom Fachmann verordneten Heilmitteln angewendet werden. Bei konsequenter Durchführung über längere Zeit führt sie oft zu guten therapeutischen Ergebnissen, weil durch sie die gestörten Körperfunktionen auf natürliche Weise wieder harmonisiert werden können.

Am Körper behandelt man dazu die Leber-Gallen-Reflexzone am rechten Rücken unterhalb des Schulterblatts durch Auskneten; bei stärkeren allergischen Symptomen kann auch die Vibrationsmassage nützen, die aber nicht zu stark durchgeführt werden darf.

Die Fußmassage erfolgt hauptsächlich über die Nebennieren, deren Hormone auf das allergische Geschehen Einfluß nehmen; ergänzend behandelt man die Zonen der Nebenschilddrüsen.

Abgesehen von dieser Grundbehandlung der Körper- und Fußreflexzonen gibt es bei den einzelnen allergischen Erkrankungen noch spezielle Behandlungszonen, die unter den entsprechenden Stichworten in diesem Buch aufgeführt werden. (Siehe Asthma, Durchfall, Ekzeme, Hautallergien, Heuschnupfen.)

Angstzustände

Die Fähigkeit, Angst zu verspüren, ist untrennbar mit dem menschlichen Leben verbunden, insbesondere mit dem Ich-Bewußtsein, das den Menschen vor allen anderen Lebewesen auszeichnet. Der bekannte deutsche Philosoph Martin Heidegger (1889–1976) nannte die Angst sogar eine »Grundbefindlichkeit menschlichen Seins«. Der Mensch litt schon in grauer Vorzeit unter Ängsten, die sich freilich mit denen des modernen Menschen nicht mehr vergleichen lassen. Die Lebensumstände, Einstellungen, Haltungen und andere Lebensbedingungen haben sich grundlegend gewandelt, und damit wandelte sich auch die Angst. Noch im Mittelalter war es die religiöse Angst vor der Hölle, die den Menschen quälte, heute wird er von der Angst vor dem Nichts und der Sinnlosigkeit seiner Existenz beherrscht.

Mit der Angst muß jeder Mensch auf seine Weise fertig werden; gelingt ihm das nicht, dann droht sie ihn zu überwältigen, lähmt seine Eigeninitiative und führt auch zu zahlreichen körperlichen Beschwerden, die auf keine der üblichen Behandlungsmethoden richtig ansprechen. Das kann soweit führen, daß man nur noch mit Hilfe einer psychotherapeutischen Langzeitbehandlung Wege aus der Angst finden kann.

Aber so schlimm wird die Angst meist nicht. Gewöhnlich genügt es, das Seelenleben durch pflanzliche Arzneimittel aufzuhellen. Hilfe bringt vor allem das Johanniskraut, das gleichzeitig die oft mit Ängsten verbundenen depressiven Verstimmungen beseitigt. Zusätzlich kann Baldrian angezeigt sein, um die allgemeinen nervösen und funktionellen körperlichen Begleiterscheinungen der Angst zu lindern. Nur in schweren Fällen kann es einmal notwendig sein, vorübergehend chemische Medikamente (Psychopharmaka) einzunehmen, um die Angst zu unterdrücken. Auf Dauer hilft das aber nur wenig, weil die Ursachen der Angst so nicht zu bewältigen sind. Außerdem drohen unerwünschte Nebenwirkungen bis hin zur suchtartigen Abhängigkeit. Homöopathische Psychopharmaka, die je nach Einzelfall individuell vom Fachmann verordnet werden müssen, bleiben dagegen auch bei Langzeitanwendung frei von derartigen Risiken.

Natürlich kann die Reflexzonentherapie die seelischen Ursachen der Angst nicht beseitigen. Dazu muß der Betroffene allein oder unter psychotherapeutischer Anleitung wieder lernen, mit seinen Ängsten zu leben, ohne sich von ihnen beherrschen und überwältigen zu lassen, und trotz der Angst seinem Dasein wieder Sinn und Lebensqualität zu geben. Immerhin trägt die Reflexzonenmassage am Körper und an den Füßen aber dazu bei, wenigstens die nervösen und körperlichen Folgen der Angstzustände zu bessern.

Am Körper behandelt man gegen Angst über die Reflexzonen des Brustkorbs, also über den Rippen. Dazu sollte ein Partner zur Verfügung stehen. Er stellt sich hinter den Patienten und legt die Hände rechts und links seitlich auf die Brustseiten; die Finger ruhen dabei nach vorne gerichtet auf den Rippen. Massiert wird durch kräftige Vibrationsmassage, die immer nur beim Ausatmen durchgeführt wird. Warum diese Therapie gegen Angstzustände hilft, läßt sich heute noch nicht beantworten; Zusammenhänge zwischen Angst und Störungen der Atmung sind aber schon lange bekannt, so daß sich daraus wahrscheinlich die Wirkung wenigstens teilweise ableiten läßt.

Nach der Körpermassage führt man die Reflexzonentherapie an den Füßen durch, und zwar zunächst über den Zonen der Lungen und Bronchien, dann an allen Kopfzonen und zum Abschluß über den Zonen der Nebennieren.

Durch ausreichend lange Reflexzonentherapie, ergänzt durch die genannten anderen Heilmittel, kann im allgemeinen auch ein starker Angstzustand allmählich gebessert werden, so daß der Betroffene zukünftig damit leben kann und keine Psychopharmaka mehr benötigt.

Ekzeme

Die chronische allergische Krankheit beginnt meist mit brennender Rötung der Haut, später kommen Schuppen, Eiterbläschen, Flechten, Knötchen und andere Veränderungen hinzu. Typisch ist immer der starke Juckreiz. Äußere Einwirkungen auf die Haut erzeugen meist Ekzeme mit umschriebener, brennender Rötung, während innere Ursachen (wie Nahrungs-, Arznei-, Genußmittel) oft zunächst einen Nesselausschlag mit roten, heftig juckenden, meist linienförmig entlang eines Hautnervs angeordneten Hautflecken verursachen, aus dem dann später ein Ekzem hervorgehen kann.

Im weiteren Verlauf der Hautkrankheit treten dann die bereits genannten anderen Hautveränderungen auf. Fortgeschrittene Stadien des Ekzems können unter Hautverdickung in die Flechtenbildung übergehen. Auch wenn ein Ekzem scheinbar völlig ausgeheilt ist, kann es häufig schon durch kleinste Reizungen zurückkehren; solche Rückfälle drohen ein Leben lang.

Die Neigung zu Ekzemen kann angeboren sein und geht dann oft mit anderen, ebenfalls angeborenen allergischen Krankheiten einher, vor allem Heuschnupfen und Asthma. Aber auch dauernde Reizungen der Haut von außen oder innen und Pilzinfektionen führen nicht selten zum Ekzem.

Zur Therapie der allergischen Hauterkrankung stehen der modernen Biomedizin zahlreiche homöopathische Heilmittel zur Verfügung. Sie müssen aber konsequent über längere Zeit angewendet werden, sonst ist keine Heilung möglich. Die Behandlung verordnet der Fachmann, der bei Bedarf auch einmal zur Einleitung chemische Medikamente zur äußerlichen und/oder innerlichen Anwendung verschreiben wird. Selbst Cortison kann manchmal trotz all seiner Risiken angezeigt sein, aber niemals zur längeren Therapie, da sonst der Nutzen in keinem vertretbaren Verhältnis mehr zu den bei diesem Medikament drohenden Nebenwirkungen steht.

Wenn die Ursachen der allergischen Reaktionen genau feststellbar sind, können sie zukünftig gemieden oder vielleicht auch durch gezielte Desensibilisierung beseitigt werden.

Auch Reflexzonentherapie kann diese hartnäckige Krankheit nicht immer beseitigen, oft ergänzt sie aber wirksam andere Behandlungsmethoden nach Verordnung des Therapeuten. Sehr wichtig ist Reflexzonenmassage der Symptom- und Kausalzonen am Fuß auch nach Abheilung des Ekzems, um die häufigen Rückfälle zu vermeiden. Reizarme, möglichst vegetarische Diät und Verzicht auf Seife zur Hautreinigung unterstützen die Therapie.

Als Symptomzonen behandelt man am Fuß die Drüsen- und Lymphzonen, zur Kausaltherapie werden Milz, Nieren, Zwerchfell (Sonnengeflecht), Dünn-, Dickdarm und Leber-Gallenblasen-System beeinflußt, bei chronischen Krankheitsherden als Mitverursachern zusätzlich je nach Befund Zähne, Mandeln oder Nebenhöhlen.

Reflexzonenmassage am Körper kann zusätzlich angezeigt sein. Dazu behandelt man die Leber-Gallen-Reflexzone am rechten Rücken unterhalb des Schulterblatts, wie es zur Allgemeinbehandlung unter dem Stichwort Allergien bereits beschrieben wurde.

Ermüdung, abnorme

Die Ermüdung tritt als natürliche Reaktion von Körper, Geist und Seelenleben nach Anstrengungen auf und signalisiert, daß es an der Zeit ist, eine Ruhepause einzulegen, in der man sich erholen kann. Verursacht wird das Gefühl der Müdigkeit durch Anhäufung von Stoffwechselschlacken in den Zellen, die bei jeder körperlichen und geistigen Tätigkeit entstehen. Hauptsächlich bilden sich diese Schlackenstoffe in der Muskulatur und in den Nervenzellen.

Müdigkeit wird subjektiv unterschiedlich erlebt; aber immer kommt es dabei zu Störungen der Aufmerksamkeit, Konzentration und Leistungsfähigkeit.

Wenn man die Ermüdung nicht beachtet oder vielleicht gar durch aufputschende Mittel (wie Kaffee, Arzneimittel) überspielt, um weiterarbeiten zu können, häufen sich immer mehr Stoffwechselschlacken und Zerfallsprodukte in den Zellen an und es kommt zur Erschöpfung, die erst durch eine längere Ruhepause beseitigt wird. Schlimmstenfalls kann die Erschöpfung zu ernsten Gesundheitsstörungen führen, mit denen die Natur die Erholung praktisch erzwingt.

Durch Training und Gewöhnung können die zur Erholung notwendigen Zeiten abgekürzt werden, während umgekehrt ungewohnte Belastungen viel schneller zur Ermüdung und Erschöpfung führen. Das hängt mit verschiedenen individuellen Eigenarten zusammen, auf die hier nicht mehr näher eingegangen werden kann.

Die natürliche Ermüdung oder gar Erschöpfung darf niemals mißachtet werden. Auch Reflexzonentherapie sollte man nicht dazu mißbrauchen, diese biologischen Warnzeichen zu überspielen, sonst schadet man unweigerlich seiner Gesundheit. Allenfalls in Ausnahmefällen darf die Ermüdung vorübergehend einmal kurz durch die Massage beseitigt werden, beispielsweise dann, wenn noch eine dringende Angelegenheit zu erledigen ist; danach muß aber unbedingt für ausreichend lange Ruhe und Entspannung gesorgt werden.

Anders sieht es aus bei abnormen Ermüdungs- und Erschöpfungszuständen, die sich nicht aus der Leistung erklären lassen. Dafür gibt es zahlreiche Ursachen; oft besteht eine nervöse Schwäche als Folge körperlicher oder seelischer Störungen oder das Nervensystem reagiert auf Wetterveränderungen, Lärm und andere ungünstige äußere Einflüsse. Ferner kann mangelndes Interesse an einer Arbeit, Langweile, Monotonie oder eine depressive Verstimmung zur abnormen Müdigkeit führen.

Wenn die Ermüdungszustände sich nicht offensichtlich aus harmlosen, rasch vorübergehenden Ursachen erklären lassen, sollte in chronischen oder häufig wiederkehrenden Fällen vorsorglich bald eine fachmännische Untersuchung veranlaßt werden, damit beginnende Krankheiten frühzeitig zu erkennen und gezielt zu behandeln sind. Reflexzonentherapie kann dann dazu beitragen, solche Krankheiten zu überwinden, aber sie wird mit dem Fachmann besprochen. Selbsthilfe ist nur bei einfachen Ermüdungszuständen und zur Soforthilfe bis zur Untersuchung am Körper und an den Fußzonen erlaubt.

Zur Körpermassage legt der Partner die Hände rechts und links der Halswirbelsäule in Schulterhöhe quer auf die beiden Rückenhälften; behandelt wird von oben nach unten durch Ausstreichen der beiden Rückenhälften von den Schultern bis zum Gesäß.

Anschließend massiert man an den Füßen die Kopfzonen, ergänzend auch noch die Zonen der Nebennieren und Nebenschilddrüsen.

Die Reflexzonenmassage, in vertretbaren Fällen zur Eigenbehandlung durchgeführt, bringt die gewohnte Leistungsfähigkeit meist rasch zurück und ist der Tasse Kaffee, die viele Menschen sonst zu sich nehmen, um den toten Punkt zu überwinden, stets vorzuziehen. Es sei aber nochmals eindringlich vor dem Mißbrauch gewarnt: Wenn man sich müde gearbeitet hat, muß man sich ausreichend lange erholen, an diesem Naturgesetz kann auch die Reflexzonenmassage nichts ändern. Seine Mißachtung rächt sich oft bitter durch schwere Gesundheitsschäden.

Haarausfall

Der teilweise, selten vollständige Haarausfall betrifft bevorzugt Männer und erklärt sich oft aus Erbanlagen und hormonellen Besonderheiten. Bei beiden Geschlechtern kann es aber auch durch Erkrankungen der Kopfhaut, übermäßige Talgproduktion, Infektionskrankheiten und Altersvorgänge zum vermehrten Ausgehen der Haare kommen. Bei Frauen spielt nicht selten falsche Haarpflege eine Rolle, vor allem Dauerwellen, Tönen oder zu straffe Frisuren. Schließlich kennen wir noch den kreisförmigen Haarausfall, der auch Brauen und Bart betreffen kann; seine Ursachen sind noch nicht ausreichend geklärt, meist heilt er nach einiger Zeit von selbst ab, wobei die neuen Haare zunächst weiß erscheinen können.

Da Haarausfall auch einmal auf schwere innere Krankheiten hinweisen kann und die Betroffenen oft seelisch stärker belastet, sollten chronische unklare und besonders schwere, rasche Verlaufsformen fachmännisch geklärt und je nach Ursachen gezielt behandelt werden. In einfachen Fällen genügt sorgfältige Kopfhautpflege, ergänzt durch Reflexzonentherapie, um den Haarausfall zu stoppen und das Wachstum der Haare wieder anzuregen; bei Veranlagung zur Glatze hilft das auf Dauer aber auch nicht, sondern kann den Haarschwund nur verzögern, man muß sich damit abfinden.

Zur täglichen Haar- und Kopfhautpflege eignen sich vor allem Haarwässer mit Brennesseln und Klettenwurzeln, die man abends mit den Fingerkuppen gut in die Kopfhaut einmassiert. Gegen Kopfhauterkrankungen gibt es medizinische Haarwässer, die nach fachmännischer Verordnung angewendet werden.

Reflexzonentherapie ergänzt diese Grundbehandlung. Dazu setzt man die Fingerkuppen rechts und links hinter den Ohren beim Haaransatz fest auf die Knochen und führt eine kräftige Vibrationsmassage durch. Am Fuß sollten zusätzlich die Zonen des Kopfs, des Leber-Gallenblasen-Systems und des gesamten Darms behandelt werden.

Da Haarausfall zum Teil mit Mangelernährung in Beziehung steht, muß auch auf vollwertige Ernährung mit allen Vitaminen, Mineralsalzen und Spurenelementen geachtet werden.

Hautallergien

Sie entstehen als Überempfindlichkeitsreaktion der Haut auf Stoffe, die der Gesunde reaktionslos verträgt. Symptomatisch ist plötzlicher, stark juckender Ausschlag mit Rötung und Bläschen, der meist bald wieder vergeht. Er tritt begrenzt, selten am ganzen Körper auf, in Ausnahmefällen wird er vom lebensgefährlichen Herz-Kreislauf-Schock begleitet, der unverzüglich ärztlich behandelt werden muß. Auch einfache Hautallergien sollten bald fachmännisch untersucht und behandelt werden. Ziel der Therapie ist der Abbau der Überempfindlichkeit (Desensibilisierung), das gelingt aber nicht immer.

Die Biomedizin versucht nicht, Hautausschläge rasch zu unterdrücken, sondern den Körper so umzustimmen, daß er die Ursachen selbst umfassend beseitigen kann. Zur Grundbehandlung empfiehlt sich dazu eine reiz- und gewürzarme, möglichst streng fleischlose Ernährung mit viel Rohkost, ergänzt durch blutreinigende Kräutermittel, zum Beispiel Birke, Brennessel, Löwenzahn, Teufelskralle und Wacholder (Vorsicht bei Nierenleiden). Der Therapeut verordnet individuell homöopathische Medikamente, bei Bedarf auch chemische Antihistaminika, die aber nur äußerlich angewendet werden sollten. Cortison kommt allenfalls vorübergehend einmal äußerlich bei sehr schweren Hautallergien in Frage.

Gegen den meist heftigen Juckreiz helfen auch Waschungen und Bäder mit Kleie, Ackerschachtelhalm, Haferstroh und Kamillen, Heilerde oder reiner Kieselsäure gut.

Reflexzonenmassage ergänzt andere Behandlungsmethoden und mildert akute Beschwerden, die Durchführung entspricht der Reflexzonentherapie gegen Ekzeme.

Konzentrationsstörungen

Als Konzentration bezeichnet man die Fähigkeit, die Aufmerksamkeit bewußt auf die Erfassung bestimmter Zusammenhänge, Objekte, Vorgänge oder Personen einzuengen. Die Aufmerksamkeit wird also auf einen Mittelpunkt zentriert und jede störende Ablenkung ferngehalten.

Das individuell unterschiedlich gut ausgebildete Konzentrationsvermögen bildet eine unentbehrliche Voraussetzung der Lern- und Leistungsfähigkeit. Durch Training kann es verbessert werden, läßt sich aber nicht unbegrenzt erweitern. Vor allem die natürliche Ermüdung setzt die Konzentration nach einiger Zeit deutlich herab, und sie kehrt erst nach ausreichend langer Erholung zurück. Außerdem wird die Konzentration auch durch Interessen bestimmt; auf eine Tätigkeit, die den individuellen Interessen entspricht, konzentriert man sich besser und länger als auf eine uninteressante und langweilige. Schließlich hängt das Konzentrationsvermögen auch noch von biologischen Rhythmen (innere Uhren) ab, schwankt also im Tagesverlauf erheblich, und kann durch ungünstige äußere Einflüsse, vor allem Lärm, stärker beeinträchtigt werden.

Abgesehen von solchen Faktoren, die jeden Menschen in seiner Konzentration beeinflussen, gibt es noch individuelle Störungen, die zum Teil auf Erkrankungen hinweisen. Insbesondere verschiedene seelische Störungen, zum Beispiel neurotische Konflikte, Sorgen und Probleme, Zeitdruck und andere Streßfaktoren, Hemmungen, Ängste und Depressionen ziehen das Konzentrationsvermögen oft stärker in Mitleidenschaft. Ferner können körperliche Krankheiten zur Konzentrationsschwäche führen, in erster Linie Verkalkung der Hirnarterien und andere Hirnkrankheiten, aber auch hormonelle Störungen. Grundsätzlich kann fast jede Krankheit, gleichgültig wo sie auftritt, unter anderem auch zur Konzentrationsschwäche führen. Auch stören Alkohol und verschiedene Arzneimittel, vor allem Beruhigungs- und Schmerztabletten, die Konzentrationsfähigkeit.

Wie bei allen unklaren Störungen des allgemeinen Leistungsvermögens muß auch bei Konzentrationsschwäche zunächst die Ursache festgestellt werden. Äußere Einflüsse sind so weit wie möglich zu beseitigen, körperliche und seelische Krankheiten nach fachmännischer Verordnung zu behandeln, Ermüdung verlangt eine ausreichend lange Ruhepause. Darüber hinaus läßt sich die Konzentration gezielt trainieren; dazu eignet sich autogenes Training am besten, das gleichzeitig auch noch durch gezielte Selbstbeeinflussung die Möglichkeit bietet, positivere innere Einstellungen etwa zu einer langweiligen, uninteressanten Tätigkeit einzuüben.

Schließlich trägt auch Reflexzonentherapie zur Besserung der Konzentrationsfähigkeit bei. Als Körperzone behandelt man den gesamten Rücken rechts und links seitlich der Wirbelsäule. Dazu legt der Partner beide Hände in Höhe der unteren Lendenwirbelsäule auf die Rückenhälften und führt eine sanfte Streichmassage nach oben bis zu den Schultern durch. Am Fuß werden zusätzlich die Kopfzonen massiert. Wenn kein Partner zur Körpertherapie zur Verfügung steht, genügt schon die Fußzonenmassage, um die Konzentrationsfähigkeit zu verbessern.

Besonders zu empfehlen ist die Reflexzonenmassage, möglichst ergänzt durch autogenes Training, bei Kindern und Jugendlichen mit Lernstörungen. Sie macht Arzneimittel, die heute immer häufiger bei Schulproblemen verordnet werden, meist überflüssig.

Leistungsschwäche

siehe Ermüdung, Konzentrationsstörungen

Lernstörungen

siehe Konzentrationsstörungen

Schilddrüsenerkrankungen

Bei Über- und Unterfunktionen der Schilddrüse, die nur der Fachmann sicher erkennen kann, hat sich Reflexzonentherapie am Fuß gut zur Normalisierung der Drüsenfunktionen bewährt. Je nach Einzelfall verordnet der Therapeut zusätzlich Arzneimittel. Störungen der Schilddrüsenfunktionen können zum Kropf führen, der nicht immer deutlich von außen erkennbar sein muß. Zuweilen kommt es nur zu einer Verdickung des Halses, die nicht weiter auffällt, oder ein größerer Kropf wächst nach innen.

Der Kropf entsteht heute meist durch Unterfunktion der Schilddrüsen, die wegen des verbreiteten Jodmangels ungleich häufiger als Überfunktion vorkommt. Durch gewohnheitsmäßigen Gebrauch von 5 bis 6 g jodiertem Vollsalz täglich anstelle des üblichen Kochsalzes kann dem Jodmangelkropf meist zuverlässig vorgebeugt werden. Wenn erst einmal ein Kropf besteht, hilft Jodsalz nicht mehr und darf zur Vermeidung unerwünschter Nebenwirkungen niemals verwendet werden. Die Behandlung liegt stets beim Fachmann.

Nicht angezeigt ist Jodsalz natürlich auch, wenn der Kropf durch Überfunktion der Schilddrüsen entsteht. Im Zweifelsfall befragt man vor dem Gebrauch vorsorglich immer den Therapeuten.

Funktionsstörungen der Schilddrüsen müssen nicht unbedingt mit einem Kropf einhergehen, sondern können sich auch durch zahlreiche andere, oft unklare Symptome bemerkbar machen. Nur der Fachmann kann sie durch labordiagnostische Untersuchungen sicher erkennen und gezielt behandeln. Auf folgende Warnzeichen sollte geachtet werden:

- **Unterfunktion der Schilddrüsen**

Sie kommt infolge des verbreiteten Jodmangels der Nahrung relativ häufig vor, und zwar im südlichen Teil Deutschlands und in den Alpenländern häufiger als in der Mitte und im Norden. Im Kindesalter führt die Unterfunktion der Schilddrüsen zu schweren Störungen der körperlichen und geistigen Entwicklung. Bei Erwachsenen wirkt sich die Unterfunktion vor allem durch auffällige Verlangsamung aller Bewegungen, einschließlich Mimik und Gestik, verminderte Leistungsfähigkeit und Antriebsschwäche mit fehlender Anteilnahme am täglichen Leben aus; hinzukommen niedriger Blutdruck, langsamer Puls, chronische Stuhlverstopfung, zu niedrige Körpertemperatur, trockenverdickte Haut und spröde Haare.

- **Überfunktion der Schilddrüsen**

Die Symptome der Schilddrüsenüberfunktion sind naturgemäß denen der Unterfunktion entgegengesetzt und ähneln wegen der damit verbundenen Reizung des Sympathikusnerven den Beschwerden, die auch bei vegetativer Dystonie auftreten. Zu diesen Beschwerden gehören Schlafstörungen, Unruhe, Gereiztheit bis hin zur Aggressivität, Neigung zum Schwitzen, erhöhte Körpertemperatur, Muskelkrämpfe, beschleunigter Puls, zum Teil sogar stärkere Herzrhythmusstörungen, hoher Blutdruck, Durchfall, Abmagerung und Haarausfall.

Solche Symptome müssen nicht unbedingt auf eine Schilddrüsenerkrankung hinweisen, aber das kann nur durch fachmännische Untersuchung anhand der Laborwerte beurteilt werden. Deshalb sollte so rasch wie möglich der Therapeut aufgesucht werden. Reflexzonenmassage wird bei Schilddrüsenkrankheiten nur am Fuß durchgeführt, um die Drüsenfunktionen wieder zu harmonisieren. Bei Bedarf können die verschiedenen Symptome noch zusätzlich gezielt durch Reflexzonentherapie gelindert werden; die dazu notwendigen Zonen werden in diesem Buch bei den verschiedenen Beschwerden beschrieben.

Anfangs sollte die Massage vom Fachmann vorgenommen werden, da es zu unerwünschten Reaktionen kommen kann, wenn nicht individuell dosiert wird. Später kann man die Zonen nach Anweisung des Therapeuten dann selbst behandeln. Die symptomatische Massage erfolgt über der Zone der Schilddrüse, als Kausalzonen behandelt man die anderen Drüsenzonen, Zwerchfell (Sonnengeflecht), Lymphzonen, Schultergürtel, Halswirbelsäule, Herz und Zähne.

Wadenkrämpfe

Verkrampfungen der Wadenmuskulatur in einem oder beiden Beinen treten vor allem nachts im Bett, nach Überanstrengungen oder bei örtlicher Abkühlung (besonders gefährlich beim Schwimmen) auf. Dabei kommt es zur andauernden, schmerzhaften Zusammenziehung der Muskeln.

Die Verkrampfungen treten als mehrdeutige Krankheitszeichen auf, so daß man bei häufigeren Wadenkrämpfen zur genauen Klärung der Ursachen vorsorglich bald den Therapeuten aufsuchen sollte. Nicht selten besteht ein Mangel an den Mineralstoffen Kalzium und/oder Magnesium im Blut. (Diese beiden lebensnotwendigen Vitalstoffe helfen aber auch dann gegen Wadenkrämpfe, wenn keine Mangelzustände nachweisbar sind.) Häufiger erklären sich die Verkrampfungen der Wadenmuskulatur durch Störungen der Gefäßregulation und Durchblutung der Unterschenkel, zum Beispiel bei Arterienverkalkung. Manchmal deuten die Wadenmuskelkrämpfe auch auf Nervenkrankheiten, übermäßigen Verlust an Flüssigkeit und Salzen (vor allem bei Durchfall und Erbrechen), Hitzschlag oder hohes Fieber hin.

Zur raschen Unterbrechung der schmerzhaften Muskelverspannung hat es sich bewährt, die Fußspitze kräftig nach oben zu drücken. Dadurch wird am Muskel ein Gegenzug ausgeübt, der den Krampf meist rasch löst. Wenn das nicht genügt, aber auch zur Vorbeugung und Nachbehandlung von Wadenkrämpfen, führt man Reflexzonenmassage am Körper und Fuß durch.

Die Körpermassage erfolgt am unteren Rücken oberhalb des Gesäßes rechts und links seitlich von der unteren Lendenwirbelsäule und dem Kreuzbein. Hier legt man die beiden Hände so auf, daß sich die Fingerspitzen innen über der Wirbelsäule fast berühren. Dann führt man eine nicht zu kräftige Vibrationsmassage durch, bis sich der Krampf vollständig gelöst hat.

An den Füßen werden die Zonen der Nieren und Schilddrüsen behandelt. Zum Teil wirkt hier der Sedierungsgriff am besten, teils erzielt man aber mit dem Massagegriff die bessere Wirkung.

Zahnschmerzen

Fast immer deuten sie auf Karies, gelegentlich auf rheumatische Ursachen hin, das kann nur der Zahnarzt sicher unterscheiden. Deshalb muß er beim Auftreten erster Zahnschmerzen so bald wie möglich aufgesucht werden, damit man den kranken Zahn noch retten kann.

Die verbreitete Karies (Zahnfäule) wird oft schon während der Schwangerschaft und Stillzeit durch falsche Ernährung der Mutter vorbereitet; hier muß also die Vorbeugung ansetzen. Später kommt es dann hauptsächlich durch ungenügende Zahn-Mund-Hygiene (Zähneputzen ist schon ab dem 3. Lebensjahr erforderlich) und die übliche falsche Ernährung mit zu viel Süßigkeiten und Weißmehlproduke zur Karies. Im Einzelfall bestehen auch noch Fehlstellungen der Zähne oder falsche Atmung durch den Mund als zusätzliche Risiken.

Zunächst greift die Zahnfäule nur den oberflächlichen Zahnschmelz an, später zerstört sie dann auch das Zahnmark und die Zahnwurzel, manchmal sogar den Kieferknochen.

Als erste Warnzeichen eines Zahnschmelzdefekts treten Zahnschmerzen durch Reize, wie warm, kalt und süß, für kurze Zeit auf. Jetzt kann der Zahn noch einfach saniert werden.

Wenn diese ersten Symptome mißachtet werden, greift die Karies auf das Zahnmark über und es kommt auch spontan, also ohne äußere Reize, zu andauernden Schmerzen.

Der andauernde Zahnschmerz deutet auf eine totale Entzündung des Zahnmarks hin. Wenn der Zahn dann auch noch berührungsempfindlich wird, besteht eine Eiterung der Wurzelhaut. Der Eiter kann dann von der Wurzelspitze aus den Kieferknochen durchbrechen und es kommt zur »dicken Backe«; dabei lassen die Schmerzen zwar nach, aber jetzt besteht die Gefahr, daß der Eiter ins Blut, in den Brustraum oder sogar ins

Gehirn durchbricht, wenn nicht sofort fachmännisch behandelt wird.

Vereiterungen der Zahnwurzeln können auch »stumm« bleiben, also keine nennenswerten Symptome verursachen. Deshalb sind sie aber keineswegs harmlos, im Gegenteil. Als chronische Krankheitsherde können sie durch Fernwirkung schwere Schäden an Herz, Nieren und Gelenken verursachen.

Reflexzonentherapie heilt Karies nie, sondern bessert nur vorübergehend – als Alternative zu Schmerztabletten – den Schmerz. Die Soforthilfe erfolgt mit dem Sedierungsgriff über den Zonen der betroffenen Zahngruppen. Wenn der kranke Zahn nicht genau lokalisiert werden kann, behandelt man am besten alle Zahnzonen der entsprechenden Seite des Ober- oder Unterkiefers.

Möglichkeiten und Grenzen der Selbsthilfe

Die Massage der Reflexzonen ist ein vielseitiges, gut wirksames biologisches Heilmittel zur Vorbeugung und Behandlung von Krankheiten, das jederzeit auch zur Selbsthilfe verwendet werden kann. Darin liegt die große Gefahr, denn Beschwerdefreiheit bedeutet noch lange nicht Heilung. Symptome können überdeckt werden, während sich die Krankheit weiterentwickelt – und wenn die Symptome erst einmal nicht mehr durch Selbsthilfe zugedeckt werden können, ist vielleicht überhaupt keine wirksame Therapie mehr möglich, oder sie nimmt zumindest viel mehr Zeit in Anspruch. Deshalb gelten für die Selbstbehandlung mit Reflexzonenmassage – wie überhaupt für jede Form der Selbsthilfe – folgende eindringliche Warnungen:

- Behandeln Sie nur offensichtlich leichte und eindeutige Gesundheitsstörungen selbst, und zögern Sie nicht, den Therapeuten aufzusuchen, wenn die Beschwerden sich nicht bald bessern.
- Alle unklaren, von Anfang an schwereren, häufig wiederkehrenden oder chronischen Krankheiten müssen so bald wie möglich fachmännisch untersucht werden; verschleiern Sie keine Symptome durch Selbsthilfe, nur bei starken Beschwerden sollte die Zeit bis zur Untersuchung durch solche Maßnahmen überbrückt werden.
- Verwechseln Sie die Besserung durch Soforthilfe nicht mit Heilung, sie macht fachmännische Untersuchung nicht überflüssig.

Wer diese Grundregeln im eigenen Interesse beachtet, wird bei der Selbsthilfe durch Reflexzonentherapie kein Risiko eingehen. Wenn Unklarheiten wegen der Grifftechnik oder der richtigen Zone bestehen oder unerwartete Reaktionen auftreten, muß vor der Massage der Therapeut befragt werden, bei ernsteren Krankheiten sollte er immer die notwendigen Anweisungen zur Selbstbehandlung geben.

Adressen von Reflexzonentherapeuten erhalten Sie (gegen Schutzgebühr) von der Lehrstätte für Reflexzonenarbeit am Fuß, D-7744 Königsfeld-Burgberg. Auch die Deutsche Gesellschaft für manuelle Medizin, Ostenallee 80, D-4700 Hamm, kann Auskunft geben. Der einfachste und schnellste Weg zum Reflexzonentherapeuten ist aber der Blick ins Branchenverzeichnis des örtlichen Telefonbuchs und ein Anruf bei den dort genannten Heilpraktikern und Masseuren.

Register